高等职业教育“十三五”规划教材
辽宁职业学院教育部现代学徒制项目建设成果

食品检验

刘丽云　主编

中国农业大学出版社
·北京·

内容简介

本书主要介绍了食品检验的相关知识，内容共分为六个模块：分析检验基础、感官检验、物理检验、一般营养成分分析、有毒有害物质测定和食品添加剂测定。本书编写人员既包含一线骨干教师，又包含行业企业专家，在内容编排上突出应用性和实用性，并根据检验内容重组了食品分析与检验的知识体系。本书适合作为高等职业院校食品类专业相关课程教材，也可供食品检验相关从业人员学习和参考。

图书在版编目(CIP)数据

食品检验／刘丽云主编. —北京：中国农业大学出版社，2020.6

ISBN 978-7-5655-2366-3

Ⅰ.①食…　Ⅱ.①刘…　Ⅲ.①食品检验－高等职业教育－教材
Ⅳ.①TS207

中国版本图书馆 CIP 数据核字(2020)第 106245 号

书　名　食品检验

作　者　刘丽云　主编

策划编辑　张　玉　　　**责任编辑**　郭建鑫

封面设计　郑　川

出版发行　中国农业大学出版社

社　址　北京市海淀区圆明园西路 2 号　　　**邮政编码**　100193

电　话　发行部 010-62733489，1190　　　读者服务部 010-62732336

编辑部 010-62732617，2618　　　出　版　部 010-62733440

网　址　http://www.caupress.cn　　　**E-mail**　cbsszs @ cau.edu.cn

经　销　新华书店

印　刷　北京时代华都印刷有限公司

版　次　2020 年 7 月第 1 版　2020 年 7 月第 1 次印刷

规　格　787×1 092　16 开本　24 印张　600 千字

定　价　67.00 元

编审委员会

编写人员

主　编　刘丽云（辽宁职业学院）

副主编　黄艳青（辽宁职业学院）

隋　新（铁岭市食品检验检测中心）

参　编　刘　洋（辽宁生态工程职业学院）

张　翀（铁岭市农产品质量安全检验检测中心）

曹忠君（铁岭市畜产品安全检测站）

李京远（辽宁职业学院）

刘成启（辽宁职业学院）

王　吉［康师傅（沈阳）方便食品有限公司］

刘晓丽（河南农业职业学院）

总　序

历经两年的辛苦努力，辽宁职业学院教育部现代学徒制项目建设成果系列教材正式出版了。为贯彻执行《教育部关于开展现代学徒制试点工作的意见》（教职成〔2014〕9号）《教育部办公厅关于全面推进现代学徒制工作的通知》（教职成厅函〔2019〕12号）文件精神，落实《国家职业教育改革实施方案》中建设一大批校企"双元"合作开发的国家规划教材要求，现代学徒制试点项目组充分利用校企共建四大平台，发挥校企双方的场所、设备、人员优势，吸纳新技术、新工艺、新规范和典型生产案例，与合作企业、行业、同类院校共同开发此系列教材，并配套信息化资源，形成共建共享的教学资源体系，落实了立德树人根本任务，打造了"双导师"师资队伍，提升了学徒培养质量。

本着"课程内容与职业标准对接，教学过程与生产过程对接"的原则，在行业企业调研的基础上，以满足企业岗位能力需求、遵循企业工作流程、参照行业标准、符合学徒培养目标为理念，以学徒职业能力培养、职业素养提升为主线，以生产项目、工作任务为载体，立足服务区域经济发展、食品加工岗位工作实际，认真总结、吸取国内外经验，明确"如何教、教什么"的问题，校企共同开发了现代学徒制系列数字化教材。本系列教材具有如下特点：

1. 开发主体多元化。教材开发在校企共建的前提下，组织学术水平高、教学经验丰富的学院导师，"康师傅"一线技术人员、高级技师，兄弟院校和行业资深专家共同联合开发教材。

2. 对接职业标准化。教材以最新国家标准、行业标准为依据，融合最新教育理念及相关研究成果，以生产项目、工作任务为载体，突出学生岗位能力、职业素养培养。

3. 教材形式立体化。教材不仅包括纸质内容，还配有视频、音频、动画等数字资源，使学习者可以在手机、电脑等移动终端随时随地观看学习，满足学习者移动学习、个性化学习的需要。

4. 立德树人全程化。本教材设有"思政花园"栏目，把思政教育融入教材编写中，体现到课堂教学环节，实现全员、全方位、全过程育人。

辽宁职业学院教育部现代学徒制项目建设成果——校企合作理实一体化特色系列数字化教材，凝聚了多方开发人员的智慧和心血，凝聚了出版界的关心与关爱，希望该系列教材的出版能发挥示范引领作用，辐射、带动同类高职院校的课程改革和建设。

本系列教材适应面广、选择性强，使用者可根据不同学习需求，学习部分项目或任务。本系列教材既可用于高职教学，也可用于各类相关培训。

由于编写时间有限，教材疏漏之处在所难免。真诚希望同行及教材使用者多提宝贵意见。

辽宁机电职业技术学院院长、党委副书记 于宏国

2020 年 5 月

前言 Preface

俗话说，民以食为天。随着生活水平的提高，吃饱已经不是人们关注的热点，如何吃得好，吃得健康，越来越受到人们的重视。评价食品品质，分析它的营养性，检验它的安全性，成为经济高速发展后亟待解决的问题，这推动了检验行业的高速发展，对检验人才的需求也达到了新的高度。同时，食品检验还可以有效监督食品企业的产品品质，有助于保障人们的身体健康，促进农产品对外贸易健康发展。

为了适应经济发展，培养合格的检验人才，本教材在编写过程中突出应用性和实用性，根据检验内容重组了食品（农产品）分析与检验的知识体系。本书共分 6 个模块：模块一分析检验基础，主要介绍通用的食品检验相关知识，包括熟悉分析检验、检测工作基础、样品采集与处理、数据分析与处理四个项目；模块二感官检验，分为果蔬感官检验、粮油感官检验、畜产品感官检验、稻米蒸煮品质检验四个项目；模块三物理检验，分为密度测定、可溶性固形物测定、黏度测定、气体压力测定、色度和浊度测定、稻麦加工品质检验、面筋含量检验、淀粉含量测定八个项目；模块四一般营养成分分析，分为水分测定、灰分测定、酸度测定、脂类测定、蛋白质和氨基酸测定、碳水化合物测定、维生素测定、微量元素测定八个项目；模块五有毒有害物质测定，分为农药残留测定、兽药残留测定、重金属含量测定、乳的掺假检验四个项目；模块六食品添加剂测定，分为防腐剂测定、食品中甜味剂环己基氨基磺酸钠测定、食品中合成着色剂测定三个项目。

本教材由辽宁职业学院刘丽云任主编，黄艳青和行业专家隋新任副主编。刘丽云负责编写模块一中的项目一、项目二、项目四，模块二中的项目一，模块三中的项目二、项目四，模块四中的项目三、项目四；张翀编写模块一中的项目三、模块五中的项目一；隋新编写模块四中的项目五、项目六、项目七、项目八，以及模块六；曹忠君编写模块五中的项目二、项目三、项目四；黄艳青编写模块二中的项目二、模块三中的项目五、项目六；刘洋编写模块二中的项目四、模块三中的项目三、项目七、项目八；刘成启编写模块四中的项目一；李京远编写模块二中的项目三；刘晓丽编写模块三中的项目一；模块四中的项目二由刘丽云和王吉共同完成。

编写人员除了经验丰富的在校教师外，还有三名行业专家，分别来自农产品检验中心、畜产品检验中心和食品检验中心。这样的安排可以充分利用他们的实际工作经验，按照操作过程安排教学环节。所有项目和任务均采用现行有效的国家标准或行业、企业标准，实现了学习内容与工作内容零距离、学习与就业零距离。每个项目或任务的项目记录表均具有高度的实用性和全面性。在每个任务后加入了“师徒共研”，对操作中可能出现的问题和应注意的事项以提问的方式展现出来，以引起学生的注意。“知识链接”对当前应关注的热点或行业发展方向及每个任务中应了解的课外知识进行了重组，可供学有余力的同学课外学习。

本教材在编写过程中得到了各方面同仁的大力支持，也参考了许多优质教材和网络资源，在此对有关人员一并表示感谢。由于编者水平有限，书中如有不妥之处，敬请读者批评指正。

编 者

2020 年 4 月

目录
Contents

模块一 1

分析检验基础

学习笔记

项目一

熟悉分析检验

知识目标

1. 能够说出食品检验的目的、任务和内容；
2. 掌握当前食品检验的主要方法；
3. 掌握当前国内外常见的检验标准。

技能目标

1. 根据不同工作要求，在网上搜索检验标准并下载；
2. 学会阅读理解检验标准，依据检验标准制定工作流程，做好检验准备。

德育目标

1. 培养学生仔细认真的态度；
2. 培养学生理解专业、热爱专业的情怀。

一、农业产出品检验的目的和任务

(一)食品检验的目的

国以民为本,民以食为天,食以安为先。在中国解决了温饱问题后,吃得营养、吃得安全、吃得美味成了人们对饮食的追求,食品安全问题摆在了生活的首位。农业产出品检验是保证食品营养卫生、防止食物中毒及食源性疾病、确保食品品质和食用安全性的重要手段,可以有效查找食品污染根源并控制污染,在确保食品安全和保护人民健康中发挥着重要作用。

(二)食品检验的任务和意义

《中华人民共和国食品安全法》第一百五十条明确了食品的定义。食品,指各种供人食用或者饮用的成品和原料以及按照传统既是食品又是中药材的物品,但是不包括以治疗为目的的物品。

食品检验的任务是依据物理、化学、生物化学等学科的基本理论和相关标准,应用现代科学技术和分析手段,对食品的主要成分及其含量进行检测,以保证生产出合格产品。

食品是人类最基本的生活资料,是维持人类生命和身体健康不可缺少的能量和营养来源,食品的品质关系到人类的健康和生活质量,食品质量检测在保证食品的营养与卫生,确保食品的品质及食用安全上具有十分重要的意义。

(三)农业产出品检验的作用

第一,指导与控制生产工艺过程。食品生产企业通过对食品原料、辅料、产成品的检验,确定工艺参数和工艺要求,从而控制生产过程。

第二,保证食品企业产品质量。通过对成品的检验,可以保证出厂产品的质量,确保其符合食品标准的要求。

第三,保证用户接收的产品的质量。通过检验,可以有效保障消费者或用户可以接收到符合合同规定质量标准的食品。

第四,对进出口食品质量进行把关。

思政花园

加强食品安全监管,关系全国13亿多人"舌尖上的安全",关系广大人民群众身体健康和生命安全。要严字当头,严谨标准、严格监管、严厉处罚、严肃问责,各级党委和政府要作为一项重大政治任务来抓。要坚持源头严防、过程严管、风险严控,完善食品药品安全监管体制,加强统一性、权威性。要从满足普遍需求出发,促进餐饮业提高安全质量。

——习近平在中央财经领导小组第十四次会议上的讲话

第五，为解决食品质量纠纷提供技术依据。一旦发生质量纠纷，第三方检验机构根据有关机构的委托，对争议产品做仲裁检验，可以为有关机构提供技术依据。

第六，利于政府管理部门对食品质量进行宏观监控。

第七，为食物中毒等突发事件提供技术依据。发生中毒事件时，对残留食物的准确检验，可以为事件的调查及解决提供有效的技术依据。

二、食品检验的内容和方法

（一）检验内容

1. 感官检验

感官检验是利用人体的感觉器官如视觉、嗅觉、味觉和触觉等对色泽、气味、质地、口感、形状、组织结构等进行检验，液态样品还包括澄清、透明等感官指标，以判定食品的品质。

感官检验是重要的检验指标之一，是一种最直接、快速且十分有效的检验方法，甚至有时还可鉴别出精密仪器也难以检出的轻微劣变，如气味。一般感官检验往往是检验内容中的第一项，感官检验不合格的产品即可判定为不合格，不需再进行理化检验。

随着国家对食品安全抽检工作的不断推进，食品质量水平显著提高，少部分食品感官检验不合格，不再作为产品检验结论的否决项，而作为产品执行标准的符合性评判项。但是，直接影响人体健康的食品安全指标，仍作为否决项。

2. 营养成分检验

食品中的营养成分主要包括水分、灰分、矿物元素、脂肪、碳水化合物、蛋白质与氨基酸、有机酸、纤维素等。不同的食品含有的营养成分各不相同，通过检验，人们可以根据人体对营养的需求，合理选材、合理搭配，以获得全面的营养。

3. 有毒有害物质检验

有毒有害物质，是指在生产、加工、包装、运输、贮存、销售等各个环节中产生、引入或污染的，对人体健康有危害的物质。主要包括以下几种：

(1)农药及兽药残留　由于不合理的施用农药造成的农作物的污染常引起农药超标。兽药在畜牧业广泛使用，由于从业人员缺乏科学指导或利益驱动，常导致兽药过度使用，引起兽药残留超标。

(2)有害元素　由于工业“三废”的大量排放，常引起农产品中重金属超标，包括砷、镉、汞、铅、铜、铬等。

(3)微生物及其毒素　主要包括细菌、霉菌，如黄曲霉毒素。一般是由于贮藏和运输环节不当引起的。

4. 添加剂检验

食品添加剂是指食品在生产、加工或保存过程中，添加到食品中以期改善食品的品质，以及为防腐和加工工艺的需要而加入食品中的人工合成或天然物质。没有添加剂，就没有现代食品工业，添加剂对于延长食品保质期、改善食品外观和口感、质地做出了重要贡献，但由于一些企业滥用添加剂品种和数量，甚至使用质量不合格的添加剂，给人们的身体健康带来了重大隐患，也让很多人谈添加剂色变，因此，加强对添加剂的检验具有十分重要的意义。

（二）检验方法

1. 感官检验法

感官检验法具有简便易行、快速灵敏、不需要特殊器材等特点，特别适用于目前还不能用仪器定量评价的某些食品性状或品质的检验，如水果滋味、食品风味、烟酒茶的气味等。

2. 物理检验法

物理检验法是直接测定某些食品质量指标的物理量，并以此来判断食品的品质，如黏度、浊度、密度、折光度等，并通过其与食品组成和含量之间的关系，间接检验食品的组成和含量。

3. 化学分析法

化学分析法是以食品组成成分的化学性质为基础进行检测的一种分析方法，包括定性分析和定量分析。定量分析又包括称量法和滴定法。化学分析法是最重要的检测方法，很多食品分析的原理也是建立在化学分析的基础上的。常见的还原糖测定、酸度测定、过氧化值测定都是化学分析法。

4. 仪器分析法

仪器分析法是通过测定物质的光学性质、电化学性质、物理化学性质等来求出被测组分含量的一种方法，包括光学分析法、电化学分析法、色谱分析法、质谱分析法等。仪器分析法是农产品分析检测方法发展的主流趋势，具有灵敏、快速、准确的特点，而且自动化程度高，但因设备昂贵、试剂价格高，在基层单位推广还受到一定程度的限制。

5. 微生物分析法

微生物分析法是通过测定微生物的量对食品或药物中的维生素、氨基酸和抗生素等物质的含量进行测定分析的方法。在一定生长范围内，某些微生物的生长与待测样品中维生素和氨基酸的含量成正比，与抗生素的含量成反比，因此，可通过测定微生物生长情况而确定样品中有关物质的含量。微生物分析法的优点是操作简便、灵敏度高、先期投入少，已广泛应用于食品的营养分析和抗生素效价的测定。但其也存在一定的问题，一般分析周期较长，需 4～6 d，而有些其他方法仅需 1～2 d；实验步骤烦琐，通常来说，微生物法要包括样品前处理、菌种液的制备、测试管的制备、接种、测定、计算等步骤，与仪器分析方法相比步骤繁多。以上缺点与目前分析方法简便、快速、高效的发展方向不符，这也正是微生物分析法受限的主要原因。

6. 酶分析法和免疫分析法

酶是一种专一性强、催化效率高的生物催化剂。酶分析法是利用酶的特点，以酶作为分析工具或分析试剂，用于测定样品中用一般化学方法难于检测的物质，如底物、辅酶、抑制剂和激动剂（活化剂）或辅助因子含量的方法。该法具有特异性强、干扰少、操作简便、样品和试剂用量少、测定快速精确、灵敏度高等特点。但当待测样品中含有结构和性质与待测物十分相似（如同分异构体）的共存物时，要找到被测物特有的特征性质或者要将被测物分离纯化出来，往往非常困难。

免疫分析法是利用抗原抗体特异性结合反应检测各种物质（药物、激素、蛋白质、微生物等）的分析方法，在分析检验中正得到越来越广泛的运用。其中酶联免疫吸附法（ELISA）已经广泛应用于农兽药残留、激素、生长素、微生物毒素、天然毒素及一些添加剂等安全问题中物质的检测。该法具有高灵敏度、高特异性、快速和低成本的优点，能对大量的样品进行常规分析，通过对样品的定性筛选，以及对样品进行定量测量，以确定样品中待测组分的含量。

总之，现代检测技术日新月异，正朝着微量、快速、自动化的方向发展，而且综合性越来越强，常常多学科交叉，所以，对检测人员的素质要求越来越高。

三、食品检验标准

检验标准是指检验机构从事检验工作在实体和程序方面所遵循的尺度和准则，是评定检验对象是否符合规定要求的准则。

根据使用范围的不同，质量标准主要分为以下几类。

1. 国际标准

由国际标准化组织制定的在国际上通用的标准。每年 10 月 14 日为国际标准日。国际标准化组织（ISO）成立于 1947 年 2 月 23 日，总部在日内瓦，是世界上最大的标准化组织，目前已有 90 多个成员国，我国于 1978 年恢复加入。

ISO 下设 27 个国际组织，与农产品和食品有关的主要有联合国粮农组织（FAO）、世界卫生组织（WHO）、食品法典委员会（CAC）、国际食品法典农药残留委员会（CCPR）。

ISO 制定的标准每隔 5 年重审一次。

2. 国家标准

一般由国务院标准化行政主管部门制定，各个国家标准有自己的代号，如中国为 GB、意大利为 UNI、美国为 ANSI、西班牙为 UNE、英国为 BS、日本为 JIS、德国为 DIN、法国为 NF。

我国的国家标准是国内四级标准中的主体，其他各级标准不得与之相抵触。国家标准（以下简称“国标”）分为强制性国家标准和推荐性国家标准。强制性国家标准是国家通过法律的形式，明确要求对于一些标准所规定的技术内容和要求必须执行，不允许以任何理由或方式违反或变更，代号 GB；推荐性国家标准是国家鼓励自愿采用的标准，具有指导作用却又不宜强制执行，允许使用单位结合自己的实际情况，灵活选用，代号 GB/T。

3. 行业标准

对没有国家标准又要在全国某个行业范围内统一的技术要求，由国内各专业部门颁布行业标准(以下简称“行标”)。由国务院有关行政主管部门颁发，并报国务院标准化行政主管部门备案，是专业性、技术性较强的标准。当公布相应的国家标准之后，该行业标准即行废止。各行业均有自己的标准代号，如化学工业部颁标准为 HG，石油工业部颁标准为 SY，轻工业总会颁标准为 QB，商务部颁标准为 SB。

4. 地方标准

地方标准是对没有国家标准和行业标准的产品，又需要在省市范围内统一要求，由省(自治区、直辖市)标准化行政主管部门制定的，并报国务院标准化行政主管部门和国务院有关行政主管部门备案的标准，当公布相应的国家标准或行业标准后，地方标准即行废止。

5. 企业标准

当企业生产一种新产品而无国家标准、行业标准、地方标准时，就要制定企业标准作为组织生产的依据。如果企业产品质量特别好，即便有国家标准、行业标准，也可再制定更严格的企业标准。企业标准需报当地政府标准化行政主管部门或有关行政主管部门备案。企业标准代号为 Q，某企业标准代号为 Q/企业代号，企业代号可由汉语拼音或阿拉伯数字组成。

思政花园

谋事要有方案，做事要有标准。

——美国杜邦公司经营理念之一

项目二

检测工作基础

知识目标

1.能够掌握实验室常见的玻璃仪器的洗涤和干燥方法；
2.能够说出常见的实验室用水要求和化学试剂规格；
3.能够准确表达常见溶液的浓度表示方法和配制方法；
4.了解常见的实验室安全问题。

技能目标

1. 正确洗涤常见的实验室玻璃仪器；
2. 正确计算和配制实验溶液；
3. 根据实验要求正确选用实验试剂和实验用水；
4. 预防和处理实验室紧急安全事件；
5. 正确使用电子天平和分析天平。

德育目标

1. 培养学生脚踏实地、不急不躁的工作态度；
2. 培养学生根据实际情况做正确选择的能力；
3. 培养学生紧急应变能力；
4. 培养学生求实认真的工作态度；
5. 培养学生实事求是的职业操守。

一、玻璃仪器的使用

常见的玻璃仪器有烧杯、三角瓶、量筒、刻度吸管、单标线吸管、容量瓶等容量器皿，玻璃仪器是检验工作中最常见的设备之一，其精度、洗涤干净程度和正确使用与否都对检验结果有重要影响。

(一)常见玻璃仪器的洗涤

玻璃仪器在使用之前的洗涤方法常和其污染程度和实验要求相关。清洗的规则主要有4种。第一是根据物质的性质，如果用的是碱性的东西，一般用酸来清洗，反之亦然。第二是用溶剂来洗，根据相似相溶原理，极性的物质溶解在极性溶剂中，非极性的溶解在非极性溶剂中，或用混合溶剂。比如用乙醇或丙酮清洗，洗完后很容易挥发干净。第三是用强氧化剂浸泡，如洗液，有时可以稍微加热一下。第四是浸煮，结合加热，比如用蒸馏水、洗衣粉溶液、碱液、酸液等来煮。

1. 常用洁净剂及使用范围

最常用的洁净剂是肥皂、肥皂液(特制商品)、洗衣粉、去污粉、洗液、有机溶剂等。肥皂、肥皂液、洗衣粉、去污粉等用于可以用刷子直接刷洗的玻璃仪器，如量杯、量筒、烧杯、三角烧瓶、试剂瓶等；洗液多用于不便于用刷子洗刷的玻璃仪器，如滴定管、移液管、容量瓶、蒸馏器等特殊形状的玻璃仪器，也用于洗涤长久不用的玻璃仪器和刷子刷不掉的污垢。用洗液洗涤玻璃仪器是利用洗液本身与污物起化学反应的作用，将污物去除，因此需要浸泡一定的时间使其充分作用。有机溶剂是针对污物属于某种油腻性类型的，借助有机溶剂能溶解油脂的作用洗除污物的；或借助某些有机溶剂能与水混合而又挥发快的特殊性，冲洗带水的玻璃仪器将水洗去。如甲苯、二甲苯、汽油等可以洗油垢，酒精、乙醚、丙酮可以冲洗刚洗净而带水的玻璃仪器。

2. 洗涤液的制备及使用注意事项

洗涤液简称洗液，根据不同的要求有各种不同的洗液。常见的有以下几种。

(1)强酸氧化剂洗液　强酸氧化剂洗液是用重铬酸钾($K_2Cr_2O_7$)和浓硫酸(H_2SO_4)配成的。$K_2Cr_2O_7$在酸性溶液中，有很强的氧化能力，对玻璃仪器又很少有侵蚀作用，所以这种洗液在实验室内使用最广泛。例如：配制12%的洗液500 mL，取60 g工业品$K_2Cr_2O_7$置于100 mL水中(加水量不是固定不变的，以能溶解为度)，加热溶解，冷却，徐徐加入浓H_2SO_4 340 mL，边加边搅拌，冷却后装瓶备用。这种洗液在使用时要特别注意不能溅到身上，以防腐蚀衣服和损伤皮肤。从酸洗液中捞取仪器时，要戴耐酸碱乳胶手套，第一次用少量水冲洗刚浸洗过的玻璃仪器后，冲洗的废水不要直接倒在水池里和下水道里，以免腐蚀水池和下水道，应倒在废液缸中，按规定统一处理。

(2)碱性洗液　碱性洗液用于洗涤有油污的仪器，用此洗液是采用长时间(24 h以上)浸泡法或者浸煮法。从碱洗液中捞取仪器时，要戴耐酸碱乳胶手套，以免烧伤皮肤。常用的碱洗液：碳酸钠（Na_2CO_3，即纯碱）液，碳酸氢钠（$NaHCO_3$，小苏打）液，磷酸钠（Na_3PO_4，磷酸三钠）液，磷酸氢二钠（Na_2HPO_4）液等。

(3)碱性高锰酸钾洗液　用碱性高锰酸钾作洗液，作用缓慢，适合用于洗涤有油污的器皿。配法：取高锰酸钾（$KMnO_4$）4 g 加少量水溶解后，再加入 10%氢氧化钠（NaOH）100 mL。

(4)纯酸纯碱洗液　根据器皿污垢的性质，直接用浓盐酸（HCl）、浓硫酸（H_2SO_4）或浓硝酸（HNO_3）浸泡或浸煮器皿（温度不宜太高，否则浓酸会挥发产生刺激性气味）。纯碱洗液多采用 10%以上的浓烧碱（NaOH）、氢氧化钾（KOH）或碳酸钠（Na_2CO_3）液浸泡或浸煮器皿（可以煮沸）。

(5)有机溶剂　带有脂肪性污物的器皿，可以用汽油、甲苯、二甲苯、丙酮、酒精、三氯甲烷、乙醚等有机溶剂擦洗或浸泡。但用有机溶剂作为洗液浪费较大，能用刷子洗刷的大件仪器尽量采用碱性洗液。只有无法使用刷子的小件或形状特殊的仪器才使用有机溶剂洗涤，如活塞内孔、移液管尖头、滴定管尖头、滴定管活塞孔、滴管、小瓶等。

(6)洗消液　检验致癌性化学物质的器皿，为了防止对人体的侵害，在洗刷之前应使用对这些致癌性物质有破坏分解作用的洗消液进行浸泡，然后再进行洗涤。在食品检验中经常使用的洗消液有 1%或 5%次氯酸钠溶液、20% HNO_3溶液和 2% $KMnO_4$溶液。

洗净的仪器器壁应能被水润湿，无水珠附着在上面，即内壁附着的水膜均匀，既不聚成滴，也不成股流下。

用以上方法洗涤后的仪器，经自来水冲洗后，还残留有 Ca^{2+}、Mg^{2+} 等离子，如需除掉这些离子，还应用去离子水洗 2～3 次。

3. 洗涤玻璃仪器的步骤与要求

(1)一般的玻璃仪器（如烧瓶、烧杯等）　先用自来水冲洗，然后用肥皂、洗衣粉或去污粉擦洗，再用自来水清洗，最后用适量的蒸馏水（或去离子水）冲洗 3 次。

(2)精密或难洗的仪器（滴定管、移液管、容量瓶、比色管、玻璃高熔漏斗等）　先用自来水冲洗后，沥干，再用洗液处理一段时间（一般放置过夜），然后用自来水清洗，最后用蒸馏水（或去离子水）冲洗 3 次。

(3)菌检用玻璃仪器的洗涤

试管　使用过的试管经消毒后将培养基倒出或刮出。用洗涤剂洗刷，然后用自来水冲洗4～5 次。将试管倒立，内外冲洗干净，再用蒸馏水冲洗 1 次，晾干备用。

培养皿　使用过的培养皿按规定条件灭菌 30 min 后，将培养基倒出或刮出（新的培养皿无此程序，直接刷洗），用毛刷蘸洗涤剂刷洗培养皿内外，再用自来水冲洗 4～5 次，用蒸馏水冲洗 1 次，晾干或烘干备用。培养皿如被抗生素或消毒剂污染，则应在清洁液内浸泡过夜后，再用水冲洗数次，蒸馏水冲洗 1 次。

吸量管　使用过的吸量管，经消毒后，用流水冲洗，冲去吸量管上端的棉花（新的吸量管无此程序，直接浸泡)，放入清洁液内浸泡过夜，用水冲洗数次，再用蒸馏水冲洗 1 次，倒立干燥备用。

容量瓶　清洁液浸泡过夜，用蒸馏水或去离子水冲洗干净备用。

具塞锥形瓶　塞子密合良好，洗净后烘干备用。

刷洗仪器时，应先将手用肥皂洗净，以免手上的油污物附在仪器壁上，增加洗刷的难度。洗净后的玻璃仪器应不沾油腻、不挂水珠。用蒸馏水(或去离子水)冲洗，应顺壁冲洗并充分振荡，以提高洗涤效果。如洗涤后的玻璃仪器内部表面挂水珠，则需将仪器重复洗涤。

(二)常见玻璃仪器的干燥

实验经常要用到的玻璃仪器应在每次实验完毕后洗净干燥备用。不同实验对仪器干燥有不同的要求，一般定量分析用的烧杯、锥形瓶等仪器洗净即可使用，而用于食品分析的仪器很多要求是干燥的，有的要求无水痕，有的要求无水。应根据不同要求进行仪器干燥。

1. 晾干

不立即使用的玻璃仪器，可在蒸馏水冲洗后在无尘处倒置控干水分，然后自然干燥。可用安有木钉的架子或带有透气孔的玻璃柜放置仪器。

2. 烘干

洗净的玻璃仪器控去水分，放在烘箱内烘干，烘箱温度为 105～110℃，烘 1 h 左右。也可放在红外灯干燥箱中烘干。此法适用于一般仪器。称量瓶等在烘干后要放在干燥器中冷却和保存。带实心玻璃塞的及厚壁仪器烘干时要注意慢慢升温，并且温度不可过高，以免破裂。量器不可放于烘箱中烘干。硬质试管可用酒精灯加热烘干，先把管口向下，要从底部烤起，以免水珠倒流把试管炸裂，烘到无水珠后再把试管口向上赶净水汽。

3. 热(冷)风吹干

对急于干燥的玻璃仪器或不适于放入烘箱的较大的玻璃仪器可用吹干的办法。通常用少量乙醇、丙酮(或最后再用乙醚)倒入已控去水分的仪器中摇洗，然后用电吹风机吹干。

(三)常见玻璃仪器的使用

1. 量器类

玻璃量器不能加热和受热，不能贮存浓酸或浓碱，使用时应按有关的规定进行。

(1)量筒和量杯　用于量取浓度和体积要求不很准确的溶液，读数时视线要与量筒(或量杯)内溶液凹面最低处保持水平。

(2)容量瓶　用于配制浓度体积要求准确的溶液或对溶液进行定量稀释。瓶塞应配套，密封性好，使用前要检查其是否漏水。配制或稀释溶液时，应在溶液接近标线时，用滴管缓缓滴加至溶液的凹面最低处与标线相切。容量瓶不能久贮溶液，特别是碱性溶液。

(3)滴定管　是滴定分析时使用的较精密仪器，用于测量在滴定中所用溶液的体积，常量滴定管分酸式和碱式两种。使用前要检查其是否漏水，为了保证装入滴定管的标准液的浓度不被稀释，装标准液前要用该标准液洗涤 3 次，将标准液装满滴定管后，应排尽管下部气泡，读数时视线要与溶液凹面最低处保持水平。

(4)移液管　用于准确转移一定体积的液体，常量移液管有刻度吸管和胖肚吸管。使用时，洗净的移液管要用吸取液润洗 3 次，放液时应使液体自然流出，流完后保持移液管垂直，容器倾斜 45°，停靠 15 s，移液管上无“吹”字样时残留于管尖的液体不必吹出，但移液管上有“吹”字样时，需将残留于管尖的液体吹出。

2. 容器类

(1)烧杯　主要用于配制溶液，煮沸、蒸发、浓缩溶液，进行化学反应，以及少量物质的制备等，加热时应垫以石棉网；也可选用水浴、油浴或沙浴等加热方式，加热时内容物不得超过容积的 2/3，加热腐蚀性液体时应加盖表面皿。

(2)烧瓶　用于加热煮沸，以及物质之间的化学反应。加热时，应垫以石棉网(圆底烧瓶可以直接加热)，加热时内容物不得超过容积的 2/3。平底烧瓶和圆底烧瓶常用于反应物较多的固液反应，或液液反应以及一些需要较长时间加热的反应。使用前应认真检查容器有无气泡、裂纹、刻痕及厚薄不均匀等缺陷。

(3)三角烧瓶　反应时便于摇动，在滴定操作中常用作容器。

(4)定碘烧瓶　也称具塞烧瓶，主要用于碘量法的测定。加热时应将瓶塞打开，以免塞子冲出或瓶子破碎，并应注意塞子保持原配。

(5)蒸馏用烧瓶　如需安装冷凝器等，应选短颈厚口烧瓶，连接蒸馏烧瓶与冷凝器时，穿过胶塞的支管伸入冷凝器内部分不应少于 4 cm。

(6)多口烧瓶　常用于制取气体或易挥发物质及蒸馏时作加热容器。

(7)试管　常用于定性试验，便于操作和观察，可在火上直接加热，内容物加热时不应超过 1/3，不需加热时不要超过 1/2，加热试管内的固体物质时，管口应向下倾斜，以防凝结水回流至试管底部而使试管破裂。

(8)离心管　常用于定性分析中的沉淀分离，不能在火上直接加热。

(9)比色管　主要用于比较溶液颜色，对元素含量较低的物质，用目视法作简易快速定量分析。使用时不可加热，要保持管壁尤其管底的透明度。

(10)试剂瓶　用于盛装试剂。每个试剂瓶上都必须贴有标签，标明内存试剂的名称、浓度、纯度等。瓶塞和滴管不可调换，应保持原配。使用时，瓶塞应倒置桌面上；使用滴管时不要将溶液吸入胶头，也不要将滴管放置其他地方。

(11)称量瓶　主要用于使用分析天平时称取一定质量的试样，也可用于烘干试样。平时要洗净、烘干，存放在干燥器内以备随时使用。不能用火直接加热，瓶盖不能互换，称量时不可用手直接拿取，应戴手套或垫以洁净纸条。

3. 其他类

(1)漏斗　主要用于过滤操作和向小口容器倾倒液体，可以过滤热溶液，但不得用火直接加热。

(2)玻璃砂芯滤器　常与过滤瓶配套进行减压过滤,根据孔径大小不同(滤片号数越大孔径越小)可过滤不同的物质。使用时应注意避免碱液和氢氟酸的腐蚀,过滤瓶能耐负压,不能加热。

(3)干燥器　主要用来保持物品的干燥,也可用来存放防潮的小型贵重仪器和已经烘干的称量瓶,坩埚等。使用时应在沿边上涂抹一薄层凡士林以免漏气,开启时,应使顶盖向水平方向缓缓移动。

(4)滴管　从试剂瓶中取出后,应保持胶头在上,不可平放或斜放,以防滴管中的试液流入胶头并腐蚀胶头、污染试剂。用滴管将试剂滴入试管或其他容器时,必须将它悬空地放在管口或容器口的上方,绝对禁止将滴管尖伸入管内或容器内,以防管端碰壁黏附其他物质。

(5)冷凝管、接管和分馏管　常与其他仪器配套使用,用于冷凝、分馏操作,使用时注意内外磨口的紧密性,安装、拆卸应按序小心操作。

(6)蒸发皿　主要用于溶液的蒸发、浓缩和结晶,平时应洗净、烘干。

二、实验室试剂分类、使用与存放

化学试剂又叫化学药品,简称试剂,是指具有一定纯度标准的各种单质和化合物(也可以是混合物)。它是工农业生产、文教卫生、科学研究以及国防建设等多方面进行化验分析的重要化学品。试剂不仅有各种状态,而且不同的试剂其性质差异很大。有的常温非常安定;有的常温就很活泼;有的受高温也不变质,有的却易燃易爆;有的香气浓烈,有的则剧毒。只有对化学试剂的有关知识深入了解,才能安全、顺利进行各项实验。既可保证达到预期实验目的,又可消除对环境的污染。因此,首先要知道试剂的分类情况,然后掌握各类试剂的存放和使用要求。

(一)常见试剂分类

试剂分类的方法较多。如按状态可分为固体试剂、液体试剂;按用途可分为通用试剂、专用试剂;按类别可分为无机试剂、有机试剂;按危险性可分为危险试剂、非危险试剂等。

1. 无机试剂和有机试剂

这种分类方法与化学的物质分类一致,既便于识别、记忆,又便于贮存、取用。无机试剂按单质、氧化物、碱、酸、盐分出大类后,再按性质进行分类。

有机试剂则按烃类、烃的衍生物、糖类、蛋白质、高分子化合物、指示剂等进行分类。

2. 危险试剂和非危险试剂

这种分类既注意到实用性,更考虑到试剂的特征性质。因此,既便于安全存放,也便于实验工作者在使用时遵守安全操作规则。

(1)危险试剂的分类　根据危险试剂的性质和贮存要求又分为以下几种。

易燃试剂　这类试剂指在空气中能够自燃或遇其他物质容易引起燃烧的化学物质。由于存在状态或引起燃烧的原因不同常可分为：易自燃试剂，如黄磷等；遇水燃烧试剂，如钾、钠、碳化钙等；易燃液体试剂，如苯、汽油、乙醚等；易燃固体试剂，如硫、红磷、铝粉等。

易爆试剂　指受外力作用发生剧烈化学反应而引起燃烧爆炸，同时能放出大量有害气体的化学物质，如氯酸钾等。

毒害性试剂　指对人或生物以及环境有强烈毒害性的化学物质，如溴、甲醇、汞、三氧化二砷等。

氧化性试剂　指对其他物质能起氧化作用而自身被还原的物质，如过氧化钠、高锰酸钾、重铬酸铵、硝酸铵等。

腐蚀性试剂　指具有强烈腐蚀性，对人体和其他物品能因腐蚀作用发生破坏现象，甚至引起燃烧、爆炸或伤亡的化学物质，如强酸、强碱、无水氯化铝、甲醛、苯酚、过氧化氢等。

(2)非危险试剂的分类　根根非危险试剂的性质与贮存要求可分为以下几种。

遇光易变质的试剂　指易受紫外光线的影响，而引起试剂本身分解变质，或促使试剂与空气中的成分发生化学变化的物质，如硝酸、硝酸银、硫化铵、硫酸亚铁等。

遇热易变质的试剂　这类试剂多为生物制品及不稳定的物质，在高气温中就可发生分解、发霉、发酵作用，有的常温也如此，如硝酸铵、碳酸氢铵、琼脂等。

易冻结试剂　这类试剂的熔点或凝固点都在气温变化范围以内，当气温高于其熔点，或下降到凝固点以下时，则试剂由于熔化或凝固而发生体积的膨胀或收缩，易造成试剂瓶的炸裂。如冰醋酸、晶体硫酸钠、晶体碘酸钠以及溴的水溶液等。

易风化试剂　这类试剂本身含有一定比例的结晶水，通常为晶体。常温时在干燥的空气中(一般相对湿度在70%以下)可逐渐失去部分或全部结晶水而有的变成粉末。使用时不易掌握其含量。如结晶碳酸钠、结晶硫酸铝、结晶硫酸镁、胆矾、明矾等。

易潮解试剂　这类试剂易吸收空气中的潮气(水分)而发生潮解、变质，出现外形改变、含量降低甚至发生霉变等。如氯化铁、无水乙酸钠、甲基橙、琼脂、还原铁粉、铝银粉等。

3. 按纯度分类

化学试剂按含杂质的多少分为不同的级别，以适应不同的需要。为了在同种试剂的多种不同级别中迅速选用所需试剂，还规定不同级别的试剂用不同颜色的标签标示。主要有以下几种。

一级纯　用于精密化学分析和科研工作，称优级纯，纯度为99.8%，又叫保证试剂。符号为GR，标签为绿色。

二级纯　用于分析实验和研究工作，纯度为99.7%，又叫分析纯试剂。符号为AR，标签为红色。

三级纯　用于化学实验，又叫化学纯试剂，纯度≥99.5%。符号为CP，标签为蓝色。

四级纯　用于一般化学实验，又叫实验试剂。符号为LR，标签黄色。

工业纯　工业产品，也可用于一般的化学实验。符号为TP。

除以上几种试剂外，在市面上还有以下几种纯度更高的化学试剂，适应更灵敏的微量和痕量分析。

基准试剂 纯度为99.95%～100%，用于配制标准溶液，也可用于标定标准溶液。符号为PT，浅绿色标签。

高纯试剂 纯度远高于优级纯的试剂叫作高纯试剂(纯度≥99.99%)。包括超纯、特纯、高纯，适用于痕量分析。符号为EP。

色谱纯 用于气相和液相色谱分析。符号为GC或HPLC。

光谱纯试剂 表示光谱纯净。但由于有机物在光谱上显示不出，所以有时主成分达不到99.9%以上，使用时必须注意，特别是作为基准物时，必须进行标定。符号为SP。

4. 按用途分

目前，国外试剂厂生产的化学试剂的规格趋向于按用途划分，常见的有：生化试剂(biochemical，BC)、生物试剂(biological reagent，BR)、生物染色剂(biological stain，BS)、络合滴定用(for complexometry，FCM)，层析用(for chromatography purpose，FCP)、荧光分析(FIA)、微生物用(FMB)、显微镜用(for microscopic purpose，FMP)、合成用(for synthesis，FS)、气相色谱(gas chromatography，GC)、高压液相色谱(high pressure liquid chromatography，HPLC)、指示剂(indicator，Ind)、红外吸收(IR)、液相色谱(LC)、核磁共振(NMR)、有机分析标准(organic analytical standard，OAS)、分析用(pro analysis，PA)、实习用(practical use，Pract)、工业用(techincal grade，Tech)、薄层色谱(thin layer chromatography，TLC)、分光纯、光学纯、紫外分光光度纯(ultra violet pure，UV)。

(二)常见试剂使用

实验室中一般只贮存固体试剂和液体试剂，气体物质都是需用时临时制备。在取用和使用任何化学试剂时，首先要做到“三不”，即不用手拿，不直接闻气味，不尝味道。此外还应注意试剂瓶塞或瓶盖打开后要倒放桌上，取用试剂后立即还原塞紧。

1. 固体试剂的取用

粉末状试剂或粒状试剂一般用药匙取用。药匙有动物角匙，也有塑料药匙，且有大小之分。用量较多且容器口径又大者，可选大号药匙；用量较少或容器口径又小者，可选用小号药匙，并尽量送入容器底部。特别是粉状试剂容易散落，或沾在容器口和壁上。可将其倒在折成槽形的纸条上，再将容器平置，使纸槽沿器壁伸入底部、竖起容器并轻抖纸槽，试剂便落入器底。块状固体用镊子，送入容器时，务必先使容器倾斜，使之沿器壁慢慢滑入器底。若实验中无规定剂量时，所取试剂量以刚能盖满试管底部为宜。取多了的试剂不能放回原瓶，也不能丢弃，应放在指定容器中供他人或下次使用。取用试剂的镊子或药匙务必擦拭干净，不能一匙多用。

2. 液体试剂的取用

用少量液体试剂时，常使用胶头滴管吸取。用量较多时则采用倾泻法。从细口瓶中将液体倾入容器时，把试剂瓶上贴有标签的一面握在手心，另一手将容器斜持，并使瓶口与容器口相接触，逐渐倾斜试剂瓶，倒出试剂。试剂应该沿着容器壁流入容器，或沿着洁净的玻棒将液体试剂引流入细口或平底容器内。取出所需量后，逐渐竖起试剂瓶，把瓶口剩余的液滴碰入容器中去，以免液滴沿着试剂瓶外壁流下。实验中无规定剂量时，一般取用 1～2 mL。定量使用时，则可根据要求选用量筒、滴定管或移液管。取多的试剂也不能倒回原瓶，更不能随意废弃。应倒入指定容器内供他人使用。若取用有毒试剂时，必须在教师指导下进行，或严格遵照规则取用。

3. 指示剂的使用

指示剂是用来判别物质的酸碱性、测定溶液酸碱度或容量分析中用来指示达到指定终点的物质。指示剂一般都是有机弱酸或弱碱，它们在一定的 pH 范围内变色灵敏，易于观察。故其用量很小，一般为每 10 mL 溶液加入 1 滴指示剂。

指示剂的种类很多，除比较常见的石蕊、酚酞、甲基橙外，还有甲基红、百里酚酞、百里酚蓝、溴甲酚绿等。它们的变色范围不同，用途也不一致。容量分析中，为了某些特殊需要，除用单一的指示剂外，也常用混合指示剂。

使用试液时，一般用胶头滴管滴入 1～2 滴试液于待检溶液中，滴加过程中，一般滴管不进入容器内、不贴壁、不沾液，振荡后观察颜色的变化。

(三)化学试剂的存放

1. 化学试剂的一般管理

在试剂保存过程中，要保证试剂标签上注有名称(包括俗名)、类别、产品标准、含量、规格、生产厂家、出厂批号(或生产日期)；有的试剂还应标明保质期。一般的化学试剂按照单质、无机物、有机物、指示剂等分别存放。无机物和有机物要按照试剂的种类、规格而分别保管。对于一些不常用的试剂，管理人员要定时检查，以保证试剂包装完好、标签完整、字迹清楚。固体试剂应无吸湿、潮解现象；液体试剂应无沉淀物，否则，就应检查试剂的密封情况。某些试剂要进行特别认真的检查，如钾、钠表面的油封，白磷、水银表面的水封是否符合要求，以免发生危险。一般开封后的剩余试剂较易变质，包括：

(1)试剂形状、状态的改变　如氢氧化钠由晶体变粉末状。

(2)试剂体积的改变　试剂挥发或升华，如装碘的瓶子试剂变少，并且瓶子变得不透明。

(3)试剂颜色的改变　如长期存放的试纸变色；氯化汞($HgCl_2$)、硝酸银($AgNO_3$)溶液出现沉淀；二氯化锡($SnCl_2$)溶液出现白色沉淀和硫酸亚铁($FeSO_4$)溶液变棕色等。

试剂出现以上现象，都可以判断试剂已有挥发或已变质。试剂变质的原因有很多，不同的试剂有不同的变质原因，不能一概而论。试剂的密封、光照、受潮、升温等都可能使试剂变质。有些试剂尽管密封较好，也容易挥发和变质(如乙醚、二硫化碳、四氢呋喃、异丙醚等)，这些试剂的标签上都应标有生产日期和保质期，管理人员要定期检查。化学试剂中所用的指示剂种类繁多，一般固体指示剂(除了试纸外)长期存放也不易变质。另外，有的络合物指示剂所配成的溶液长期存放会发生聚合反应或氧化反应，一般现象是产生混浊或絮状沉淀，难以敏锐地指示滴定终点。指示剂使用次数多，但每次的用量都极少，总用量也少，应尽量少购、少贮、少配制。

2. 危险试剂的分类及管理

化学实验室用到的危险试剂主要包括剧毒品、强腐蚀品和易燃易爆品 3 大类，下面就危险试剂的分类和管理进行分别阐述：

(1)剧毒品　按照国标 GB 6944—2012 的规定，实验室用到的剧毒品有汞盐、铬盐、铅盐、砷化合物、亚硝酸盐化合物、多环芳香烃及其衍生物、含氯含磷有机物等。剧毒品按照规定应该分柜存放、严格管理、定期清查盘点、严禁外流。其中某些剧毒品物质，如配位滴定中使用的氰化物，应按规定严格执行“五双制度”，即双人保管、双人收发、双人领用、双本账、双锁管理。放毒品的试剂室应通风良好，防止挥发和分解出的毒气在室内积聚；盛放毒品的试剂瓶要密封良好，移动时轻拿轻放，以杜绝人与毒品的接触。

(2) 强腐蚀品　实验室用到的强腐蚀品主要有浓硫酸、氢氟酸、液氯、液溴等物质。这类物质搬运时应轻取轻放，严禁撞击、摔碰和强烈振动，严禁肩扛背负。强腐蚀品一定要放置在牢固的试剂柜内，不要放在顶层或内层等取用困难的位置。和其他危险品一样，强腐蚀品也要确保安全管理、安全取用、杜绝外流。

(3) 易燃易爆品　实验室用到的石油醚、汽油等是易燃液体，这些物质与一些强氧化剂，如硝酸盐、高锰酸钾、氯酸钾等接触，遇到摩擦、碰撞等就可能爆炸，一定要注意防范。固体易燃物包括白磷，金属钾、钠、镁、铝粉，硫黄以及众多的无机、有机类化合物，其中有些物质有自燃性，许多物质对热、摩擦、碰撞极为敏感，大多数易燃物燃烧释放的气体有毒。

三、实验室用水

(一)实验室用水等级划分

根据 GB/T 6682—2008《分析实验室用水规格和试验方法》的规定，分析实验室用水的原水应为饮用水或适当纯度的水。并将实验室用水分为 3 个级别：一级水、二级水和三级水。一级水用于有严格要求的分析实验，包括对颗粒有要求的实验，如高效液相色谱用水。一级水常用二级水经过石英设备蒸馏或反渗透及离子交换混合床处理后，再经过0.2 μm 微孔滤膜过滤来制取。二级水用于无机痕量分析等实验，如原子吸收光谱体系用水。二级水可用多次蒸馏或离子交换等制取。三级水用于一般的化学分析试验。三级水可用蒸馏或离子交换的方法制取。

(二)常见实验室用水种类

1. 蒸馏水(distilled water)

实验室最常用的一种纯水，虽设备便宜，但制备极其耗能、费水且速度慢，应用会逐渐减少。蒸馏水能去除自来水内大部分的污染物，但挥发性的杂质无法去除，如二氧化碳、氨、二氧化硅以及一些有机物。新鲜的蒸馏水是无菌的，但储存后细菌易繁殖。此外，储存的容器也很讲究，若是非惰性的物质制成的容器，离子和容器的塑形物质会析出，造成二次污染。

2. 去离子水(deionized water)

应用离子交换树脂去除水中的阴离子和阳离子，但水中仍然存在可溶性的有机物，可以污染离子交换柱从而降低其功效，去离子水存放后也容易引起细菌的繁殖。

3. 反渗水(reverse osmosis water)

其生成的原理是水分子在压力的作用下，通过反渗透膜成为纯水，水中的杂质被反渗透膜截留排出。反渗水克服了蒸馏水和去离子水的许多缺点，利用反渗透技术可以有效地去除水中的溶解盐、胶体、细菌、病毒、细菌内毒素和大部分有机物等杂质，但不同厂家生产的反渗透膜对反渗水的质量影响很大。

4. 超纯水(ultra-puregrade water)

超纯水合格标准是水电阻率为 18.2 MΩ·cm。但超纯水对 TOC、细菌、内毒素等指标的要求并不固定，要根据实验的要求来确定，如细胞培养则对细菌和内毒素有要求，而 HPLC 则要求 TOC 低。

四、电子天平的使用

常见的天平有托盘天平、阻尼分析天平、电光天平、电子天平，其中以电子天平自动化水平最高，可自动测量、显示，甚至有些可自动记录并打印结果。

1. 操作前检查

(1)电子天平电线是否接好电源。

(2)电子天平水平仪中空气泡是否在圈内中部。电子天平在称量过程中会因为摆放位置不平而产生测量误差，称量精度越高误差就越大。如果中空气泡不在正中央，则需要调整，具体方法如下。

第一步：把水泡调到水平泡黑圈的中央线。单独旋转一个左边或右边的调平水平调脚，即调整天平的倾斜度，可以将水平泡调至中央线。初学者可先手动略微倾斜天平，使水平泡达到中央线，然后看左右两侧调平水平调脚的高低，调整其中一个的高矮，就可以使水平泡保持在中央线。

第二步：保持水泡在中央线移动，最终到达黑圈中央。同时旋转前部或后部的两个调平水平调脚，切记两手幅度必须一致，且都须同时顺时针或逆时针，则天平倾斜度保持不变，让水平泡沿着中央线移动，最终到达黑圈的中央。

2. 操作顺序

(1)插好 AC 适配器，接通电源，预热 30 min。

(2)接通电源后，电子天平自动进行调整灵敏度。不同型号校准略有不同，可按使用说明操作。

(3)物体称量，根据不同称量方法进行操作。

(4)称量完毕后，若较短时间内还使用电子天平(或其他人还使用电子天平)，短按“POWER”键，电子天平进入待机状态(显示时间)。若长时间不使用电子天平，长按“POWER”键约 3 s，关闭电子天平，可不必切断电源，再用时可省去预热时间。同时填写使用记录。

(一)称量的常用方法

电子天平常见称量方法有 3 种。

1. 直接称量

此法是将称量物直接放置于天平盘上，用于测定洁净干燥、不易潮解或升华的固体试样的质量。如称量某小烧杯的质量、容量瓶的质量、坩埚的质量等。

如称量小烧杯质量，要求关好天平门，按“TARE”键清零。打开天平左门，将小烧杯放入托盘中央，关闭天平门，待稳定后读数。记录后打开左门，取出烧杯，关好天平门。

2. 固定质量称量法

固定质量称量法又称增量法，用于称量某一固定质量的试剂或试样。这种称量操作的速度很慢，适用于称量不易吸潮，在空气中能稳定存在的粉末或小颗粒(最小颗粒应小于 0.1 mg)样品，以便精确调节其质量。本操作可以在天平中进行，用左手手指轻击右手腕部，将牛角匙中样品慢慢震落于容器内，当达到所需质量时停止加样，关上天平门，显示平衡后即可记录所称取试样的质量。记录后打开左门，取出容器，关好天平门。固定质量称量法要求称量精度在±5%以内。如称取 0.500 0 g 水泥样品，则允许质量的范围是 0.475～0.525 g。超出这个范围的样品均不合格。若加入量超出，则需重称试样，已用试样必须弃去，不能放回到试剂瓶中。操作中不能将试剂撒落到容器以外的地方。称好的试剂必须定量地转入接收器中，不能有遗漏。

3. 递减称量法

递减称量法又称减量法，此法用于称量一定质量范围的样品或试剂。在称量过程中样品易吸水、易氧化或易与 CO_2 等反应时，可选择此法。由于称取试样的质量是由两次称量之差求得，故也称差减法。从干燥器中用纸带(或纸片)夹住称量瓶后取出称量瓶(注意不要让手指直接触及称量瓶和瓶盖)，用纸片夹住称量瓶盖柄，打开瓶盖，用牛角匙加入适量试样(一般为称一份试样量的整数倍)，盖上瓶盖。称出称量瓶加试样后的准确质量。将称量瓶从天平上取出，在接收容器的上方倾斜瓶身，用称量瓶盖轻敲瓶口上部使试样慢慢落入容器中，瓶盖始终不要离开接收器上方。当倾出的试样接近所需量(可从体积上估计或试重得知)时，一边继续用瓶盖轻敲瓶口，一边逐渐将瓶身竖直，使附在瓶口上的试样落回称量瓶，然后盖好瓶盖，准确称其质量。两次质量之差，即为试样的质量。按上述方法连续操作，可称量多份试样。有时一次很难得到合乎质量范围要求的试样，可重复上述称量操作 1～2 次。

(二)使用天平的注意事项

(1)在开关门，放取称量物时，动作必须轻缓，切不可用力过猛或过快，以免造成天平损坏。

(2)对于过热或过冷的称量物，应使其温度回到室温后方可称量。

(3)称量物的总质量不能超过天平的称量范围。在固定质量称量时要特别注意。一般不超过最高载重的 2/3。

(4)使用前后用毛刷清理天平，保持清洁。

(5)所有称量物都必须置于一定的洁净干燥容器(如烧杯、表面皿、称量瓶等)中进行称量，以免沾染腐蚀天平。

(6)读数时要关闭天平门。

(7)远离空调的吹风口。避免气流和温度差对测定产生影响。

(8)称量物品时，应戴好棉质手套，避免直接接触对称量结果造成影响。

(9) 当称量固体粉末时，先将洁净干燥的称量瓶或称量纸放于称盘的中心(以免产生偏载误差)，将粉末倒入称量瓶或称量纸中，准备读数。当称量液体时，须预先估测容器质量，选择适宜的量程，勿超载称量。如称重液体具有挥发性，宜用配有塞子的长颈量瓶，量瓶中预先加有适量的难挥发性溶剂。将量瓶放于称盘的中心，按清零键除去皮重，将量瓶从电子天平上取下，用适宜的方法加入称重液体，盖紧塞子，再将量瓶放于称盘的中心，准备读数。

(10)从干燥箱或冰箱取出样品，要待样品温度与电子天平室温度一致后，再进行称量。

(11)磁性材料不要放在电子天平附近。

(12)使用完毕要如实填写仪器运行记录。

(三)电子天平的日常维护

(1)用软毛刷去除称量盘上及称量室内的杂物，保持称量室内清洁。

(2)尽量使用小的称量容器，避免超载。

(3)称量结束后，及时移去载荷，并清零。

(4)清洁之前，使电子天平处于待机状态，拆下秤盘等可移动部件。

(5)不要将污染物引入电子天平缝隙中，以免影响电子天平传感器的灵敏度。

五、实验试剂的配制

(一)溶液浓度的表示

1. 物质的量浓度

物质的量浓度即 1 L 溶液中所含溶质的物质的量，又称作体积摩尔浓度，以 M 表示，

M=溶质的物质的量/溶液体积，单位是 mol/L。

2. 质量分数

质量分数即溶质的质量与液体的体积之比，单位为 g/mL 或 g/L。

3. 质量分数

质量分数即 100 g 溶液中含有溶质的质量，如 10%氢氧化钠溶液，就是 100 g 溶液中含 10 g 氢氧化钠。

4. 体积分数

体积分数即 100 mL 溶液中所含溶质的体积(mL)，如 95%乙醇，就是 100 mL 溶液中含有 95 mL 乙醇和 5 mL 水。

5. 体积比

体积比是指溶质与溶剂的体积比。如 1∶1盐酸，即表示 1 体积量的盐酸和 1 体积量的水混合的溶液。

6. 滴定度(T)

滴定度(T)是溶液浓度的另一种表示方法。它有 2 种含义：

(1)表示每毫升溶液中含溶质的质量。如氢氧化钠溶液的滴定度为 T(NaOH)=0.002 8 g/mL=2.8 mg/mL。

(2)表示每毫升溶液相当于被测物质的质量。如卡氏试剂的滴定度 T=3.5，表示 1 mL 卡氏试剂相当于 3.5 g 的水含量，又如用硝酸银测定氯化钠时，表示硝酸银的浓度有两种，分别是 $T(AgNO_3)$=1 mg/mL 和 T(NaCl)=1.84 mg/mL，前者表示 1 mL 溶液中含硝酸银 1 mg，后者表示 1 mL 溶液相当于 1.84 mg 的氯化钠，用 T (NaCl)=1.84 表示，这样已知滴定度乘以滴定中耗去的标准溶液的体积数，即可求出被测组分的含量，计算起来相当方便。

7. 质量摩尔浓度

质量摩尔浓度以 1 kg 溶剂中所含溶质的物质的量来表示。

$$b_B=\frac{溶质的物质的量}{溶剂的质量}=\frac{n}{m}$$

式中：

b_B——溶液的组成(mol/kg)；

n——溶液中溶质的物质的量(mol)；

m——溶液中溶剂的质量(kg)。

质量摩尔浓度优点是其量值不受温度的影响，缺点是使用不方便。

8. 波美度(°Bé)

波美度(°Bé)是表示溶液浓度的一种方法。把波美密度计浸入所测溶液中，得到的度数叫波美度。波美度以法国化学家波美(Antoine Baume)命名。波美是药房学徒出身，曾任巴黎药学院教授。他创制了液体密度计——波美密度计。波美密度计有两种:一种叫重表,用于测量比水重的液体;另一种叫轻表,用于测量比水轻的液体。当测得波美度后,从相应化学手册的对照表中可以方便地查出溶液的质量分数。

(二)溶液的配制

1. 配制方法

不同的试剂的配制过程不尽相同,以下举例说明常见的 2 种情况。

例 1: 配制 200 g 质量分数为 10%的氯化钾溶液的实验步骤。

第一步　计算　配制 200 g 质量分数为 10%的氯化钾溶液,所需氯化钾钠的质量=200 g ×10%=20 g,所需水的质量=200 g－20 g=180 g,所需水的体积=180 g/1 (g/mL)=180 mL。

第二步　称量　用托盘天平称量 20 g 的氯化钾,倒入烧杯中。

第三步　溶解　用量筒量取 180 mL 的水,倒入盛有氯化钾的烧杯里,用玻璃棒搅拌,使氯化钾溶解。

第四步　贴标签贮存　把配好的溶液装入试剂瓶并贴上标签(标签中应包括药品名称和溶液中溶质的质量分数,还应有配制人、配制日期、有效期),然后放到试剂柜中。

例 2: 用质量分数 98%的浓硫酸(ρ=1.84 g/mL)配制 500 g 质量分数为 20%的稀硫酸的实验步骤。具体配制过程见图 1-2-1。

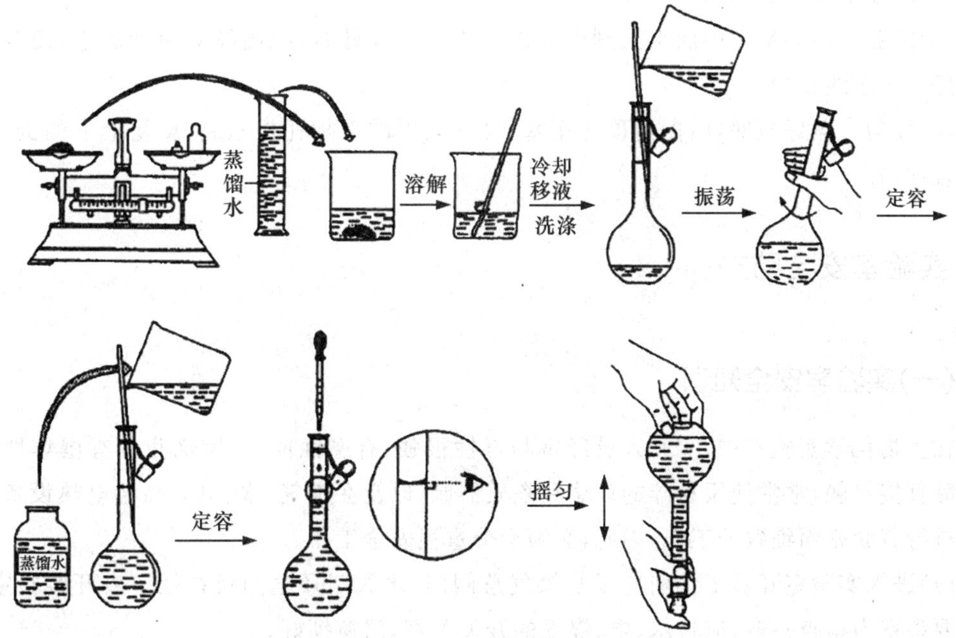

图 1-2-1　溶液的配制过程

第一步　计算　配制500 g质量分数为20%的稀硫酸需要浓硫酸的质量=(500 g×20%)/98%=102 g。假设市售硫酸的体积分数为98%,密度为1.84 g/mL,则需要浓硫酸的体积=102 g÷1.84 g/mL=55.4 mL。所需水的质量=500 g-102 g=398 g,所需水的体积=398 g/1 (g/mL)=398 mL。

第二步　稀释　选一适当大小的洁净烧杯,先加入80~100 mL蒸馏水(为配制体积的1/5左右),然后把量好的浓硫酸缓缓倒入水中,边倒边搅拌,冷却至室温。

第三步　移液　将配制好的浓硫酸沿玻璃棒小心倒入容量瓶中,洗涤烧杯和玻璃棒2~3次(每次约用15 mL蒸馏水),每次洗涤液都沿玻璃棒注入容量瓶中。振荡,摇匀。

第四步　定容　用烧杯沿玻璃棒向容量瓶中注入蒸馏水至刻线下2~3 cm处后,改用胶头滴管滴加蒸馏水至瓶中凹液面最低处与刻线相切(平视),再次摇匀。

第五步　将配制好的溶液转移入细口试剂瓶中,贴好标签,写明试剂种类、浓度等数据。

2. 注意事项

在溶液配制过程中,应该注意以下要点:

(1)称量或者量取　用天平称量固体质量或用移液管量取液体体积,量大的可以用量筒。

(2)溶解或者稀释　在烧杯中溶解或稀释溶质,冷却至室温(如不能完全溶解可适当加热)。此时加水量不宜过多,以免后期洗涤过程导致溶液超过总体积。

(3)转移　将烧杯内冷却后的溶液沿玻璃棒小心转入一定体积的容量瓶中。

(4)洗涤　用蒸馏水洗涤烧杯和玻璃棒2~3次,并将洗涤液转入容器中,保证溶质不流失。振荡,使溶液混合均匀。

(5)定容　向容量瓶中加水至刻度线以下1~2 cm处时,改用胶头滴管加水,使溶液凹面恰好与刻度线相切。

(6)摇匀　盖好瓶塞,用食指顶住瓶塞,另一只手的手指托住瓶底,反复上下颠倒,使溶液混合均匀。

六、实验室安全防护

(一)实验室安全知识

在生物化学实验室中,实验人员经常与毒性很强、有腐蚀性、易燃烧和具有爆炸性的化学药品直接接触,常常使用易碎的玻璃和瓷质器皿,以及在煤气、水、电等高温电热设备的环境下进行着紧张而细致的工作,因此,必须十分重视安全工作。

(1)进入实验室开始工作前应了解煤气总阀门、水阀门及电闸所在处。离开实验室时,一定要将室内检查一遍,应将水、电、煤气的开关关好,门窗锁好。

(2)使用煤气灯时,应先将火柴点燃,一手执火柴靠近灯口,一手慢开煤气门。注意不能先开煤气门，后燃火柴。灯焰大小和火力强弱，应根据实验的需要来调节。用火时，应做到火着人在、人走火灭。

（3）使用电器设备（如烘箱、恒温水浴、离心机、电炉等）时，严防触电；绝不可用湿手或在眼睛旁视时开关电闸和电器开关。应该用试电笔检查电器设备是否漏电，凡是漏电的，一律不能使用。

（4）使用浓酸、浓碱时，必须极为小心地操作，防止溅出。用移液管量取这些试剂时，必须使用橡皮球，绝对不能用口吸取。若不慎溅在实验台或地面上，必须及时用湿抹布擦洗干净。如果触及皮肤应立即治疗。

（5）使用可燃物，特别是易燃物（如乙醚、丙酮、乙醇、苯、金属钠等）时，应特别小心。不要大量放在桌上，更不要放在靠近火焰处。只有在远离火源时，或将火焰熄灭后，才可大量倾倒易燃液体。低沸点的有机溶剂不准在火上直接加热，只能在水浴上利用回流冷凝管加热或蒸馏。

（6）如果不慎倾出了相当量的易燃液体，则应按下法处理：

①立即关闭室内所有的火源和电加热器。

②关门，开启小窗及窗户。

③用毛巾或抹布擦拭洒出的液体，并将液体拧到大的容器中，然后再倒入带塞的玻璃瓶中。

（7）用油浴操作时，应小心加热，不断用温度计测量，不要使温度超过油的燃烧温度。

（8）易燃和易爆炸物质的残渣（如金属钠、白磷、火柴头）不得倒入污物桶或水槽中，应收集在指定的容器内。

（9）废液，特别是强酸和强碱不能直接倒在水槽中，应先稀释，然后倒入水槽，再用大量自来水冲洗水槽及下水道。

（10）毒物应按实验室的规定办理审批手续后领取，使用时严格操作，用后妥善处理。

（二）实验室灭火法

实验中一旦发生了火灾切不可惊慌失措，应保持镇静。首先立即切断室内一切火源和电源。然后根据具体情况正确地进行抢救和灭火。常用的方法有：

（1）在可燃液体燃着时，应立即拿开着火区域内的一切可燃物质，关闭通风器，防止扩大燃烧。若着火面积较小，可用抹布、湿布、铁片或沙土覆盖，隔绝空气使之熄灭。但覆盖时要轻，避免碰坏或打翻盛有易燃溶剂的玻璃器皿，导致更多的溶剂流出而再着火。

（2）酒精及其他可溶于水的液体着火时，可用水灭火。

（3）汽油、乙醚、甲苯等有机溶剂着火时，应用石棉布或沙土扑灭。绝对不能用水，否则反而会扩大燃烧面积。

（4）金属钠着火时，可把沙子倒在上面。

（5）导线着火时不能用水或二氧化碳灭火器，应切断电源或用四氯化碳灭火器。

(6)衣服烧着时切忌奔走,可用衣服、大衣等包裹身体或躺在地上滚动,以灭火。

(7)发生火灾时应注意保护现场。较大的着火事故应立即报警。

(三)实验室急救

在实验过程中不慎发生受伤事故,应立即采取适当的急救措施。

(1)割伤　受玻璃割伤及其他机械损伤,首先必须检查伤口内有无玻璃或金属等碎片,然后用硼酸水洗净,再擦碘酒或紫药水,必要时用纱布包扎。若伤口较大或过深而大量出血,应迅速在伤口上部和下部扎紧血管止血,并立即到医院诊治。

(2)烫伤　一般用浓的(90%~95%)酒精消毒后,涂上苦味酸软膏。如果伤处红痛或红肿(一级灼伤),可用橄榄油或用棉花蘸酒精敷盖伤处;若皮肤起泡(二级灼伤),不要弄破水泡,防止感染;伤处皮肤呈棕色或黑色(三级灼伤),应用干燥且无菌的消毒纱布轻轻包扎好,急送医院治疗。

(3)强碱　强碱(如氢氧化钠,氢氧化钾)、钠、钾等触及皮肤而引起灼伤时,要先用大量自来水冲洗,再用5%乙酸溶液或2%乙酸溶液涂洗。

(4)强酸和溴　强酸、溴等触及皮肤而致灼伤时,应立即用大量自来水冲洗,再以5%碳酸氢钠溶液或5%氢氧化铵溶液洗涤。

(5)酚类　如酚触及皮肤引起灼伤,应该用大量的水清洗,并用肥皂和水洗涤,忌用乙醇。

(6)煤气中毒　若煤气中毒时,应到室外呼吸新鲜空气,若严重时应立即到医院诊治。

(7)水银　水银容易由呼吸道进入人体,也可以经皮肤直接吸收而引起积累性中毒。严重中毒的征象是口中有金属气味,呼出气体也有气味;流唾液,牙床及嘴唇上有硫化汞的黑色;淋巴结及唾液腺肿大。若不慎中毒时,应送医院急救。急性中毒时,通常用碳粉或呕吐剂彻底洗胃,或者食入蛋白(如1 L牛奶加3个鸡蛋清)或蓖麻油解毒并使之呕吐。

(8)触电　触电时可按下述方法之一切断电路:

①关闭电源;

②用干木棍使导线与被害者分开;

③使被害者和土地分离,急救时急救者必须做好防止触电的安全措施,手或脚必须绝缘。

项目三 样品采集与处理

知识目标

1. 能够说出样品采集的重要性；
2. 能够掌握采样的意义和原则。

技能目标

1. 熟悉食品分析的一般程序；
2. 掌握食品样品的采集、制备和保存方法；
3. 深入理解各种食品样品的常规预处理方法。

德育目标

1. 培养学生团结协作能力；
2. 培养学生求实认真的工作态度；
3. 培养学生实事求是的职业操守。

一、样品采集

在检验工作中，如果检验对象数量庞大，我们是否需要全部检验呢？答案当然是否定的，那么我们从大量的分析对象中，抽取有代表性的一部分样品作为分析材料，这项工作就叫采样，这些分析材料即样品。将采来的样品进行粉碎、混匀、缩分称为样品制备，再把制备后的样品通过蒸馏、萃取、沉淀等操作进行预处理等操作后，才可以进行检验。

抽样检验明显节约了检验工作量和检验费用，缩短了检验周期；减少了检验人员和设备消耗；特别是属于破坏性检验时，只能采取抽样检验的方式。

但抽样检验的一个重要缺点是有一定的错判风险。虽然运用数理统计理论在一定程度上减少了风险，提高了可靠性，但只要使用抽检方式，这种风险就不可能绝对避免。

为保证分析结果准确无误，分析结果就必须能代表全部样品，因此必须采取具有足够代表性的“平均样品”，并将其制备成分析样品，如果采集的样品不具有代表性，那么即使分析方法正确，也得不到正确的结论，其检验结果也将毫无价值。因此，正确的采样在分析工作中是十分重要的，是食品理化检验的最基础的工作，是食品检验分析中重要的第一步。

（一）采样原则

正确采样必须遵守 4 个原则，即代表性原则、真实性原则、准确性原则、及时性原则。

第一，在大多数情况下，待鉴定食品不可能全部进行检测，而只能抽取其中的一部分作为样品，通过对样品的检测来推断该食品总体的营养价值或卫生质量。因此，所采的样品应能够较好地代表待鉴定食品各方面的特性。若所采集的样品缺乏代表性，无论其后的检测过程和环节多么精确，其结果都难以反映总体的情况，常可导致错误的判断和结论。但同时，样品还应当能准确反映特殊情况，针对性的采集能够达到监测目的的典型样品，如污染或疑似污染的食品、中毒或怀疑中毒的食品、掺假或怀疑掺假的食品，即样品要具有典型性。

第二，采样人员应亲临现场采样，以防止在采样过程中出现作假或伪造食品的现象。所有采样用具都应清洁、干燥、无异味。应尽量避免使用对样品可能造成污染或影响检验结果的采样工具和采样容器。

第三，性质不同的样品必须分开包装，并应视为来自不同的总体；采样方法应符合要求，采样的数量应满足检验及留样的需要；可根据感官性状进行分类或分档采样；采样记录务必清楚地填写在采样单上，并紧附于样品。

第四，采样应及时，采样后也应及时送检。尤其是检测样品中水分、微生物等易受环境因素影响的指标，或样品中含有挥发性物质或易分解破坏的物质时，应及时赴现场采样并尽可能缩短从采样到送检的时间。微生物检验样品要在 4 h 内送检。

食品采样检验的目的在于检验试样感官性质上有无变化，食品的一般成分有无缺陷，加入的添加剂等外来物质是否符合国家的标准，食品的成分有无掺假现象，食品在生产运输和贮藏过程中有无重金属、有害物质和各种微生物的污染以及有无变化和腐败现象。所以，要求采样时使用的工具、容器、包装纸等都应清洁，不应带入任何杂质或被测组分。采样后应迅速检测，以免发生变化。保存过程中要防止样品发生受潮、挥发、风干、变质等现象。

(二)采样要求

(1)采样人员　采样至少应有 2 名或 2 名以上采样人员参加。采样人员应经过相关机构的培训，取得相应的资质，持有采样相关文件和采样单等。

(2)采样工具和包装　采样人员应准备与采样产品相适应的采样工具和包装，采样工具和包装容器不应对样品造成污染或改变样品的原始性状。

(3)对被抽检产品进行确认　采样前应确认所抽检产品的保质期满足其检验时限。

(4)应从足够量的同批产品中随机抽取　通常采样量按检验项目所需试样量的 3 倍采取。其中一份作检验样，一份作复检样，一份作备用样。对于预包装产品如含有微生物检验项目，应不少于 15 个单包装，如无微生物检验项目，应不少于 6 个单包装。对于散装产品一般最低样品量不得少于 3 kg，且不少于 3 个个体。

(5)避免污染样品　取样过程中样品不应受雨水、灰尘等环境污染。

(6)及时记录　采样完成后，要立即填写采样单。

(三)采样工具

1. 一般常用工具

一般常用工具包括钳子、螺丝刀、小刀、剪刀、镊子、罐头及瓶盖开启器、手电筒、蜡笔、圆珠笔、胶布、记录本、照相机等。

2. 专用工具

专用工具如长柄勺，适用于散装液体样品采集；玻璃或金属采样器，适用于深型桶装液体食品采样；金属探管和金属探子，适用于采集袋装的颗粒或粉末状食品；采样铲，适用于散装粮食或袋装的较大颗粒食品；长柄匙或半圆形金属管，适用于较小包装的半固体样品采集；电钻、小斧、凿子等可用于已冻结的样品；搅拌器，适用于桶装液体样品的搅拌。

3. 盛样容器

盛装样品的容器应密封，内壁光滑、清洁、干燥，不含有待鉴定物质及干扰物质。容器及其盖、塞应不影响样品的气味、风味、pH 及食物成分。

盛装液体或半液体样品常用防水防油材料制成的带塞玻璃瓶、广口瓶、塑料瓶等；盛装固体或半固体样品可用广口玻璃瓶、不锈钢或铝制盒或盅、搪瓷盅、塑料袋等。

采集粮食等大宗食品时应准备四方搪瓷盘供现场分样用；在现场检查面粉时，可用金属筛筛选，检查有无昆虫或其他机械杂质等。

(四)采样步骤

采样一般分为3个步骤：

(1)从大批物料的各个部分采集少量的物料，称为检样；

(2)将所有获取的检样综合在一起得到原始样品；

(3)将原始样品经技术处理后，抽取其中的一部分作为分析检验的样品，称为平均样品。平均样品一般一式三份，分别称为检验样品、复检样品、仲裁样品。

(五)采样方法

采样一般皆取可食部分，不同食品应使用不同的采样方法。

1. 液体、半流体均匀食品采样

液体、半流体食品(如植物油、牛乳、酒或其他饮料)采样以一池、一缸、一桶为一个采样单位，搅拌均匀后采集一份样品；若采样单位容量过大，可按高度等距离分上、中、下3层，在四角和中央的不同部位每层各取等量样品，混合后再采样；流动液体可定时定量从输出的管口取样，混合后再采样；大包装食品，如用铝桶、铁桶、塑料桶包装的液体、半流体食品，采样前需用采样管插入容器底部，将液体吸出放入透明的玻璃容器内做现场感官检查，然后将液体充分搅拌均匀，用长柄勺或采样管取样。

2. 固体散装食品采样

大量的散装固体食品，如粮食、油料种子、豆类、花生等，可采用几何法、分区分层法采样。几何法即把一堆物品视为一种几何立体(如立方体、圆锥体、圆柱体等)，取样时首先把整堆物品设定或想象为若干体积相等的部分，从这些部分中各取出体积相等的样品混合为初级样品。对在粮堆、库房、船舱、车厢里堆积的食品进行采样，可采用分层采样法，即分上、中、下3层或等距离多层，在每层中心及四角分别采取等量小样，混合为初级样品；对大面积平铺散装食品可先分区，每区面积不超过50 m^2，并各设中心、四角5个点，两区以上者相邻两区的分界线上的两个点为共有点，例如两区共设8个点，三区共设11个点，以此类推。边缘上的点设在距边缘50 cm处。各点采样数量一致，混合为初级样品；对正在传送的散装食品，可从食品传送带上定时、定量采取小样；对数量较多的颗粒或粉末状固体食品，需用“四分法”采样，即把拟取的样品(或初级样品)堆放在干净的平面瓷盘、塑料盘或塑料薄膜上，然后从下面铲起，在中心上方倒下，再换一个方向进行，反复操作直至样品混合均匀。然后将样品平铺成正方形，用分样板画两条对角线，去掉其中两对角的样品，剩余部分再按上述方法分取，直到剩下的两对角样品数量接近采样要求为止。袋装初级样品也可事先在袋内混合均匀，再平铺成正方形后分样。

3. 不均匀食品采样

蔬菜、鱼、肉、蛋类等食品应根据检验目的和要求，从同一部位采集小样，或从具有代表性的各个部位采取小样，然后经过充分混合得到初级样品。肉类应从整体各部位取样(不包括骨及毛发)；鱼类，大鱼从头、体、尾各部位取样，小鱼可取 2～3 条；蔬菜，如葱、菠菜等可取整棵，莲白、白菜等可从中心剖开成 2 或 4 个对称部分，取其中 1 个或 2 个对称部分；蛋类，可按一定个数取样，也可根据检验目的将蛋黄、蛋清分开取样。

4. 生产基地采样

(1)种植产品　应抽取混合样品，不能以单株作为检验样品。抽取的样品应能充分代表该产品的全部特征。样品应在抽取的地块内根据不同情况按对角线法、梅花点法、棋盘式法、蛇形法等多点取样。

①蔬菜类　根据采样地点的情况，确定采样的范围和数量。在采样单元内采样点不应少于 5 点，每一点采样量应根据样品需要的总量平均计算，至少应有 1 个个体。搭架引蔓的蔬菜，均取中段果实。叶类蔬菜去掉外帮，取可食部分。根茎类蔬菜和薯类蔬菜取可食部分。

②水果类　根据采样地点的情况，确定采样的范围和数量。在采样单元内采样点不应少于 5 点，每一点采样量应根据样品需要的总量平均计算，至少应有 1 个个体。水果的采样应注意树龄、株型、生长势、坐果数量和果实着生部位。每株果树一般采集迎风面和背风面树冠外围中部的果实为样品，果实的着生部位、大小和成熟度应尽量一致。

③其他类　根据产品的特点参照上述蔬菜类或水果类的产品采样方法进行。

(2)养殖产品　对于单个养殖场，应从养殖场的所有畜禽中随机抽出能满足检验样品需要数量的畜禽，立即宰杀，然后根据检验标准的要求分部位分割取样。一般牲畜应取同一胴体的内脏、肉(在背部、腿部、臀尖这 3 个部位组织上分别取质量相近的肌肉，再混成一份样品)或分割肉，并作为不同的样品分开。一般禽类应取去除内脏后的整只胴体产品或同一组批不同胴体混合均匀的产品。对于多个养殖场，应首先从所有的养殖场中，随机确定抽取样品的养殖场，然后再按上述的方法进行样品抽取。

(3)水产品　对于单个养殖场，应在养殖区域内随机捞取足够数量的产品，并立即装入充氧样品袋中。对于多个养殖场，应首先从所有的养殖场中随机确定抽取样品的养殖场，然后再按上述的方法进行样品抽取。

5. 同类多品种产品采样

(1) 采样的个数和样品量　同类多品种产品按品种数量每 5 个或 5 个以下随机抽 1 个全量样品(选取全量样品时，应选取同类样品中净含量最小、最低型号规格、最低包装成本、最基本的加工工艺或最基本配方的产品)，按标准进行全项目检验，其余的产品每个各抽全量样品的1/4～1/3,做非共同项目检验。同类多品种产品的品种数量若超过5个,均按上述的规定重复执行直至所有产品均被抽到。

(2)样品的名称　同类多品种产品各样品的名称应与该产品实际使用的名称一致,但在采样和检验时应明确该产品属同类多品种产品。同类多品种产品的共用名称应采用能归纳此类产品的通用食品名称。

(六)采样记录

采样时应做好现场采样记录,其内容包括:检验项目、品名、生产日期或批号、产品数量、包装类型及规格、贮运条件及感官检查结果;还应写明采样单位和被采样单位名称、地址、电话,采样日期、容器、数量,采样时的气象条件,检验项目、标准依据及采样人等。无采样记录的样品,不应接受检验。采样后填写采样收据,一式两份,由采样单位和采样人签名盖章并分别保存。还应填写送检单,内容包括样品名称、生产厂名、生产日期、检验项目、采样日期,有些样品应简要说明现场及包装情况,采样时做过何种处理等。

(七)样品的包装和加封

1. 包装

(1)抽出的样品应填写标签,标签的内容主要包括样品名称、种类(品种),采样地点,采样时间,采样单号,采样人姓名、签名,收样单位、收样人。

(2)标签应随样品进行外包装。每个产品(包括同类多品种产品)均应包装成独立的一件。散装产品根据样品性质先装袋(或装瓶、装盒),需密封的应密封后再进行外包装。数量较大的散装产品可按四分法等适当缩减之后再包装。无论是样品袋(或瓶、盒),还是外包装材料都应符合有关食品卫生方面的规定。

2. 加封

包装完毕的样品应粘贴采样单位的封条。封条上应有采样单位的公章,要标明封样的时间和样品送(运)达收样单位的时限,封条应由采样人员和被采样单位代表共同签字。

(八)采样单

采样结束时应由采样人员填写采样单。采样单的格式和内容参照表1-3-1。该单一般应一式两份,由采样单位和被采样单位各执一份。

(九)样品的运送

采好的样品应放在干燥洁净的容器内,密封、避光存放,并在尽可能短的时间内送至实验室。运送途中要防止样品漏、散、损坏、挥发、潮解、氧化分解、污染变质等。气温较高时,样品宜低温运送。送回实验室后要在适宜条件下保存。

表 1-3-1　采样单

<table>
<tr><td rowspan="2">被采样单位</td><td>名称</td><td></td><td colspan="2">法定代表人（负责人）</td><td></td><td>职务</td><td></td></tr>
<tr><td>地址</td><td></td><td colspan="2">邮编</td><td></td><td>电话</td><td></td></tr>
<tr><td rowspan="5">样品情况</td><td>产品名称</td><td colspan="4"></td><td rowspan="2">产品批量</td><td rowspan="2"></td></tr>
<tr><td>执行标准</td><td colspan="4"></td></tr>
<tr><td>出厂批号</td><td colspan="2"></td><td colspan="2">商标</td><td colspan="2"></td></tr>
<tr><td>生产日期</td><td colspan="2"></td><td colspan="2">型号规格</td><td colspan="2"></td></tr>
<tr><td>保质期</td><td colspan="2"></td><td colspan="2">包装分类</td><td colspan="2">□散装　　□预包装</td></tr>
<tr><td rowspan="4">采样情况</td><td>采样依据</td><td colspan="2"></td><td colspan="2">采样地点</td><td colspan="2"></td></tr>
<tr><td>采样方式</td><td colspan="2"></td><td colspan="2">样品数量及单位</td><td colspan="2"></td></tr>
<tr><td>包装方式</td><td colspan="2"></td><td colspan="2">封条数量</td><td colspan="2"></td></tr>
<tr><td>运样方式</td><td colspan="6"></td></tr>
</table>

二、样品制备和保存

1. 样品制备

用作检验的样品必须制成平均样品，其目的在于保证样品均匀，取任何部分都能较好地代表全部待鉴定食品的特征。应根据待鉴定食品的性质和检测要求采用不同的制备方法。样品制备时，必须先去除果核、蛋壳、骨和鱼鳞等非可食部分，然后再进行样品的处理。

（1）一般固体食品　可用粉碎机将样品粉碎，过 20～40 目筛；

（2）高脂肪固体样品（如花生、大豆等）　需冷冻后立即粉碎，再过 20～40 目筛；

（3）高水分食品（如蔬菜、水果等）　多用匀浆法；

（4）肉类　用绞碎或磨碎法；

（5）能溶于水或有机溶剂的样品成分　用溶解法处理；

（6）蛋类　去壳后用打蛋器打匀；

（7）液体或浆体食品　如牛奶、饮料、植物油及各种液体调味品等，可用玻璃棒或电动搅拌器将样品充分搅拌均匀。

2. 样品保存

样品保存的目的是防止样品发生受潮、挥发、风干、变质等现象，确保其成分不发生任何变化，保存的方法是将制备的样品放入具磨口塞的玻璃瓶中，置于暗处，易腐败变质的样品应保存在 0～5℃的冰箱中。易失水的样品应先测定水分。

一般检验后的样品还需保留 1 个月，以备复查，保留期限从签发报告单算起，易变食品不予保留。样品保存时应按日期、批号、编号摆放，以便查找。

根据食品种类、理化性质和检测项目的不同，供测试的样品往往还需要做进一步的处理，如浓缩、灰化、湿法消化、蒸馏、溶剂提取、色谱分离和化学分离等。

三、样品预处理

食品中成分复杂，既含脂肪、蛋白质、碳水化合物等有机大分子化合物，也含有钾、钠、钙等无机元素，它们以复杂的形式结合在一起，当进行成分分析时，测定元素可能会被其他非被测组分影响，所以在检验之前，必须采取相应的措施排除干扰。另外，有些样品特别是有毒或有害污染物，其含量极低，但危害性大，有些方法灵敏度不足而难以检出，测定时需对相应组分进行浓缩，以满足分析方法的要求。样品预处理（前处理）既是解决上述问题的主要途径。常见预处理方法如下。

（一）有机物破坏法

测定食品中无机成分的含量时，需要在测定前破坏有机结合体。将有机物质进行破坏，使之转化为无机状态或生成气体逸出，消除有机物质对实验的干扰。在高温或高温加强氧化条件下经长时间处理，有机物分解，呈气态逸散，而使被测组分存留下来，常用于食品中的金属元素或某些非金属元素（如砷、硫、氮、磷）含量测定。有机物破坏法根据条件不同分为干法灰化和湿法消化。

1. 干法灰化

原理：将样品置于坩埚内，在电炉上加热，使其中的有机物脱水、碳化、分解、氧化，再置于高温炉中灼烧灰化，直至残灰为白色或灰色为止，所得残渣即为无机成分。

灰化温度一般为 500～600℃，灰化时间以灰化完全为准，一般为 4～6 h。

2. 湿法消化

原理：样品中加入强氧化剂，并加热消煮，使样品中的有机物质完全分解、氧化，呈气态逸出，待测组分转化为无机物状态存在于消化液中。

常用的强氧化剂有浓硝酸、浓硫酸、高氯酸、高锰酸钾、过氧化氢。还有几种强酸的混合物作为溶剂与试样一同加热，如硝酸＋硫酸、硝酸＋高氯酸、硝酸＋高氯酸＋硫酸、高氯酸＋硫酸、过氧化氢＋硫酸等。

（二）蒸馏法

蒸馏法是利用液体混合物中各组分挥发度不同进行分离的方法。可以用于除去干扰组分，也可以将被测组分定量分离出来后再测定。常用的蒸馏方法有常压蒸馏、减压蒸馏和水蒸气蒸馏。

1. 常压蒸馏法

常压蒸馏法多用于常压下受热不分解或沸点不太高的物质(图 1-3-1)。

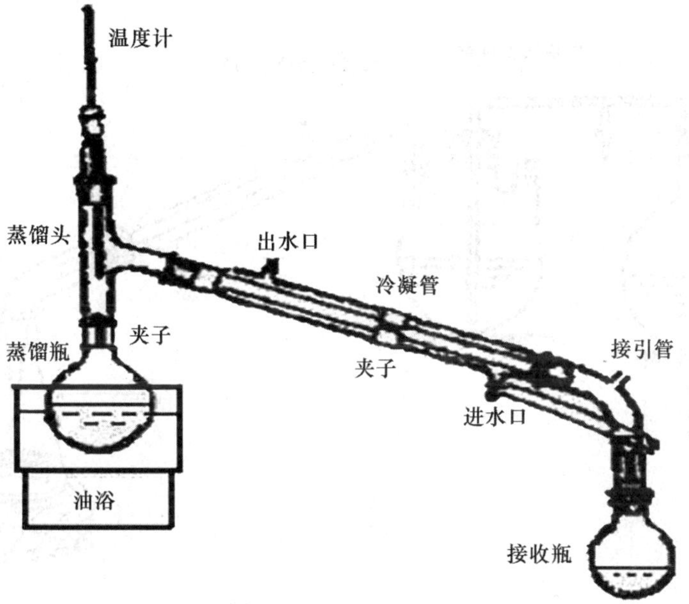

图 1-3-1　常压蒸馏装置

2. 减压蒸馏法

减压蒸馏法多用于分离沸点较高或性质比较不稳定的液态有机化合物,适用于在常压蒸馏时未达沸点就已分解、氧化或聚合的物质(图 1-3-2)。

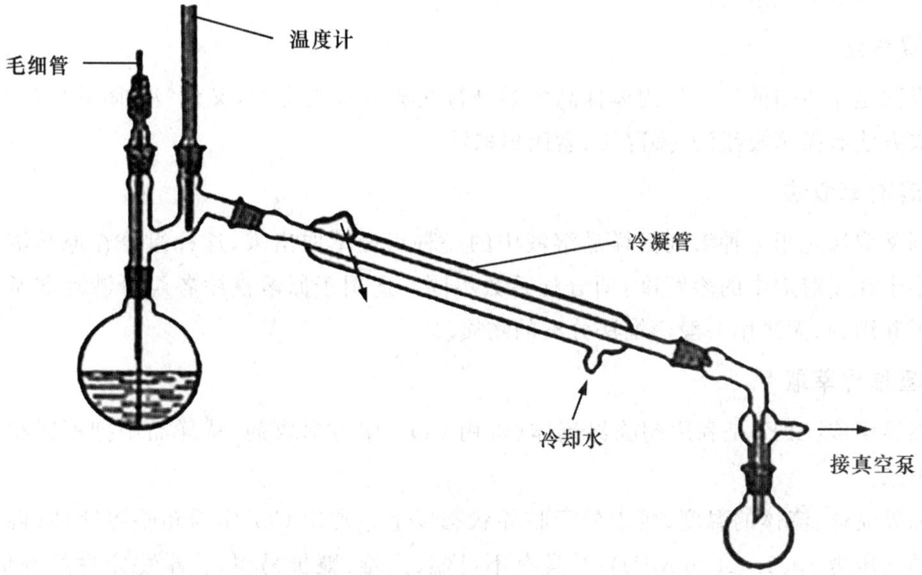

图 1-3-2　减压蒸馏装置

3. 水蒸气蒸馏

水蒸气蒸馏多用于与水不相容的、具有一定挥发性的有机化合物的分离和提纯(图 1-3-3)。

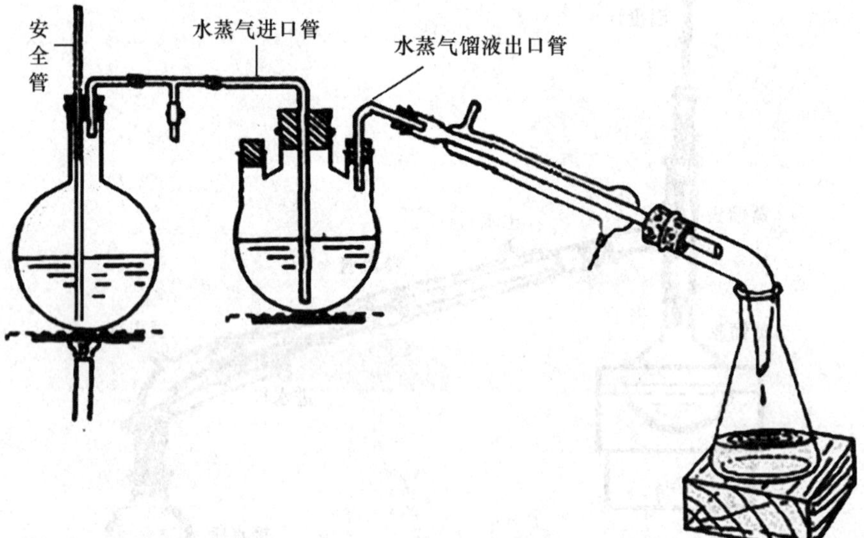

图 1-3-3　水蒸气蒸馏装置

(三)溶剂提取法

溶剂提取法是利用混合物中各种组分在某种溶剂中溶解度的不同而将混合物分离的方法。常用的方法有浸提法和萃取法。常用的溶剂有水、稀酸、稀碱等无机溶剂,以及乙醇、乙醚、氯仿、丙酮等有机溶剂。

1. 浸提法

浸提法是用适当的溶剂将固体样品中某种待测成分浸提出来,又称“液-固萃取法”。常用的提取方法有振荡浸渍法、捣碎法、索氏提取法。

2. 溶剂萃取法

溶剂萃取法是用一种溶剂把样品溶液中的一种组分萃取出来,这种组分在原溶液中的溶解度小于在新溶剂中的溶解度,即分配系数不同。适用于原溶液中各组分沸点非常相近或形成了共沸物,无法用一般蒸馏法分离的物质。

3. 超临界萃取

超临界萃取(SFE)是利用超临界流体(常用 CO_2)作为萃取剂,从样品中把所需组分分离提取出来。

超临界流体:流体的温度、压力处于临界状态以上。常用 CO_2 作为超临界流体(温度为 50～200℃,压力 10.3～20.6 MPa),其具有不可燃、无毒、廉价易得、化学稳定性好等优点,可以应用于有机氯农药的检测。

(四)色谱分离法

1906 年,俄国植物学家茨威特用此法分离植物叶绿体中色素而得名,玻璃管中装 $CaCO_3$,石油醚溶解植物叶绿体并倒入管内,再用石油醚做淋洗剂,结果柱子中的色素被分成几个不同颜色的谱带。色谱分离是将样品中的组分在载体上进行分离的一系列方法,又称色层分离法。

按固定相材料及使用形式分类:

(1)柱色谱　固定相装在色谱柱中。

(2)纸色谱　层析滤纸为支持剂,滤纸上结合水为固定相。

(3)薄层色谱(TLC)　将固定相粉末制成薄层。

(4)气相色谱(GC)　流动相为气体。

(5)液相色谱(LC)　流动相为液体。

(五)化学分离法

常用的化学分离法有磺化法和皂化法、沉淀分离法、掩蔽法。

1. 磺化法和皂化法

磺化法和皂化法是处理油脂或含脂肪样品时经常使用的方法。油脂被硫酸磺化或被强碱皂化后,由憎水性转变为亲水性,这样,油脂中那些要测定的非极性物质就能被适当的溶剂提取出来。

(1)磺化法　用硫酸处理样品提取液,硫酸使样品中的脂肪磺化,并与脂肪和色素中的不饱和键起加成作用,生成溶于硫酸和水的强极性化合物并从有机溶剂中分离出来。主要用于对酸稳定的有机氯农药残留物的测定。

磺化:$CH_3(CH_2)_nCOOH \xrightarrow{\text{浓 } H_2SO_4} HO_3SCH_2(CH_2)_nCOOH$

(2)皂化法　用热碱与脂肪及其杂质发生皂化反应,而将其除去。本法只适用于对碱稳定的农药提取液的净化。

皂化:$RCOOR' \xrightarrow{KOH} RCOOK + R'OH$

2. 沉淀分离法

利用沉淀反应进行分离。在试样中加入适当的沉淀剂,使被测组分沉淀下来或将干扰组分沉淀下来,再经过滤或离心把沉淀和母液分开。常用的沉淀剂有碱性硫酸铜、碱性醋酸铅等。

3. 掩蔽法

向样液中加入掩蔽剂,使干扰组分改变其存在状态(被掩蔽状态),以消除其对被测组分的干扰。利用这种方法,可不经分离干扰成分而消除其干扰作用,简化分析步骤。常用的掩蔽剂有巯基(—SH)丙醇、二巯基丙磺酸钠等。

(六)浓缩法

样品在提取、净化后,往往样液体积过大、待测组分的浓度很低,因此在测定前需要对样品提取液进行浓缩,以提高被测组分的浓度。常用的浓缩方法有常压浓缩和减压浓缩。

1. 常压浓缩法

待测组分不易挥发,可用蒸发皿直接加热浓缩,也可用蒸馏装置等。

2. 减压浓缩

适用于易挥发、热不稳定性组分的浓缩。常用 K-D 浓缩器,水浴加热并抽气减压,浓缩速度快、被测组分损失少。

[师徒共研]

1. 为什么要用科学适当的方法进行采样?

同类食品和原料,由于品种、产地、成熟期、加工或保藏条件不同,其成分和含量有相当大差异,甚至同一分析对象不同部位的成分也有一定差异。所以想要采集到能代表整体的分析样品,必须用科学适当的方法。

2. 什么情况下用五点取样,什么情况用抽行式取样?

五点取样法常用于样本总体为非长条形时,而抽行式取样法常用于样本总体为长条形时。

3. 采样记录、采样单、标签有什么区别?

三者之中采样记录最为详细,包括检验项目、品名、生产日期或批号、产品数量、包装类型及规格、贮运条件及感官检查结果;还应写明采样单位和被采样单位名称、地址、电话,采样日期、容器、数量,采样时的气象条件,检验项目、标准依据及采样人等。采样单大多数是表格形式,主要包括被采样单位情况、样品情况和采样情况。标签的内容则更为简单,主要包括样品名称、采样地点、采样时间、采样单号、采样人姓名、收样单位、收样人等基本信息。

4. 为什么要进行样品制备?

采样采得的样品往往数量过多,颗粒太大,因此必须进行粉碎、混匀和缩分。

样品制备可以保证样品十分均匀,分析时取任何部分都具有代表性,样品的制备必须考

思政花园

心中有规矩,做事有标准。

——黄力雄老师在教师节及开学典礼上的讲话

虑到在不破坏待测成分的条件下进行。

5. 样品预处理的目的是什么?

第一,排除测定前干扰组分。由于食品本身(如蛋白质、脂肪、糖类等)对分析测定常产生干扰,因此在分析测定之前必须进行样品处理。样品在处理过程中,既要排除干扰因素,又要不至于使被测物质受到损失,而且应能使被测定物质浓缩,从而使测定能得到理想的结果。

第二,对样品进行浓缩。有些被测组分由于浓度太低或含量太少,直接测定有困难,这就需要将被测组分进行浓缩。而且,食品样品中有些预测组分常有较大的不稳定性(例如微生物的作用、酶的作用或化学活性等),需要经过样品的预处理才能获得可靠的测定结果。

6. 样品预处理的原则有哪些?

第一,消除干扰因素;第二,完整保留被测组分;第三,使被测组分浓缩;第四,选用的分离富集方法应简便。

7. 蒸馏操作中应注意哪些事项?

(1)蒸馏瓶中装入的液体体积最大不超过蒸馏瓶的 2/3。同时加沸石(或玻璃珠、瓷片、毛细管)等防止暴沸,蒸汽发生瓶也要装入沸石(或玻璃珠、瓷片或毛细管)等。

(2)温度计插入高度应适当,以与通入冷凝器的支管在一个水平上或略低一点为宜。温度计的需查温度刻度应在瓶外。

(3)有机溶剂的液体蒸馏应使用水浴,并注意安全。

(4)冷凝器的冷凝水应由低向高逆流。

8. 干法灰化的注意事项是什么?

(1)尽可能保持低温,灰化温度应使样品在合理的时间内消化完全。

(2)灰化时间不宜过长,过长会增加样品在炉中污染的可能性。

(3)采取适当的措施,加速灰化,并减少挥发损失。

9. 加速干法灰化的方法有哪些?

(1)样品经初步灼烧后,取出冷却,从灰化容器边缘慢慢加入少量去离子水,使水溶性盐类溶解,被包住的有机成分暴露出来。

(2)经初步灼烧后,放冷,加入几滴硝酸或过氧化氢,蒸干后再灼烧至恒重,利用它们的氧化作用来加速有机成分的灰化。也可加入 10%碳酸铵等疏松剂,在灼烧时分解为气体逸出,使灰分是松散状态,促进未灰化的有机成分灰化。

10. 常压蒸馏应注意哪些问题?

(1)避免出现暴沸现象。

(2)温度计插放位置正确。

(3)磨口装置应涂油脂。

(4)溶液沸点不高于90℃,可用水浴;超过90℃,则用油浴;若被蒸馏物不易爆炸或燃烧,可用电炉或酒精灯直接加热(垫石棉网);若是有机溶剂则要用水浴并防火。

11. 湿法消化的注意事项是什么?

(1)消化操作中应采用质量纯净的酸及氧化剂,注意消化容器的洗涤和清洁。同时做空白对照。消化容器应选择质地较好的硬质玻璃,以减少碎裂及溶解成分产生的测定误差。

(2)消化瓶应45°斜放,防止消化液迸溅到瓶外;瓶内加玻璃珠或瓷片,防止暴沸;瓶口不能对着人。加热时火力集中于消化液部分,瓶内其余部分应保持较低的温度;在瓶口加一小漏斗,可增加酸雾冷凝,减少挥发损失。

(3)消化过程中若需要加入另一种氧化剂时,首先停止加热,待消化液稍冷后,在沿瓶壁缓慢加入,以免发生剧烈反应而引起喷溅,造成样品损失。

(4)必须在通风橱中进行。

[知识链接]

1. 食品分析的一般程序是什么?

食品分析的一般程序:样品的采集—制备和保存—样品的预处理—成分分析—处理分析数据—撰写分析报告。

2. 罐头食品取样方法

罐头食品取样可采用下列方法之一:

(1) 按生产班次取样,取样数为1/3 000,尾数超过1 000罐者,增取1罐,但每班每个品种取样基数不得少于3罐。

(2) 某些产品生产量较大,则按班产量总罐数20 000罐为基数,其取样数按1/3 000。超过20 000罐以上罐数,其取样数可按1/10 000,尾数超过1 000罐者,增取1罐。

(3)个别产品生产量过小,同品种、同规格者可合并班次取样,但并班总罐数不超过1 000罐,每生产班次取样数不少于1罐,并班后取样数不少于3罐。

(4) 按杀菌锅取样,每锅取1罐,但每批每个品种不得少于3罐。

3. 牛乳取样方法

每次取样最少为250 mL。取样时要先将牛乳混匀,混匀方法可用特制的搅拌棒在牛乳中自上至下、自下至上各以螺旋式转动20次。

如要采取数桶乳的混合样品时,则先要估计每桶乳的质量,然后按比例计算每桶乳中应采取的数量,用采样管采集到同一个样品瓶中并混匀即可。一般每千克可采样0.2~1.0 mL。

为了确定牧场在一定时期内牛乳的成分,可逐日采集一定量的样品(如0.5 mL/kg),

每100 mL样品中可加入1～2滴甲醛作为防腐剂。

4. 全脂乳粉取样方法

乳粉用箱或桶包装者，则开启总数的1%，用83 cm长的开口采样扦，先加以杀菌，然后自容器的四角及中心采取样品各一插，放在盘中搅匀，采取约总量的1‰为检验用。采取瓶装、听装的乳粉样品时，可以按批号分开，自该批产品堆放的不同部位采取总数的1‰作为检验用，但不得少于两件。尾数超过500件者应加抽一件。

5. 什么是圆锥四分法？

缩分干燥的颗粒状及粉末状样品，最好使用圆锥四分法。圆锥四分法是把样品充分混合后堆砌成圆锥体，再把圆锥体压成扁平的圆形，中心划两条垂直交叉的直线，分成对称的4等份；弃去对角的两个1/4圆，再混合，反复用四分法缩分，直到留下合适的数量作为检验样品。

6. 什么是助灰化剂？

助灰化剂指为加速有机物质分解或提高待测物回收率而加入的化学品。常用的助灰化剂有硝酸、硫酸、磷酸二氢钠、氧化镁、硝酸镁、氯化钠等。在常压干灰化过程中助灰化剂可发挥多种作用。

(1)加入硝酸、硝酸镁、硝酸铝、过氧化氢等可加速对样品中有机物的氧化；

(2)加入某些助灰化剂，能与样品中的易挥发待测组分生成难挥发的物质，例如，当样品中含有的待测组分为易挥发的砷，加入硝酸镁后，可生成难挥发的焦砷酸镁($Mg_2As_2O_7$)，从而避免了待测砷的损失；

(3)在样品中加入氧化钙、氧化镁，可以使待测金属与坩埚壁隔绝，减少吸留带来的损失，同时也能起到一定的分散疏松作用，使样品不结块，更有利于灰化；

(4)样品在干灰化过程中，有些碱性灰分会加剧吸留损失，如加入少量硫酸、磷酸或其他高沸点助灰化剂，可中和灰分中的碱性组分。

7. 干法灰化的优缺点

优点：

(1)因灼烧后灰分少、体积小，故可加大称样量，能灰化大量样品(在检测灵敏度相同的情况下，能够提高检出率)；

(2)灰化操作简单，需要设备少，不需要使用大量试剂，因而空白值最小；

(3)有机物分解彻底；

(4)操作者不需要时常观察。

缺点：

(1)回收率偏低　灰化时因高温挥发造成被测元素的损失。此外，还会因与容器起化学反应，或吸附在未烧尽的炭粒上，或形成化合物，以及坩埚物质的吸留作用都能使被测元素遭受损失。

(2)所需时间长　因此，在分析测定食品中痕量重金属时，一般多采用湿法消化。

8. 湿法消化的优缺点

优点：

(1)适用于各种不同的食品样品；

(2)有机物分解速度快，所需时间短；

(3)由于加热温度低，可减少低沸点元素挥发损失或附着损失。

缺点：

(1)不能处理大量样品；

(2)有潜在的危险性，需要持续地监控；

(3)试剂用量大，在有些情况下导致空白值高。

(4)在消化过程中产生大量酸雾和刺激性气体，危害工作人员的健康，因而消化工作必须在通风橱中进行。

9. 什么是空白试验？

空白试验是指除不加样品外，采用完全相同的分析步骤、试剂和用量，进行平行操作所得的结果。用于排除试剂本底和计算、检验方法等对实验结果的影响。

10. 什么是硝酸—硫酸消化法，其有什么优点和注意事项？

硝酸和硫酸是对有机质具有强烈的氧化作用、破坏力很强的试剂。在实践中将硝酸与硫酸两种试剂配成混合液使用，或先用硫酸再逐渐滴加硝酸的方法，可以取得更好的消化效果，是一种常用的有机质破坏法。

优点：对有机物质破坏彻底，消化时间较短，并能较广泛地用于样品中多种金属的检测。但对含有钡、锶等金属的样品不宜采用此法。

注意事项：

(1)在消化过程中要避免发生碳化现象，溶液颜色变深就说明硝酸不够，需添加硝酸。添加的量一次不要过多，以免溶液中残留过多的氧化氮，不易除尽，影响以后的检验。

(2)因汞具有挥发性，测汞时为防止汞的挥发损失，样品消化最好使用具有回流冷凝装置的烧瓶。

(3)含碳水化合物多的样品需放置过夜。因为开始的反应相当剧烈，故加入硝酸后到开始加热的时间必须足够。

(4)对于产生泡沫多的样品，开始时加2～3滴癸醇或辛醇效果较好。

11. 什么是高氯酸—硝酸消化法，其有什么优缺点？

高氯酸和硝酸对有机质的氧化能力比硫酸强，而所需消化温度都比硫酸低，是一种破坏有机质的常用方法。

优点：

氧化能力强，反应速度快，碳化过程不明显，消化温度低，挥发损失小。但对于某些还原性较强的样品，如含有酒精、甘油、油脂和大量磷酸盐的样品，容易引起爆炸，不宜采用。

注意事项：

(1)使用高氯酸时应小心谨慎，先将消化瓶离火稍冷，再沿瓶壁缓慢滴加，如速度过猛有发生爆炸的危险。

(2)消化过程中不可出现任何蒸干现象，一旦蒸干容易引起残余物燃烧、爆炸。为了防止这种现象的发生，可加入少量硫酸以防蒸干，且加入硫酸后可适当提高消化温度，充分发挥硝酸和高氯酸的氧化能力。

(3)在消化过程中如出现碳化现象，则需重新取样，或者增加消化液用量，或者减少取样量，重新操作。

12. 单独使用硫酸的消化法的注意事项

消化样品时，仅加入浓硫酸一种氧化剂，加热时，依靠硫酸强烈的脱水碳化作用使有机物破坏。硫酸的氧化能力较其他酸弱，沸点又高，因此需要较高的加热温度。消化过程中消化液碳化变黑后，可保持较长的碳化阶段，延长消化过程。为了缩短消化时间，经常要加入一些催化剂如 $CuSO_4$ 等，或加入硫酸盐如 K_2SO_4 或 Na_2SO_4 等以提高沸点。

项目四

数据分析与处理

知识目标

1. 能够掌握数字修约原则；
2. 能够分析误差产生原因并在实验中加以避免。

技能目标

1. 根据标准要求对数字进行正确有效的修约；
2. 正确分析实验结果的准确度和精密度；
3. 学会 Q 检验法和 $4\bar{d}$ 检验法，并能够对实验数据进行正确的取舍。

德育目标

1. 培养学生脚踏实地、不急不躁的工作态度；
2. 培养学生求实认真的工作态度；
3. 培养学生实事求是的职业操守。

一、有效数字及其运算规则

在定量分析中，实验数据和分析结果，既表示量的大小，又反映准确度的高低。因此，在实验数据的记录和结果的计算中，保留几位数字不是任意的，要根据仪器和分析方法的准确度来决定。

(一)有效数字的意义和位数

有效数字是实际能测到的数字，在有效数字中，只有最后1位数是不确定的、可疑的。有效数字位数由仪器准确度决定，包括全部可靠数字和1位不确定数字在内，它直接影响结果的相对误差。

1. 测量结果的记录

在分析化学中，不同的记录结果表明仪器不同的准确度，记录测量结果时，只可保留1位可疑数字，举例如下：

移液管：25.00 mL；

容量瓶：100.0 mL，250.0 mL；

电子天平：12.831 6 g，0.233 8 g，0.050 0 g。

2. 有效数字的位数

常见的有效数字位数举例如下：

0.526 00：绝对偏差±0.000 01，5位有效数字；

0.526 0：绝对偏差±0.000 1，4位有效数字；

0.526：绝对偏差±0.001，3位有效数字；

标准溶液浓度：0.100 0 mol/L，4位有效数字；

pH：4.30，2位有效数字；

解离常数 K：1.8×10^{-5}，2位有效数字；

质量分数：25.68%，4位有效数字。

3. 注意事项

(1)在记录测量值时必须且只保留一位不确定的数字。数字0至9都是有效数字，当0只是用来指示小数点位置时不是有效数字，如1.006 0为5位有效数字，0.002 3是2位有效数字。

(2)不能因为单位变换而改变有效数字的位数，例如，0.023 4 g，23.4 mg，2.34×10^{4} μg均为3位有效数字。

(3)倍数关系、分数关系和常数可看成具有无限多位数。

(4)pH是氢离子浓度的负对数值，所以小数部分才是有效数字。

(5)指数和对数有效数字位数按尾数计(即小数点后的数字位数),如 $10^{2.31}$ 是两位有效数字。

(6)在记录较大或较小的测量值时,常用有效数字的科学记数法。例如,测得光速为 2.99×10^8 m/s,有效数字为 3 位。

(7)在化学平衡计算中结果一般为 2 位有效数字(因为 K 值一般为两位有效数字);常量分析中一般为 4 位有效数字,微量分析一般为 2 位有效数字。

(二)有效数字的修约规则

在处理分析数据时,涉及的各测量值的有效数字位数可能不同。从误差传递原理可知,通过运算所得的结果,其误差总比个别测量的误差大。数据计算所得结果的误差取决于各测量值(特别是误差较大的测量值)的误差。所以,为保证计算结果的准确度与实验数据相符合,则需要对其有效数字的位数进行确定,多余部分一概舍弃,该过程称为数字修约。

1. 数字修约采用"四舍六入五留双"的规则

该规则规定:当多余位数的首位≤4 时,舍去;多余位数的首位≥6 时,进位;等于 5 时,如果 5 后有不为 0 的数字,则进位,如果 5 后数字均为 0,则视 5 前面是奇数还是偶数,采用"奇进偶舍"的方法进行修约,使被保留数据的末位为偶数。

例如,将下列数据修约为两位有效数字:

(1)7.549→7.5　(2)3.369 0→3.4　(3)7.450 1→7.5

(4)0.007 350→0.0074　(5)0.845 0→0.84

2. 禁止分次修约

修约应一次到位,不得连续多次进行修约,例如,将数据 2.345 7 修约为两位,则为 2.345 7→2.3;然而若分次修约:2.345 7→2.346→2.35→2.4,这样就出现了错误。

3. 可多保留 1 位有效数字进行运算

在大量运算中,为了提高运算速度,且又不使修约误差迅速累积,则可采用"安全数字"。即将参与运算各数的有效数字修约到比绝对误差最大的数据多保留 1 位,运算后,将结果修约到应有的位数。例如,计算 5.3527、2.3、0.054 及 3.35 的和。按加减法的运算法则,其计算结果只保留 1 位小数。在计算过程中我们不妨多保留 1 位,则上述数据计算,可写成:$5.35+2.3+0.05+3.35=11.05$,计算结果可修约为 11.0。

4. 修约标准偏差

对标准偏差的修约,其结果应使准确度降低。例如,某计算结果的标准偏差为 0.213,取两位有效数字,修约为 0.21。在做统计检验时,标准偏差可多保留 1~2 位数参与运算,计算结果的统计量可多保留 1 位数字与临界值比较。

5. 与标准限度值比较时不应修约

在分析测定中常需要将测定值与标准限度值进行比较,从而确定样品是否合格。

(三)有效数字的运算法则

在分析测定过程中，往往要经过几个不同的测量环节。例如，先用减量法称取试样，试样经过处理后进行滴定。在此过程中有多个测量数据，例如试样质量，滴定管初、终读数等；在分析结果的计算中，每个测量值的误差都要传递到结果里。因此，在进行结果运算时，应遵循下列规则。

1. 加减法

当几个数据加减时，它们的最后结果的有效数字保留取决于绝对误差最大的数，即以小数点后位数最少的数为依据。例如：

$0.13+0.025+42.716=42.871\rightarrow 42.87$

2. 乘除法

如果几个数据相乘或相除，那么在它们的积或商的有效数字位数的运算过程中应始终与几个数中相对误差最大的相对应，即以各数据中有效数字位数最少的数据为准。例如：

$2.3136\times 2.3=5.32128\rightarrow 5.3$

但在 $4.4683\times 3.2=14.29856\rightarrow 14.3$ 的计算中，按理应保留一位可疑数字，为 14.3，但按规则应则多出 1 位有效数字，这是由进位得来的，按规定取 14 也是可以的。

二、精密度和准确度

(一)误差及其产生原因与避免方法

误差是在分析测量过程中客观存在的。由于测量方法、使用仪器、环境条件、试剂和分析工作者主观条件等因素，使测量的结果与真实值不完全一致，这就是误差。

1. 误差及其产生原因

分析误差根据其性质和来源，可分为系统误差(systematic error)和偶然误差(accidental error)两类。

(1)系统误差　系统误差是由分析过程中某些确定原因引起的，特点是具有重复性和单向性。即在同一条件下进行测定，会重复出现，使测定结果总是偏高或偏低。故而又称为“可测误差”。常见的系统误差，可分为方法误差、仪器和试剂误差及操作误差等。

①方法误差　方法误差是由于分析方法本身因素所引起的误差，这类误差有时会对测定结果造成较大的影响。例如，重量分析中沉淀的溶解损失，或有共沉淀现象发生；在滴定分析中，滴定终点与化学计量点不能完全吻合；以及分析测定反应不完全，存在副反应等原因，都会导致测量值偏离真实值。

②仪器和试剂误差　由于使用的实验仪器不够精确引起的误差是仪器误差；由于试剂、溶剂不纯所引起的误差是试剂误差。例如：元素分析中溶剂含有微量待测离子，就会使测定结果比真实值偏高。

③操作误差　操作误差是由于分析工作者一些主观因素造成的误差。例如，滴定管读数偏高或偏低；滴定终点颜色确定偏深或偏浅，均可导致操作误差。滴定管读数偏高属于操作误差，而有意或无意将读数记录错误应属于过失。

以上 3 种误差，在测定过程中可能同时存在、共同影响结果。如果在多次测定中，系统误差的绝对值保持不变，但相对值随测量值的增大而减小，这种误差称为恒量误差(constant error)；例如天平的称量误差和滴定管的读数误差。如果系统误差的绝对值随试样量的增大而成比例的增大，称为比例误差，例如干扰成分引起的误差。

理论上系统误差具有单向性、重复性和可测性，所以是可以被测量和消除的。

(2)偶然误差　偶然误差是由某些不确定的因素所引起的误差。如环境温度、湿度、气压及电源电压的微小波动、仪器性能的微小变动等。由于这些变化是随机产生的，因此偶然误差又称为随机误差。产生偶然误差的原因一般不易察觉，因此难以控制。偶然误差的大小和正负都不固定。但偶然误差的分布服从正态分布规律，绝对值相同的正、负误差出现的概率大致相等。因此，可以通过增加平行测定次数来减小或消除偶然误差。

在分析过程中，除系统误差和偶然误差外，还有因为疏忽或差错引起的“过失”，其实质上是一种错误，不属于误差的范畴。如溶液溅失、看错刻度、记录及计算错误等。因此需要在实验中严格认真、恪守操作规程、养成良好的实验习惯，避免出现“过失”。如发现确实因操作错误得出的测定结果，应舍弃。

2. 误差的避免

要提高分析结果的准确度，必须考虑在分析工作中可能产生的各种误差，采取有效的措施将这些误差减小到最小。

消除系统误差可以采取以下措施。

(1)空白实验　空白试验是指在不加试样的情况下，按试样分析过程在同样的操作条件下进行分析，所得结果的数值称为空白值。然后从试样结果中扣除此空白值就可得到比较可靠的分析结果。空白试验可用于消除由试剂、溶剂、器皿带进的杂质而造成的系统误差。

(2)校正仪器　分析测定中，具有准确体积和质量的仪器，如滴定管、移液管、容量瓶和分析天平砝码等，都应进行校正，以消除仪器不准所引起的系统误差。

(3)对照实验　对照实验就是用同样的分析方法，在同样的条件下，用标准样品代替试样进行平行测定。标样中待测组分的含量是已知的，且与试样中的含量相近。将对照试验的测定结果与标样的已知含量相比，其比值即为校正系数。

(4)严格训练　提高操作人员的技术业务水平，以减少操作误差。

综上所述，在分析过程中检查有无系统误差存在，做对照试验是最有效的方法。通过对照试验可以校正测试结果，消除系统误差。

为了避免偶然误差，需要重复做几次平行实验并取其平均值（一般为2～4次）。这样在消除了系统误差的条件下，可使正负误差几乎抵消，平均值就可能更接近真实值。

（二）准确度与误差

准确度是指测定值与真实值相符合的程度，通常用误差来表示。误差大小主要由系统误差所决定，反映测定值的真实性和准确性。主要表示方法有绝对误差和相对误差。

$$绝对误差=测量值-真实值$$

$$相对误差=\frac{测量值-真实值}{真实值}\times 100\%$$

绝对误差和相对误差都有正值和负值，正值表示实验结果偏高，负值表示实验结果偏低。同样的绝对误差，当被测物的质量较大时，相对误差就比较小，测定的准确度就比较高，因此相对误差更能反映结果的准确度。

对某一未知试样的测定来说，实际上真实值是不可能知道的，通常可以通过回收率的测定来确定真实值。例如：

用二氯靛酚滴定法测定天然果汁中维生素C含量，准确取等量的果汁样品，分别进行多次测定，得到以下测定结果：

（1）果汁中维生素C含量为3.34 mg/100 g；

（2）在果汁样品中加入标准物质维生素C 5.00 mg，测得维生素C含量为8.28 mg/100 g。计算该测定方法的回收率为：

$$P=\frac{8.28-3.34}{5}\times 100\%=98.8\%$$

（3）利用回收率可以校正计算结果：

$$x=\frac{3.34}{98.8\%}=3.38$$

（三）精密度与偏差

精密度是平行测量值互相接近的程度，即测量值与平均值接近的程度。测量值越接近，测量的精密度越高，测量数据的重现性越好。偶然误差使测量值分散，精密度反映分析测定

思政花园

《易》曰："君子慎始，差若毫厘，谬以千里。"

——《礼记·经解》

过程中偶然误差的大小。精密度的高低用偏差来衡量，偏差越大，测量数据越分散，测量数据重现性越差，精密度越低。反之，偏差越小，测量数据越集中，精密度越高。

偏差有以下几种表示方法：

（1）偏差　即测量值与平均值的差值，计算公式如下：

$$d = x_i - \bar{x}$$

（2）平均偏差　即偏差绝对值的平均值，计算公式如下：

$$\bar{d} = \frac{1}{n}\sum |x_i - \bar{x}|$$

（3）相对偏差　是指某一次测量的绝对偏差占平均值的百分比，计算公式如下：

$$RD = \frac{|x_i - \bar{x}|}{\bar{x}} \times 100\%$$

（4）相对平均偏差　指平均偏差占平均值的百分比，计算公式如下：

$$\overline{RD}(\%) = \frac{\bar{d}}{\bar{x}} \times 100\%$$

（5）标准偏差　定量分析有限次（$n \leqslant 20$）样本时，标准偏差 S 计算公式如下：

$$S = \sqrt{\frac{\sum (x_i - \bar{x})^2}{n-1}}$$

（6）相对标准偏差　又称变异系数，是标准偏差占平均值的百分比，计算公式如下：

$$RSD = \frac{S}{\bar{x}} \times 100\%$$

对于一组平行测量值，平均偏差和相对平均偏差忽略了个别较大偏差对测定结果重复性的影响，而标准偏差能反映较大偏差的影响。相对平均偏差或相对标准偏差体现偏差在测量平均值中所占比例。实际工作中，常用相对标准偏差（RSD）表示分析结果的精密度。

实际分析工作中常用约定真值或标准值代替真值。

约定真值是一个接近真值的值，它与真值之差可忽略不计。由国际计量大会定义的单位以及我国法定计量单位获得约定真值。

由相关部门认可的不同实验室，采用可靠的分析方法，通过高精密度测量而获得的更加接近真值的值称为标准值（或相对真值），求得标准值的试样称为标准试样或标准参考物质，标准试样及其标准值需经权威机构认定并提供。分析工作中常以标准值代替真值来衡量测量结果的准确度。

例：分析铁矿石中铁的质量分数，得到如下数据：37.45，37.20，37.50，37.30，37.25（%），计算结果的平均值、平均偏差、相对平均偏差、标准偏差。

解：

①结果的平均值：

$$\bar{x}=37.34\%$$

各次测量的偏差分别是 0.11%，-0.14%，0.16%，-0.04%，-0.09%。

②平均偏差：

$$\bar{d}=\frac{(0.11\%+0.14\%+0.04\%+0.16\%+0.09\%)}{5}=0.11\%$$

③相对平均偏差：

$$\frac{\bar{d}}{\bar{x}}\times100\%=\frac{0.11\%}{37.34\%}\times100\%=0.29\%$$

④标准偏差：

$$S=\sqrt{\frac{\sum_{i=1}^{n}(x_i-\bar{x})^2}{n-1}}$$

$$=\sqrt{\frac{(37.45\%-37.34\%)^2+(37.20\%-37.34\%)^2+(37.50\%-37.34\%)^2+(37.30\%-37.34\%)^2+(37.25\%-37.34\%)^2}{5-1}}$$

$$=0.13\%$$

⑤相对标准偏差：

$$RSD=\left(\frac{0.13}{37.34}\right)\times100\%=0.4\%$$

(四)可疑值的取舍

在试验时，多次重复性测量过程中，有时会出现一个明显偏离同一样本其余分析结果的数值，这个数据叫离群值(可疑值)。离群值离其他测定值较远，暗示它们可能来自不同的总体。离群值可能是总体的随机误差的极端表现，也可能是分析者在分析过程中的过失的表现。若是由过失所产生的，这个离群值就应该舍弃；若是未发现确定原因，则不能随意舍弃，而要用统计的方法做出判断，以决定取舍。常用的检验方法有 $4\bar{d}$ 检验法、狄克逊(Dixon)检验法和格鲁布斯(Grubbs)检验法。

1. $4\bar{d}$ 检验法

(1)将测得的一组数据，按大小顺序排列 x_1、x_2…x_n，其中 x_1 为可能出现的偏小数据，x_n 为可能出现的偏大数据。

(2)假设 x_n 为离群值，将其除去后，将其余数据相加，求算术平均值 $\bar{x}$ 及平均偏差 $\bar{d}$。

(3)将可疑值与平均值相减，若 $(x_{可}-\bar{x})\geq4\bar{d}$，则可疑值应舍去；若 $(x_{可}-\bar{x})<4\bar{d}$，则可疑值应保留。

使用 $4\bar{d}$ 检验法检验可疑数据简单，但只能用于处理一些要求不高的实验数据。适用于 4～8 个数据。

例：测定某溶液的浓度为 0.101 4 mol/L、0.101 2 mol/L、0.101 9 mol/L 和 0.101 6 mol/L，运用 $4\bar{d}$ 法说明可疑值 0.1019 是否应当弃掉？

解：先计算出除 0.101 9 以外的其他 3 个数据的平均值和平均偏差。

$$\bar{x}=\frac{0.1014+0.1012+0.1016}{3}=0.1014$$

$$\bar{d}=\frac{|0.1014-0.1014|+|0.1012-0.1014|+|0.1016-0.1014|}{3}=0.00013$$

$$4\bar{d}=4\times0.00013=0.00052$$

因为 $0.1019-0.1014=0.0005<4\bar{d}$，所以 0.101 9 不应该弃掉。

$4\bar{d}$ 检验法的优点是简单易记，不需要计算标准偏差，也不需要查表。

2. 狄克逊(Dixon)检验法

狄克逊(Dixon)检验法，是由狄克逊提出的。其离群值分为统计离群值、歧离值和正常值。步骤如下：

(1)将测定值由小到大顺序排列，$x_1, x_2, \cdots x_n$，其中 x_1 或 x_n 为可疑值。

(2)按照表 1-4-1 所列公式计算统计量 Q 值。

(3)根据给定的显著性水平 α 和测量次数 n，查出临界值 Q_n，见表 1-4-1 所示。

(4)判断　若 $Q>Q_{0.01}$，则所检验的可疑值为统计离群值；若 $Q_{0.05}<Q\leqslant Q_{0.01}$ 则可疑值为歧离值；若 $Q\leqslant Q_{0.05}$，则可疑值为正常值。

表 1-4-1　Dixon 检验临界值

样本容量	临界值 Q_n		检验统计 Q 计算公式	
n	$\alpha=0.05$	$\alpha=0.01$	检验最小值 x_1	检验最大值 x_n
3	0.941	0.988	$Q=\frac{x_2-x_1}{x_n-x_1}$	$Q=\frac{x_n-x_{n-1}}{x_n-x_1}$
4	0.765	0.889		
5	0.642	0.782		
6	0.560	0.698		
7	0.507	0.637		
8	0.554	0.681	$Q=\frac{x_2-x_1}{x_{n-1}-x_1}$	$Q=\frac{x_n-x_{n-1}}{x_n-x_2}$
9	0.512	0.635		
10	0.477	0.597		
11	0.576	0.674	$Q=\frac{x_3-x_1}{x_{n-1}-x_1}$	$Q=\frac{x_n-x_{n-2}}{x_n-x_2}$
12	0.546	0.642		
13	0.521	0.617		

续表 1-4-1

样本容量 n	临界值 Q_n		检验统计 Q 计算公式	
	$\alpha=0.05$	$\alpha=0.01$	检验最小值 x_1	检验最大值 x_n
14	0.546	0.641		
15	0.524	0.618		
16	0.505	0.597		
17	0.489	0.580		
18	0.475	0.564		
19	0.462	0.550		
20	0.450	0.538	$Q=\dfrac{x_3-x_1}{x_{n-2}-x_1}$	$Q=\dfrac{x_n-x_{n-2}}{x_n-x_3}$
21	0.440	0.526		
22	0.431	0.516		
23	0.422	0.507		
24	0.413	0.497		
25	0.406	0.489		
26	0.399	0.482		
27	0.393	0.474		
28	0.387	0.468		
29	0.381	0.462		
30	0.376	0.456		

例：一组测定值按从小到大的顺序排列为：14.65，14.90. 14.90，14.92，14.95，14.96，15.00，15.00，15.01，15.02。检测最小值 14.65 是否为离群值？

解：

当 $n=10$，可疑值为 x_1 时，$Q=\dfrac{x_2-x_1}{x_{n-1}-x_1}=\dfrac{14.90-14.65}{15.01-14.65}=0.694$。

以 99%置信度（显著水平为 0.01）和测定次数 $n=10$ 查 Dixon 检验临界值表。得 $Q_{0.99}=0.597$，$Q=0.694>Q_{0.99}$；所以 14.65 为离群值，应舍弃。

3. Grubbs（格鲁布斯）检验方法

Grubbs 检验方法检验步骤如下：

（1）测量数据由小到大顺序排列，即 $x_1, x_2, x_3 \cdots x_n$。

（2）计算测量数据的平均值 $\overline{x}$、标准偏差 s 以及统计量 G。

当 x_1 为可疑值时，$G_1=\dfrac{\overline{x}-x_1}{s}$；

当 x_n 为可疑值时，$G_n=\dfrac{x_n-\overline{x}}{s}$。

（3）判断　根据测定次数 n 和显著性水平查 Grubbs 检验临界值表。若 $G>G_\alpha$，则舍弃可疑值，否则保留。

Grubbs 检验法适用于一组测定数据中有一个或一个以上可疑数据的情况，当样本量 $n>10$ 的情况下，推荐用 Grubbs 检验方法。如果可疑数据都在平均值同一侧，如 x_1 和 x_2 为可疑数据，应首先检验内侧数据；若 x_2 为离群值，则 x_1 应舍弃；若 x_2 应保留，再检验 x_1。检验 x_2 时，计算平均值、标准偏差均不含 x_1，测定次数相应减 1。如果可疑值在平均值的两侧，如 x_1 和 x_n 可疑，应分别检验 x_1 和 x_n 是否舍弃。如果有一个数据舍去，则在检验另一可疑值时，测定次数应作少一次来处理，此时选择 99%的置信度。

Grubbs 检验法除用于检验一组测量值中的可疑数据外，也可用于检验多组测量值的平均值中的可疑值。

例：有一标准样品，Si 含量的测定结果值为 4.50、4.41、5.01、4.51、4.64、4.75、4.49、4.81、4.95、5.39 g，用 Grubbs 检验法检验是否有异常值。

解：

①排列数据，将上述数据从小到大排列，得到 4.41、4.49、4.50、4.51、4.64、4.75、4.81、4.95、5.01、5.39。

②计算平均值

$$\bar{x}=\frac{4.41+4.40+4.50+4.51+4.64+4.75+4.81+4.95+5.01+5.39}{10}=4.75$$

③计算标准偏差 s：

$$s=\sqrt{\frac{\sum(x_i-\bar{x})^2}{n-1}}=0.305$$

④计算偏离值

平均值与最小值之差为 $4.75-4.41=0.34$；

最大值与平均值之差为 $5.39-4.75=0.64$；

确定一个可疑值，最大值与平均值之差 0.64 大于平均值与最小值之差 0.34，因此认为最大值 5.39 为可疑值。

⑤计算 G 值

$$G=\frac{x_{10}-\bar{x}}{s}=0.64\div 0.305=2.098\approx 2.1$$

查 G 值表获得临界值，根据选定的 P 值（此处为 0.95）和测量次数 n（此处为 10），查 G 值表（表 1-4-2），得 $G_{95}(10)=2.176$。

⑥比较计算值 G 和临界值 $G_{95}(10)$：$G=2.098$，$G_{95}(10)=2.176$，$G<G_{95}(10)$。

⑦判断是否为离群值：因为 $G<G_{95}(10)$，可以判断测量值 5.39 为正常值，给予保留。

表 1-4-2　Grubbs 检验临界值

n	α 0.01	α 0.05	n	α 0.01	α 0.05	n	α 0.01	α 0.05
3	1.115	1.153	12	2.550	2.285	21	2.912	2.580
4	1.492	1.463	13	2.607	2.331	22	2.939	2.603
5	1.749	1.672	14	2.659	2.371	23	2.963	2.624
6	1.944	1.822	15	2.705	2.409	24	2.987	2.644
7	2.097	1.938	16	2.747	2.443	25	3.009	2.663
8	2.221	2.032	17	2.785	2.475	30	3.103	2.745
9	2.323	2.110	18	2.821	2.504	35	3.178	2.811
10	2.410	2.176	19	2.854	2.532	40	3.240	2.866
11	2.485	2.234	20	2.884	2.557	50	3.336	2.956

4. 离群值处理

处理离群值的方式有：

(1)保留离群值并用于后续数据处理；

(2)在找到实际原因时修正离群值，否则予以保留；

(3)剔除离群值，不追加观测值；

(4)剔除离群值，并追加新的观测值或用适宜的插补值代替。

三、数据报告和检验报告单的撰写

(一)数据报告方法

实际工作中，一般采取双平行测定，用相对偏差表示结果的精密度，相对偏差是指某一次测量的绝对偏差占平均值的百分比。以此产生的精密度要求，可表述为在重复条件下获得的两次独立测定结果的绝对差值不得超过某个数值，如算术平均值的10%，即：

$$2|A-B|/(A+B)<10\%$$

最终结果用两次平行测定结果的平均值表示。

(二)报告撰写

1. 原始记录单

在实验过程中，需要有原始记录单。原始记录是检测结果的体现，应如实地记录下来，并妥善保管，以备查验。

(1)原始记录必须真实、齐全、清楚，记录方式应简单明了，可设计成一定的格式，内容包括来源、名称、编号、采样地点、样品处理方式、包装及保管状况、检验分析项目、采用的分析方法、检验日期、所用试剂的名称与浓度、称量记录、滴定记录、计算记录、计算结果等。

(2)原始记录本应统一编号、专用，用钢笔或碳素笔填写，不得任意涂改、撕页、散失，有效数字的位数应按分析方法的规定填写。

(3)修改错误数字时不得涂改，而应在原数字上画一条横线表示消除，并由修改人签注。

(4)确知在操作过程中存在错误的检验数据，不论结果好坏，都必须舍去，并在备注栏中注明原因。

(5)原始记录应统一管理，归档保存，以备查验。

(6)原始记录不得随意外泄。

2. 检验报告基本要求

(1)检验报告应准确、清晰、明确、客观，采用统一格式。

(2)完整的检验报告，一般包含以下内容：①标题；②标注资质认定标志，加盖检验专用章(适用时)；③检验检测机构的名称和地址，检验检测的地点(如果与检验检测机构的地址不同)；④检验报告或证书的唯一性标识(如系列号)和每一页上的标识，以确保能够识别该页是属于检验报告或证书的一部分，以及表明检验报告或证书结束的清晰标识；⑤客户的名称和地址(适用时)；⑥对所使用检验检测方法的标注；⑦检验样品的状态描述的标识；⑧对检验结果的有效性和应用有重大影响时，注明样品的接收日期和进行检验检测的日期；⑨对检验结果的有效性或应用有影响时，提供检验检测机构或其他机构所用的抽样计划和程序的说明；⑩检验报告或证书的批准人；⑩检验检测结果的测量单位(适用时)；⑩检验检测机构接受委托送检的，其检验检测数据、结果仅证明所检验检测样品的符合性情况。

(3)报告格式

①封面：具体封面格式可参考图1-4-1，通常包含以下几方面内容。

计量认证/审核认可证书标识：监督检验报告至少应具有CMA计量认证标识和CAL审查认可(验收)标识。标识于封面左端上角起在同一高度均匀排列，顺序依次为：CMA、CAL、其他法定标识、其他认可标识、机构自有标识。

标题：位于标识区的下方。

检验报告编号：位于标题的下方。

产品名称：应按照产品标识、铭牌、说明书等标注信息填写。产品名称应反映产品的真实属性。如企业产品标注名称未反映产品真实属性的，应在产品标注名称后用括号加注产品真实属性。

受检单位：直接提供受检产品的一方，应填写所抽检样品所属单位工商营业执照上的名称。

生产单位：在产品生产制造单位进行抽样，应填写所抽检样品实际生产单位名称；在流通领域抽样，生产单位的名称按包装标注名称填写，并在生产单位名称前加注“标称”字样。

检验类别：分为省级监督抽查、市(县)级监督抽查、省级专项监督抽查、省(市、县)级复查检验、委托检验等。

产品质量检验检测机构名称：产品质量监督部门依法设置、依法授权的产品质量检验检测机构的注册名称。

A.1 检验报告 封面

（选择项） （CMA 章） （CAL 章） （CNAS 章）

检 验 报 告

编号：________________

产品名称：________________

受检单位：________________

生产单位：________________

检验类别：________________

（产品质量检验检测机构名称）

图 1-4-1 检验报告封面页示例

②首页：具体内容见表 1-4-3。

表 1-4-3 无标签标识检验报告首页示例

编号： 共 页 第 页

产品名称		型号规格	
生产单位		受检单位	
委托单位		抽样单位	
委托单位地址		抽样地点	
检验项目		样品特性和状态	

续表 1-4-3

检验日期			原编号或生产日期		
商标		抽样人员		检查封样人员	
检验类别		抽样基数		样品数量	
样品等级		抽样日期		到样日期	
检验依据					
检验结论	(检验报告专用章) 签发日期　　年　月　日				
备注					

批准：　　　　　　　　审核：　　　　　　　　主检：

③附页：包括以下内容，具体见表 1-4-4。

检验报告编号、序号：用阿拉伯数字顺序表示，不得省略。序号与检验项目名称、技术要求、检验结果、单项判定对应。序号的最大值与首页检验项目栏中的“共×项”所填的数值一致。检验项目：按产品标准、检验规范或细则的检验项目填写。技术要求：产品依据的标准、技术文件对检验项目规定的要求；检验结果以如下方式表述。

A. 凡用数值表述的检验结果，应符合 GB/T 8170 的规定；

B. 用文字表述的检验结果应简明、准确，并与技术要求相呼应。不得用“符合”或“合格”等判断性用语；

C. 用符号或缩略语表示的，须在备注栏注明符号和缩略语的含义；

D. 如检测结果为“未检出”，应给出检出限；

E. 检验结果用图片、图表等形式表示时，应在检验结果栏内说明“见第×页”；

F. 如有分包项目，应在备注栏中注明“分包”字样；

G. 如有偏离情况，应在备注栏中注明“偏离”字样；

H. 如有使用非标准方法的情况，应在备注栏中注明“非标准方法”字样。

单项判定：将检验结果与标准要求进行比较后对该检验项目做出的判定结论，用“合格”“不合格”或者“符合”“不符合”表示。以下空白：在检验项目最后一栏下面，填写“以下空白”封尾。如果检验项目为满页，不需加“以下空白”封尾；对需要以图片、图表等形式表示的检验报告，则以附页形式增加图片页；对特殊产品，附件页给出的一般格式不能满足需要的，可参照相关规范的基本要求制作特定格式(表 1-4-5)。

表 1-4-4　无图片的检验报告附页示范

编号：　　　　　　　　　　　　　　　　　　　　　　　　　　共　页　第　页

序号	检验项目名称	技术要求	检验结果	单项判定	备注
以下空白					

表 1-4-5　有图片检验报告附页示范

检验报告编号　　　　　　　　　　　　　　　　　　　　　　　共　页　第　页

样品图片
备注：

④注意事项：应包含注意事项、产品质量检验机构地址、邮编、电话、传真、网址及电子邮件地址等内容。具体见图 1-4-2。

思政花园

要贯彻食品安全法，完善食品安全体系，加强食品安全监管，严把从农田到餐桌的每一道防线。要牢固树立安全发展理念，健全公共安全体系，努力减少公共安全事件对人民生命健康的威胁。

——习近平在全国卫生与健康大会上的讲话

A.4 检验报告 注意事项

注 意 事 项

1. 报告无“检验报告专用章”或检验单位公章无效。
2. 复制报告未重新加盖“检验报告专用章”或检验单位公章无效。
3. 报告无主检、审核、批准人签字（或等效标识）无效。
4. 报告涂改无效。
5. 对监督性质的各类抽查和仲裁检验或质量鉴定的检验报告若有异议，应于收到报告之日起十五日内向实施监督抽查的产品质量监督部门或其上级产品质量监督部门申请复查，逾期不予受理。

地址:
邮编:
电话:
传真:
网址:

图 1-4-2 检验报告注意事项示例

模块二 2

感官检验

食品质量感官鉴别就是凭借人体自身的感觉器官，具体地讲，就是凭借眼、耳、鼻、口（包括唇和舌头）和手，对食品的质量状况做客观的评价，包括对食品的色、香、味和外观形态进行综合性的鉴别和评价。通过感官指标来鉴别食品的优劣和真伪，具有简便易行，灵敏度高，直观而实用等优点，检验人员不仅能直接发现食品感官性状在宏观上出现的异常现象，甚至当食品感官性状发生微观变化时也能敏锐地察觉到。感官性状只发生微小变化，甚至这种变化轻微到有些仪器都难以准确发现时，通过人的感觉器官（如嗅觉、味觉等）都能给予应有的鉴别，因此，其具有理化检验或其他检验方法所不能替代的优越性。在相应的质量标准和卫生标准中，感官检验往往是各项检验内容中的第一项。

感官鉴别能否真实、准确地反映客观事物的本质，除了与人体感觉器官的健全程度和灵敏程度有关外，还与人们对客观事物的认识能力有直接的关系。只有当人体的感觉器官正常，又熟悉有关食品质量的基本常识时，才能比较准确地鉴别出食品质量的优劣。感官检验对食品工业原辅材料、半成品和成品质量检测和控制，食品贮藏保鲜，新产品开发，市场调查以及家庭饮食指导等方面都具有重要意义。

项目一
果蔬感官检验

知识目标

1. 认识感官检验的重要性，了解感官检验的类型；
2. 明确感官检验的基本要求；
3. 了解常见农产品或食品的感官检验性状特征。

技能目标

1. 检验常见的果蔬产品感官性状；
2. 正确使用感官检验的设备和工具；
3. 根据检验结果对检验对象进行评价。

德育目标

1. 培养学生团结协作能力；
2. 培养学生求实认真的工作态度；
3. 培养学生实事求是的职业操守。

任务 果蔬感官检验

【任务要求】

1. 掌握果蔬产品检验的项目和检验方法；
2. 正确使用常见仪器或用具；
3. 根据检验结果对产品做出正确评价。

【参考标准】

本任务主要参考《感官分析　方法学　总论》(GB/T 10220—2012)、《感官分析　术语》(GB/T 10221—2012)、《感官分析　食品颜色评价的总则和检验方法》(GB/T 21172—2007)等标准进行。

【任务实施】

果蔬感官品质的测定是用一些物理的测定方法来测定果蔬质量、形状、大小、色泽、硬度等物理性状，这些性状能有效反映果蔬组织内部的生理生化变化，因此，对感官性状的测定是进行化学测定和品质分析的基础，是确定采收成熟度、识别品种特性、进行产品标准化的必要措施。

一、实验设备准备

1. 实验材料

苹果、梨、番茄、葡萄、黄瓜、马铃薯、茄子等水果或蔬菜。

2. 实验用具

游标卡尺、托盘天平、果实硬度计、比色卡、量筒、排水筒、1 000 mL 量杯等。

二、果蔬性状检验

果蔬性状检验主要包括果蔬的大小、形状、颜色、光泽、缺陷等。

1. 果实大小检验

果实大小一般以单重为准(g/个)，也可以体积表示。

(1)单果重检验　取5个果实,放在托盘台秤上称重。记录质量,求出其平均果重。

(2)体积检验　将排水筒(可用烧杯代替)装满水,多余的水溢出,至不滴水为止。置一个能存水的器皿于烧杯外,将果实轻轻放入排水筒(可用烧杯代替)水中,此时溢出的水盛于器皿内,再用细铁丝将果实全部没入水中,待溢出的水滴尽为止。用量筒量出果实的排水量,即果实体积 V。也可在大烧杯中装入一定量的水,记录水的体积,然后用铁丝将果蔬没入水中(保证水不溢出来),再次记录水与样品的体积,两次体积之差即为样品体积。

2. 果形检验

果形检验结果以果形指数(纵径/横径)表示。

取果实5个,用游标卡尺测量果实最大纵径与横径,多次测量求平均值,计算果形指数。通常果形指数在0.8～0.9为圆形或近圆形,0.6～0.8为扁圆形,1.0以上为长圆形。

果形也可用绘图的形式表示出来。

3. 色泽和果面特征检验

色泽包括颜色与光泽。观察果面特征,记载果实的果皮粗细,底色和面色状态(若没有底色和面色之分则记录单一颜色),同时记载颜色种类(可用比色卡,没有亦可语言描述)和深浅占果实表面积的比例(%)。光泽可以用光泽计测定,如果没有光泽计,也可用语言描述。色泽能反映产品成熟度和新鲜程度,除杂交品种外,均不能具有其他原因引起的色泽改变或异常色泽。一般新鲜果蔬具有明显的光泽。

4. 果肉比率测定

取2个果实,除去果皮、果心、果核和种子,分别称各部分的质量,以求果肉(或可食部分)的百分率。汁液多的果实,可将果汁榨出,称果汁重量,求果实的出汁率。

5. 果实相对密度测定

取果实,在托盘台秤上称果实质量 W。体积 V 测量方法同体积检验,果实相对密度= W/V 。也可通过其他方式检验,如西瓜检验中,水的相对密度为1,一般成熟西瓜相对密度为0.9～0.95,如将西瓜放入水中,沉没表示为生瓜;浮出水面过大,表示相对密度小于0.9,过熟;如浮出水面不大,为熟瓜。

6. 缺陷检验

缺陷检验指果蔬各种不新鲜、不正常的状态,如萎蔫、枯塌、损伤、病变、虫害损伤等。

7. 气味检验

不同的样品具有不同的气味,可以用最贴切的语言描述。多数蔬菜具有清香、甘辛香、甜酸香等气味,水果多具有清香、甜香、酸甜香等气味,不允许有腐败气味或其他异常气味。

8. 味觉检验

多数蔬菜具有甘淡、甜酸、清爽鲜美滋味,少数具有辛酸、苦涩等特殊风味以刺激食欲;水果具有酸、甜、涩等风味。失去原有品种风味即为异常。味觉在水果检验时还常常代表水果的成熟程度。

9. 触觉检验

触觉检验是借助手、皮肤的触觉神经来检验某些食品的弹性、韧性、紧密程度、稠度、黏度、脆度、油腻性和接触压力等特性，也可感知冷热。硬度由每平方厘米面积上的承受的压力表示。用硬度计测定，每个样品测 2～4 次，取平均值。

【记录与结果分析】

表 2-1-1 果蔬检验记录

样品名称	大小		色泽和果面特征		果肉比率/%	相对密度/(g/cm³)	缺陷	气味	风味	触觉	
	单果重/g	体积/cm³	色泽	果面特征						硬度	其他触觉

[师徒共研]

1. 在果蔬感官检验中，哪些因素会影响检测结果？

首先对本产品的原有特性要充分认识，否则难以判断其品质；味觉检验中检验结果常受温度、检验人员身体状况、饥饿程度、特质的水溶性等因素影响；嗅觉易受温度、身体状况影响；各项检验，如色泽、听觉、嗅觉等想要结果更加准确还需要检验人员有较强的表达能力。

2. 在实验中，如何保证测量性指标的准确性？

为了保证检验结果的准确性，尤其是测量性指标，如体积、单果重等，需要增加测量次数，即选取有代表性的果蔬样本至少 4～5 个，取各测量结果的平均值。

3. 在检验过程中，检验时间的选择有什么意义？对检验人员有哪些要求？

检验宜在饭后 2～3 h 内进行，如上午 9 点或下午 2 点以后，每天不超过 20 个样品；避免过饥过饱，对结果造成不确定影响。

检验人员严格遵守休息制度，身体不适不得参加；品评期间忌食辛辣，不带入异味化妆品；检前 0.5 h 不得吸烟，品评前刷牙漱口，保持口腔清洁；独立工作，不受他人干扰，不相互讨论和交换评分；语言表达要清楚；保证公正公平。

4. 感官检验最好按什么顺序进行？

感官检验时，通常先进行视觉检验，再进行嗅觉检验，然后进行味觉检验及触觉检验。

5. 硬度计使用有哪些要点？

(1)去皮　果蔬中部的两边削去 2 mm 厚、直径 1 cm 的圆形果皮。

(2)测定一手握住水果，一手用硬度计对准削好的果面用力压，使测头顶部垂直压入果肉中。在标尺中读出读数(kb/cm^2)。仪器回零后在不同的部位反复测定 3～4 次，取平均值。

6. 游标卡尺如何使用？

(1)游标卡尺构造及各部分主要用途　游标卡尺主要由两部分组成，即主尺和游标尺。具体各部分的名称和主要用途如下。①主尺：用于读取游标尺刻度线对应的整毫米值；②游标尺：用于读取对准主尺上某一条刻度线的游标尺上的刻度值；③内测量爪：用于测量内径；④外测量爪：用于测量外径；⑤深度尺：用于测量深度；⑥紧固螺母：用于固定游标。

(2)使用原理　游标卡尺的精度：为什么游标卡尺测量精度可达 0.1 mm，甚至可达 0.05 mm、0.02 mm 呢？是因为游标卡尺巧妙地运用了游标尺与主尺最小刻度之差，如果将主尺上的 9 mm 等分 10 份作为游标尺的刻度，那么游标尺上的每一刻度与主尺上的每一刻度所表示的长度之差就是 0.1 mm，同理，如果将主尺上的 19 mm、49 mm 分别等分 20 份、50 份作为游标尺上的 20 个刻度、50 个刻度，那么游标尺上的每一刻度与主尺上的每一刻度所示的长度之差就分别为 0.05 mm、0.02 mm。因此游标卡尺的测量精度可达 0.1 mm、0.05 mm、0.02 mm。

(3)注意事项　测量前要首先看清游标卡尺的精度；测量时应使测量爪轻轻夹住被测物，不要夹得过紧，然后用紧固螺母将游标卡尺固定，最后读数；测量物上被测距离的连线必须平行于主尺。

[知识链接]

1. 感官检验的类型

感官检验按特点可以分为分析型感官检验和偏爱型感官检验。

(1)分析型感官检验　分析型感官检验是把人的感觉器官作为一种检验测量的工具，评价样品的质量特性或鉴别多个样品之间的差异，也可借助适当的测量仪器，如可用物理、化学手段测定质量特性值。分析型感官检验是评价员对物品的客观评价，其分析结果不受人的主观意志影响。为了降低个人感觉之间差异的影响，提高试验的重现性，获得高精度的测定结果，必须注意评价基准的标准化、试验条件的规范化和评价员的素质。

(2)偏爱型感官检验　偏爱型感官检验与分析型感官检验正好相反，是以样品为工具，了解人的感官反应及倾向。主要用于新产品开发中的市场欢迎程度调查、顾客对不同产品的偏爱倾向等。这类感官检验不需要统一的评价标准及条件，主要依赖于人们的生理及心理上的综合感觉，人们的主观判断起决定性作用，检验结果常常受到生活环境、生活习惯、审美观点等多方面的因素影响，因此其结果往往是因人、因时、因地而异。

2. 分析型感官检验的条件

(1)感官分析实验室的要求　感官检验室宜远离其他实验室，要求安静、隔音、整洁。食品感官分析的实验室由两个基本核心组成：检验区和样品制备区。检验区是感官评价员进行感官试验的场所，样品制备区是准备感官鉴评试验样品的场所。在条件允许的情况下，理想的感官检验室还应该包括休息室、办公室等部分，即集中工作区。试验区内墙壁宜用白色涂料，避免影响检验人员的情绪，室内温度一般在21～24℃，湿度保持在65%左右，无异味，有良好的自然光和补充光源。工作台上都有传递样品的小窗口和简易的通讯装置，还要有漱洗杯和水龙头装置，用于冲洗品尝后吐出的样品。

(2)评价标准基准化　在感官测定样品的质量特性时，对每一测定项目，都必须有明确、具体的评价标准及评价基准物，防止评价员采用各自的评价标准和基准，使结果难以统一和比较。对同一类样品进行感官检验时，其基准及评价标准，必须具有连贯性及稳定性。因此制作标准样品是评价基准标准化的最有效的方法。

(3)评价员的选择　从事感官检验的评价员，必须有良好的生理及心理条件，并经过适当的训练，感官感觉敏锐；无烟酒嗜好，无食品偏爱习惯；对感觉内容与程度有确切表达的能力；个人卫生条件较好，无明显个人气味。感官评价人员可分为初级评价员、优选评价员和专家。初级评价员指具有一定分辨差别能力的感官鉴评人员。优选评价员通常具备描述产品感官品质特性及特性差别的能力，可专门从事对产品品质特性的评价。专家指具有长期从事专业工作的经验和感官评价的能力，并在某些特性感觉上有过人之处，表现出特殊的天赋的特殊感官品评员，如品酒师、品茶师、香精调剂师等，比较难得。

3. 分析型感官检验的样品准备要求

(1)样品数量　一般控制在4～8个，每个样品的量控制在液体30 mL、固体28 g左右为宜，避免样品过多，给评价员造成感官和精神上的疲劳。

(2)温度　样品温度以最容易感受样品鉴评特性为基础，通常由该食品的饮食习惯而定。样品的温度过冷或过热均可造成感官不适或感觉迟钝，温度升高后，挥发性物质挥发速度加快，会影响其他的感觉。

(3)样品容器　应选择易清洁、无色或白色、无味、无臭的容器，所有重复使用的用具和容器必须彻底冲洗干净，检验中应采用同一类数量、形状的容器，避免由盛具带来的非评定特性引起的刺激偏差。

(4)样品编号 样品编号可利用随机的3位数字编码，以保证对评价员提供的样品是未知的。在具体实施中，要避免使用人们喜爱、忌讳或容易记忆的数字，如“888”“666”等，在一次感官试验中，递送给每位评价员的样品编码也应互不相同。同一样品应有多个编号，在试验次数较多的情况下，必须避免使用重复编号。

(5)样品预处理 有些样品由于风味浓郁(香精、调味品、糖浆)或物理状态(果酱、奶粉)的原因，不能直接进行感官分析，需对样品进行预处理，根据检验目的可对样品进行适当稀释，或与化学组分确定的某一物质(如水、乳糖、糊精等)进行混合，或将样品添加到中性的食物载体中，常用的载体有牛奶、油、面条、大米饭、馒头、菜泥、面包、乳化剂和奶油等。

4. 感官检验的种类

按利用的感觉器官，可将感官检验分为视觉检验、听觉检验、嗅觉检验、味觉检验。

(1)视觉检验 通过被检验物作用于视觉器官所引起的反应对食品进行评价的方法称为视觉检验。食品的外观形态和色泽对于食品的新鲜程度、食品是否有不良改变以及蔬菜、水果的成熟度等有着重要意义。视觉检验应在白昼的散射光线下进行，以免灯光隐色引起错觉。检验时应注意整体外观、大小、形态、块形的完整程度、病变、害虫侵袭、清洁程度，表面有无光泽、颜色的深浅等。

液态食品可注入无色玻璃器皿观察。如果是有包装的食品应本着从外至内、先整体后局部的顺序。

颜色和光泽检验可用比色卡和光泽计检验，无仪器时可用语言描述。

(2)听觉检验 通过被检验物作用于听觉器官所引起的反应对食品进行评价的方法称为听觉检验。

利用听觉进行感官检验的应用范围十分广泛。食品的质感特别是咀嚼食品时发出的声音，在决定食品质量和食品接受性方面有重要作用，如焙烤制品的酥脆薄饼、爆玉米花和某些膨化制品。对于同一物品，在外来机械敲击下，应该发出相同的声音，当其中的一些成分、结构发生变化后，会导致原有的声音发生一些变化，据此可以检查许多产品的质量，如敲打罐头，生产中称为打检；敲打西瓜，根据声音可以判断其成熟程度，如发出砰砰的低浊音，表示是熟瓜，发出咚咚的坚实音则为生瓜；敲打容器，可以判断容器有无裂缝。

(3)嗅觉检验 通过被检物作用于嗅觉器官而引起的反应对食品进行评价的方法称为嗅觉检验。人的嗅觉器官相当敏感，甚至用仪器分析的方法也不一定能检查出的极轻微的变化，用嗅觉检验却能够发现。当食品发生轻微的腐败变质时，就会有异味产生。如核桃的核仁因酸败而产生哈喇味，西瓜变质产生馊味等。食品的气味是一些具有挥发性的物质形成的，所以在进行嗅觉检验时常需稍稍加热，但最好是在15～25℃的常温下进行。液态食品可滴在清洁的手掌上摩擦，以增加气味的挥发。识别畜肉等大块食品时，可将一把尖刀稍微加热刺入深处，拔出后立即嗅闻气味。

食品气味检验的顺序应当是先识别气味淡的，后鉴别气味浓的，以免影响嗅觉的灵敏度。

(4)味觉检验　通过被检物作用于味觉器官所引起的反应评价食品的方法为味觉检验。

味觉是由舌面和口腔内味觉细胞(味蕾)产生的,基本味觉有酸、甜、苦、咸 4 种,其余味觉都是由基本味觉组成的混合味觉。味觉还与嗅觉、触觉等其他感觉有联系。

影响味觉灵敏度的主要有以下几个因素。

①食品温度　一般来说,味觉检验的最佳温度为 20～40℃,尤其是 30℃时最敏感。温度过高会使味蕾麻木,温度过低亦会降低味蕾的灵敏度。

②舌头部位　舌头的不同部位味觉的灵敏度是不同的。感受甜味的味蕾在舌尖比较多;感受酸味的味蕾在舌的两侧后半部分比较多;感受苦味的味蕾集中在舌头根部;感受咸味的味蕾在舌尖和舌头两侧的前半部分。

③物质的水溶性　呈味物质必须有一定的水溶性才可能有一定的味感,完全不溶于水的物质是无味的,溶解度小于阈值的物质也是无味的。水溶性越高,味觉产生得越快,消失得也越快,一般呈现酸味、甜味、咸味的物质有较大的水溶性,而呈现苦味的物质的水溶性一般。

④味觉产生的时间　从刺激味觉感受器到出现味觉,一般需 0.15～0.4 s。其中咸味的感觉最快,苦味的感觉最慢。所以,一般苦味总是在最后才有感觉。

⑤味的相互作用　两种相同或不同的呈味物质进入口腔时,会使二者的呈味味觉都有所改变的现象,称为味觉的相互作用。包括以下几种:

味的对比现象　指两种或两种以上的呈味物质,适当调配,可使某种呈味物质的味觉更加突出的现象。如在 10%的蔗糖中添加 0.15%氯化钠,会使蔗糖的甜味更加突出,在醋酸中添加一定量的氯化钠可以使酸味更加突出,在味精中添加氯化钠会使鲜味更加突出。

味的相乘作用　指两种具有相同味感的物质进入口腔时,其味觉强度超过两者单独使用的味觉强度之和,又称为味的协同效应。如 20 g/L 的味精与 20 g/L 核苷酸共存,鲜味明显增加。

味的消杀作用　指一种呈味物质能够减弱另外一种呈味物质味觉强度的现象,又称为味的拮抗作用。如蔗糖与硫酸奎宁之间的相互作用。

味的变调作用　指两种呈味物质相互影响而导致其味感发生改变的现象。刚吃过苦味的东西,喝一口水就觉得水是甜的。刷过牙后吃酸的东西就有苦味产生。

味的疲劳作用　当长期受到某种呈味物质的刺激后,就感觉刺激量或刺激强度减小的现象。

(5)触觉检验　通过被检物作用于触觉感受器官所引起的反应评价食品的方法称为触觉检验。

触觉检验主要借助手、皮肤等器官的触觉神经来检验某些食品的弹性、韧性、紧密程度、稠度等,以鉴别其质量。由于感受器在皮肤内分布不均匀,所以不同部位有不同的敏感度。四肢皮肤比躯干部敏感度高,手指尖的敏感度最强。如谷物可以用手感评价其水分;肉类根据它的弹性可判断新鲜程度;蜂蜜根据用掌心或指头揉搓时的润滑感可鉴定其稠度。脆性、黏性、弹性、硬度、冷热、油腻性和接触压力等触感均可以通过触觉检验。

5. 影响感觉的因素

(1)适应现象 又叫感觉疲劳,是当一种刺激长时间施加在一种感觉器官后,会引起该器官疲劳的现象。如“入芝兰之室久而不闻其香,入鲍鱼之肆久而不闻其臭”就是典型的嗅觉疲劳。

(2)对比现象 分对比增强和对比减弱两类。对比增强指当两刺激同时或连续作用于同一个感受器官时,由于一个刺激的存在造成另一个刺激增强的现象;对比减弱指由于一个刺激的存在造成另一个刺激减弱的现象。

在感觉这两个刺激的过程中,两个刺激都未发生变化,而感觉上的变化只能归功于这两种刺激同时或先后存在时对人心理上产生的影响,对比现象提高了两个同时或连续刺激的差别,因此应尽量避免对比现象的发生。

(3)变调现象 当两个刺激先后施加时,一个刺激造成另一个刺激的感觉发生本质变化的现象。

(4)相乘作用 当两种或两种以上的刺激同时施加时,感觉水平超出每种刺激单独作用效果叠加的现象,广泛应用于复合调味料的调配中。

(5)阻碍作用 由于某种刺激的存在导致另一种刺激的减弱或消失的现象。

(6)温度对感觉的影响 理想的食物温度因食品的不同而异,以体温为中心,一般在±(25～30)℃范围内,热菜温度最好在60～65℃,凉菜最好在10～15℃。

(7)年龄与生理 随着年龄的增长,各种感觉敏感程度下降,对食物的嗜好也有很大变化;人的生理周期对食物偏好也有很大的影响,许多疾病也影响人的感官灵敏度。

思政花园

贡艺既精苦,用心必公平

——【唐】邵谒《送徐群宰望江》

项目二 粮油感官检验

知识目标

1. 能够说出粮油感官检验的意义；
2. 能够掌握粮油感官检验的依据。

技能目标

1. 掌握粮油感官检验的基本方法和操作要点；
2. 正确使用粮油感官检验试样准备的设备和工具；
3. 正确描述感官评价的结果。

德育目标

1. 培养学生食品质量安全意识；
2. 培养学生求实认真的工作态度；
3. 培养学生实事求是的职业操守。

粮油食品指粮食加工品、食用油、油脂及其制品。粮食的质量安全问题一直是国人关注的焦点，尤其是一日三餐的米、面、油，直接关系到我国 14 亿人口的身体健康及生命安全。粮油行业食品供应链中，涉及种植、加工、流通和消费等多个环节，各环节之间存在着相互影响、相互制约的作用，农户从选种到播种、农药及化肥的使用量，原粮产出后的仓储、原粮出售等环节是否按照良好操作规程进行，均直接影响着粮油加工企业的原料品质。

粮油感官检验是指利用人体的感觉器官来判断粮油品质优劣的一种检验方法。它是人们长期实践经验的积累，具有方法简便、迅速，不需要仪器设备等特点。目前在我国粮油检验中，感官检验占有一定的位置。尤其是粮食收购期间在收购量大、时间集中的情况下，在成品粮的一些检验项目中采用感官检验的方法，有助于更好地评定、研究粮油品质。

任务一 粮食感官检验

【任务要求】

1. 掌握粮食感官检验的原理；
2. 掌握粮食检验扦样和分样的方法；
3. 掌握粮食色泽、气味、滋味鉴定的方法。

【参考标准】

本任务主要参考《粮油检验 粮食、油料的色泽、气味、口味鉴定》(GB/T 5492—2008)。本方法适用于商品粮食、油料的色泽、气味、口味的鉴定。取一定量的样品，去除其中的杂质，在规定条件下，按照规定方法借助感觉器官鉴定其色泽、气味、口味，以“正常”或“不正常”表示。

【任务实施】

一、实验设备准备

扦样器，分为大粒粮、中小粒粮和粉状粮扦样器 3 种，根据具体样品进行选择；天平(分度值 1 g)、谷物选筛、贴有黑纸的平板(20 cm×40 cm)、广口瓶、水浴锅。

二、试样的准备

1. 扦样

扦样时以同种类、同批次、同等级、同货位、同车船(舱)为一个检验单位。一个检验单位的代表数量中,小粒粮食和油料一般不超过 200 t,特大粒粮食和油料一般不超过 50 t,样品须去除杂质。

(1)散装扦样法

①仓房扦样　散装的粮食,根据堆形和面积大小分区设点,按粮堆高度分层扦样。步骤及方法如下:

第一步　分区设点　每区面积不超过 50 m^2。各区设中心、四角共 5 个点。区数在两个和两个以上的,两区界线上的两个点为共有点。粮堆边缘的点设在距边缘约 50 cm 处。

第二步　分层　堆高在 2 m 以下的,分上、下两层;堆高在 2~3 m 的,分上、中、下 3 层。上层在粮面下 10~20 cm 处,中层在粮堆中间,下层在距底部 20 cm 处,如遇堆高在 3~5 m 时,应分 4 层,堆高 5 m 以上的酌情增加层数。

第三步　扦样　按区按点,先上后下逐层扦样。各点扦样数量一致。

此外,散装的特大粒粮食和油料(花生果、太蚕豆、甘薯片等),采取扒堆的方法,参照"分区设点"的原则,在若干个点的粮面下 10~20 cm 处,不加挑选地用取样铲取出具有代表性的样品。

②圆仓扦样　按圆仓的高度分层,每层按圆仓直径分为内、中、外 3 圈,按层按点扦样。

(2)包装扦样法　中小粒粮和油料扦样包数不少于总包数的 5%,小麦粉扦样包数不少于总包数的 3%。扦样的包点要均匀一致。扦样时,用包装扦样器槽口向下,从包的一端斜对角插入包的另一端,然后槽口向上取出。每包扦样次数一致。

2. 分样

将原始样品充分混合均匀,进而分取平均样品或试样的过程称为分样。可以采用四分法或分样器法。分样器法适合于中小粒原粮和油料分样。

三、鉴定

1. 色泽鉴定

(1)分取 20~50 g 样品,放在手掌中均匀地摊平,在散射光线下仔细观察样品的整体颜色和光泽。

(2)对色泽不易鉴定的样品,根据不同的粮食种类,取 100~150 g 样品,在贴有黑纸的平板(20 cm×40 cm)上均匀地摊成 15 cm×20 cm 的薄层,在散射光线下仔细观察样品的整体颜色和色泽。

正常的粮食、油料应具有固有的颜色和色泽。不成熟的粮粒粒面呆白，光泽不好或无光泽。对小麦而言，新小麦色泽光亮，粒色较深，随着贮藏时间的延长，麦粒光泽度明显下降，粒色渐暗，有的麦毛发灰；对稻谷而言，存放时间长则壳色显著加深，常温保存 3 年后壳色呈现深红色。

2. 气味鉴定

(1)分取 20～50 g 样品，放在手掌中用哈气或摩擦的方法提高样品的温度后，立即嗅其气味。

(2)对气味不易鉴定的样品，分取 20 g 样品，放入广口瓶，置于 60～70℃的水浴锅中，盖上瓶塞，颗粒状样品保温 8～10 min，粉末状样品保温 3～5 min，开盖嗅辨气味。

正常的粮食、油料应具有固有的气味。对小麦而言，新小麦有特有的香味，随着贮藏时间的延长，原来的香味越来越淡，甚至出现异味。

3. 味觉鉴定

利用口来品尝、辨别粮油的滋味，从而对其品质进行鉴定。先将少量干净的粮粒碾碎，取碾碎的粮样 2 g 左右，放入口中慢慢细嚼辨别滋味，或将试样做成熟食再辨别滋味，增加其滋味的辨识度。

【记录与结果分析】

表 2-2-1 粮食感官检验结果记录

<table>
<tr><td colspan="2">样品来源</td><td colspan="2">检验时间</td><td>实验室条件</td><td>检验人员</td></tr>
<tr><td colspan="2"></td><td colspan="2"></td><td></td><td></td></tr>
<tr><td>样品名称</td><td colspan="2">色泽</td><td>气味</td><td>味觉</td><td>总体评价</td></tr>
<tr><td></td><td colspan="2"></td><td></td><td></td><td></td></tr>
<tr><td></td><td colspan="2"></td><td></td><td></td><td></td></tr>
<tr><td></td><td colspan="2"></td><td></td><td></td><td></td></tr>
<tr><td></td><td colspan="2"></td><td></td><td></td><td></td></tr>
<tr><td></td><td colspan="2"></td><td></td><td></td><td></td></tr>
<tr><td></td><td colspan="2"></td><td></td><td></td><td></td></tr>
<tr><td>结果描述</td><td colspan="5"></td></tr>
<tr><td>检验结果的平行性</td><td colspan="5"></td></tr>
<tr><td>实验结论</td><td colspan="5"></td></tr>
</table>

注：粮食的色泽、气味鉴定及总体评价结果以“正常”或“不正常”表示。

[师徒共研]

1. 在视觉鉴定中应该注意哪些事项？

鉴定粮油色泽时，应注意光线强弱对色泽的影响，避免在日出前、日落后或微弱灯光下进行。在室外鉴定时，应避免日光直射。如果观察时间过长，视觉疲劳，可适当闭眼休息一段时间，解除疲劳后再进行视觉鉴定。

2. 对气味不易鉴定的粮食样品，为何要放在水浴锅中加热一段时间？

在鉴定粮食气味时，高温可使其气味变得浓而显著。

3. 味觉鉴定有哪些注意事项？

对严重霉变的粮食不能味觉品尝；进行味觉鉴定前，要戒烟酒，而且在鉴别前先漱口；鉴别时用舌尖鉴别滋味。

4. 粮食感官检验与理化检验相比有何优缺点？

人体感官评定方法简单、直接，可以真实反映人们的需求特点，但缺点是评定结果难免带有主观片面性，是对质量的一种模糊评定，不能准确量化。

[知识链接]

粮食感官检验是利用人体的感觉器官来判断粮食品质优劣的一种简便手法。粮食感官检验工作贯穿于粮食行业的购、销、调、存、加、进出口等各环节及市场粮食流通全过程，是整个粮食工作的重要组成部分。对粮食外观形态及色泽气味等的检验，在国际上也常用感官鉴定。以下为大米食味品质评价员选拔和培训规范。

1. 总体要求

评价员需按照要求，由专业机构，通过味觉识别能力、气味辨别能力、颜色识别能力、米饭食味判断能力，以及米饭评分尺度等方面的考核，考核合格后经规范性培训获得米饭品尝评价能力后方可作为评价员参加大米食味品质评价。评价员应由不同性别、不同年龄层次的人员组成。

2. 选拔

选拔内容：通过对候选评价员进行包括味觉识别能力、气味辨别能力、识别能力、排位能力、食味判断能力，以及米饭评分尺度等方面的测试，考核评价员是否具有米饭食味品质评价的基本条件。

选拔标准：通过味觉识别能力、气味辨别能力、识别能力、排位能力、食味判断能力，以及米饭评分尺度等所有方面的测试，记为合格。

(1)味觉能力测试

①测试内容 设置包含酸、甜、苦、咸、鲜等在内的不同味道溶液,参试候选评价员品尝不同溶液并判断溶液味道,测试候选评价员的味觉判断能力。

②考核标准 答错1个以下(包含1个)记为味觉判断能力测试合格。

(2)气味判别能力测试

①测试内容 选择五种嗅觉灵敏度测试常用溶液,纸签分别浸泡到5种溶液中,候选评价员分别对每根蘸有不同溶液的气味纸签进行气味识别,判断有无气味,测试候选评价员的气味判别能力。

②考核标准 答错1个以下(包含1个)记为气味判别能力测试合格。

(3)米饭差别识别能力测试

①测试内容 配制不同比例的优质米与糯米、优质米与劣质米,分两组进行测试,每组中其中两个编号的米饭相同,要求选出不同于另两个的米饭编号,测试候选评价员对不同食味米饭的敏感程度和识别能力。

②考核标准 全部回答正确为米饭差别识别能力测试合格。

(4)味觉排位测试

①测试内容 分别配制至少5个浓度梯度的一水柠檬酸溶液,要求参试者按浓度从低到高正确排序,测试候选评价员味觉灵敏度。

②考核标准 答错1组以下(含1组)记为味觉排位测试合格。

(5)颜色排位测试

①测试内容 提供4种颜色从浅到深的色差测试纸,要求参试者按颜色由浅到深正确判别,测试候选评价员对颜色深浅的识别能力。

②考核标准 答错1组以下(含1组)记为颜色排位能力测试合格。

任务二 植物油感官检验

【任务要求】

1. 学习和正确理解国标,并按国标要求制定工作流程;
2. 掌握植物油色泽检验、气味检验、滋味检验的方法。

【参考标准】

本任务主要参考《食品安全国家标准 植物油》(GB 2716—2018)。本方法适用于植物原油、食用植物油和食物烹炸过程中的各种食用植物油，不适用于食用油脂制品。

【任务实施】

一、分析环境要求

外界的不良条件对感官分析的准确性有很强的干扰作用，为使感官分析能在优良的环境中进行，应建立与样品制备室分开的专门检验室；保持室内温度为(24±1)℃；用炭过滤空气，尽可能地排除实验室内的异味，在检验区稍增大大气压强以减少外界气味的侵入；限制环境声音，特别是尽量避免能使评价员分心的谈话和其他干扰。

二、植物油感官检验

1. 色泽检验

取适量试样置于 50 mL 烧杯，在自然光下观察色泽，试样应具有产品应有的色泽。

2. 气味检验

(1)试样准备　将装有 10 mL 油样的 50 mL 烧杯置于铝制加热板上或水浴锅中，配以适合的盖子(可选用玻璃塞或表面皿)，(50±1)℃加热 30 min，使蒸气压在周围温度下达到平衡。样品编码后随机地分发给评价员，并于 30 min 内进行评定。按上述条件准备相应质量或强度等级的标准油样供评价员参考。在进行感官评价前，还应准备适量的纯净水供评价员漱口使用，水温维持在 38℃左右，以减少对评价员的刺激。

(2)气味评价　气味或是通过鼻子直接吸或是经过嘴进入后鼻腔来感觉，这两种技巧都可用于油脂评价。评价前首先应漩涡式晃动烧杯，然后于鼻前打开烧杯盖，按上述气味的分析技巧进行气味检测，识别样品中的每一种气味。评价应按风味先弱后强的原则进行，以免造成评价员的嗅觉“麻痹”或“疲劳”。一旦确定之后，评价员即盖上盖子，填写评分单。

3. 滋味检验

试样准备方法同气味检验。

滋味的品尝技术：取 5～10 mL 油放到嘴边，很快将油吸进嘴然后合嘴成杯状，头稍微后仰，吸入空气通过油，接着由鼻子呼出。品尝后油吐到废旧的纸杯中，每个样品检测前后用 38℃纯净水漱口。

【记录与结果分析】

表 2-2-2 植物油感官检验记录

样品来源	检验时间	实验室条件	检验人员

样品名称	色泽	气味	滋味	总体评价
结果描述				
检验结果的平行性				
实验结论				

注：气味和滋味综合评价表。色泽用“正常”或“不正常”表示，气味和滋味用“极好”“好”“中等”“差”“很差”“极差”表示。

[师徒共研]

1. 冬季气温低，油脂容易凝固，如何进行色泽感官检验？

取 250 g 食用油，加热至 35～40℃，使之呈液态，再冷却至 20℃后进行检验。

2. 油脂混浊的原因？

(1)透明度低，油脂中水分、黏蛋白和磷脂多；

(2)加工精炼程度差；

(3)油脂变质，形成的高熔点物质；

(4)掺假的油脂。

3. 影响植物油色泽的因素有哪些？

色泽深浅取决于油料所含脂溶性色素的种类和含量、油料品质的好坏、加工方法、精炼程度及油脂贮藏过程中发生的变化。如热压出的油常比冷压生产出的油色深。

4. 气味检验时，为何要加热到 50℃？

增加气味的强度，提高感官评价的灵敏度。

[知识链接]

1. 植物油脂的感官性状

(1)气味　每种食用油均有其特有的气味。

(2)滋味　是指通过嘴尝得到的味感。除麻油外,一般食用油多无任何滋味。

(3)透明度　质量好的液体状态油脂,在 20℃静置 24 h 后,应呈透明状。

(4)沉淀物　食用植物油在 20℃以下,静置 20 h 以后所能下沉的物质,称为沉淀物。油脂的质量越好,沉淀物越少,说明加工精炼程度高。

2. 什么是色拉油?

色拉油是指各种植物原油经脱胶、脱色、脱臭(脱脂)等加工程序精制而成的高级食用植物油。主要用于凉拌菜或作酱、调味料的原料油。

市场上出售的色拉油主要有大豆色拉油、油菜籽色拉油、米糠色拉油、棉籽色拉油、葵花籽色拉油和花生色拉油。

3. 什么是调和油?

食用植物调和油,即用两种及两种以上的食用植物油调配制成的食用油脂。调和油澄清、透明、可作熘、炒、煎、炸或凉拌用油。一般选用精炼大豆油、菜籽油、花生油、葵花籽油、棉籽油等为主要原料。其加工过程是根据需要选择上述两种以上精练过的油脂,再经脱酸、脱色、脱臭、调合成为调和油。

项目三

畜产品感官检验

知识目标

1. 能够说出畜产品感官检验的基本理论；

2. 能够正确表述畜产品感官检验的过程及方法。

技能目标

1. 根据不同检验项目选择相应的检验标准，依据相应检验指标正确进行观察、记录，并能独立完成检验过程；

2. 根据实验结果正确判定畜产品的品质，并能对实验过程中出现的问题予以归纳、提出解决方案。

德育目标

1. 培养学生团结协作、凝心聚力的思想意识；

2. 培养学生求真创新的工作态度；

3. 培养学生严谨务实的职业操守。

畜产品在贮藏运输时可能会发生自溶、变质、腐败等产品品质下降现象。在这些变化过程中，由于组织成分的分解，使畜产品的感官性状产生根本的改变，如臭味、酸味、异味、色泽变化、形成黏液、组织结构的裂解等。因此，借助人的视觉、嗅觉、味觉、触觉来鉴定畜产品的品质是有道理和依据的，相关方法简单、易学、可行，应用广泛，具有一定的可操作性。本项目主要对猪肉、牛肉、羊肉、兔肉、禽肉、鲜蛋、生乳的感官检验方法予以讲述。以上方法具有简单、适用、应用广泛的特点。若感官检验发现畜产品有可疑性状、不能判定时，则应进行实验室检验。

任务　畜产品感官检验

【任务要求】

1. 掌握畜产品感官检验标准的内容；
2. 学习和正确理解检验标准，并按标准要求制定实验流程；
3. 正确安排实验项目操作，并准确判断实验结果。

【参考标准】

本任务依据《肉与肉制品感官评定规范》(GB/T 22210—2008)；《鲜、冻禽产品》(GB 16869—2005)中 4.4 感官性状；《食品安全国家标准　蛋与蛋制品》(GB 2749—2015)中 3.2 感官要求；《生乳》(GB 19301—2010)中 4.1 感官要求；《乳粉》(GB 19644—2010)中 4.2 感官要求；《灭菌乳感官质量评鉴细则》(RHB 102—2004)；《食品安全国家标准　鲜(冻)畜、禽产品》(GB 2707—2016)中 3.1 感官要求等标准设计。

【任务实施】

一、实验设备准备

实验材料：鲜猪肉、冻猪肉、鲜牛肉、冻牛肉、鲜羊肉、冻羊肉、鲜兔肉、冻兔肉、鲜禽肉、冻禽肉、鲜蛋、蛋制品、生乳、乳粉。

实验用具：绞肉机、精度为 0.05 mm 游标卡尺、托盘天平、可调温加热装置、200 mL 烧杯、量筒等。

二、感官检验

1. 猪肉感官检验

猪肉感官性状见表 2-3-1。

表 2-3-1　猪肉感官性状

等级指标	鲜猪肉	冻猪肉
色泽	肌肉有光泽，红色均匀，脂肪乳白色	肌肉有光泽，红色或稍暗，脂肪白色
组织状态	纤维清晰，有坚韧性，指压后凹陷立即恢复	肉质紧密，有坚韧性，解冻后指压凹陷恢复较慢
黏度	外表湿润，不黏手	外表湿润，切面有渗出液，不黏手
气味	具有鲜猪肉固有的气味，无异味	解冻后具有鲜猪肉固有气味，无异味
煮沸后肉汤	澄清透明，脂肪团聚于表面	澄清透明或稍有浑浊，脂肪团聚于表面

2. 鲜猪肉感官指标

鲜猪肉感官指标见表 2-3-2。

表 2-3-2　鲜猪肉感官指标

等级指标	一级鲜肉	二级鲜肉	变质肉(不能供食用)
色泽	肌肉红色均匀、有光泽，脂肪洁白	肌肉色稍暗，脂肪缺乏光泽	肌肉无光泽，脂肪灰绿色
黏度	外表微干或微湿润，不黏手	外表干燥或黏手，新切面湿润	外表极度干燥或黏手，新切面发黏
弹性	指压后凹陷立即恢复	指压后凹陷恢复慢且不能完全恢复	指压后凹陷不能完全恢复，留有明显痕迹
气味	具有鲜猪肉正常气味	有氨味或酸味	有臭味
肉汤	透明澄清，脂肪团聚于表面，具有香味	稍有浑浊，脂肪成小滴浮于表面，无鲜味	浑浊，有黄色絮状物，脂肪极少浮于表面，有臭味

3. 牛肉、羊肉、兔肉感官检验

牛肉、羊肉、兔肉感官性状见表 2-3-3。

表 2-3-3 牛肉、羊肉、兔肉感官性状

等级指标	鲜牛肉、羊肉、兔肉	冻牛肉、羊肉、兔肉
色泽	肌肉有光泽，红色均匀，脂肪乳白色或微黄色	肌肉有光泽，红色或稍暗，脂肪洁白或微黄色
组织状态	纤维清晰，有坚韧性	肉质紧密、坚实
黏度	外表微干或湿润，不黏手，切面湿润	外表微干或有风干膜或外表湿润不黏手，切面湿润不黏手
弹性	指压后凹陷立即恢复	解冻后指压凹陷恢复较慢
气味	具有鲜牛肉、羊肉、兔肉固有的气味，无臭味，无异味	解冻后具有牛肉、羊肉、兔肉固有的气味，无臭味
煮沸后肉汤	澄清透明，脂肪团聚于表面，具特有香味	澄清透明或稍有浑浊，脂肪团聚于表面，具特有香味

4. 鲜牛、羊、兔肉感官指标

鲜牛、羊、兔肉感官指标见表 2-3-4。

表 2-3-4 鲜牛、羊、兔肉感官指标

等级指标	一级鲜肉	二级鲜肉	变质肉(不能供食用)
色泽	肌肉红色均匀、有光泽，脂肪洁白或淡黄色	肌肉色稍暗，切面尚有光泽，脂肪缺乏光泽	肌肉色暗，无光泽，脂肪绿黄色
黏度	外表微干或有风干膜，触摸不黏手	外表干燥或黏手，新切面湿润	外表极度干燥或黏手，新切面发黏
弹性	指压后凹陷立即恢复	指压后凹陷恢复慢，且不能完全恢复	指压后凹陷不能恢复，留有明显痕迹
气味	具有鲜牛、羊、兔肉正常的气味	稍有氨味或酸味	有臭味
肉汤	透明澄清，脂肪团聚于表面，具特有香味	稍有浑浊，脂肪成小滴浮于表面，香味差或无鲜味	混浊，有黄色或白色絮状物，脂肪极少浮于表面，有臭味

5. 禽肉感官检验

禽肉感官性状见表 2-3-5。

表 2-3-5　禽肉感官性状

<table>
<tr><th colspan="2">等级指标</th><th>鲜禽产品</th><th>冻禽产品(解冻后)</th></tr>
<tr><td colspan="2">组织状态</td><td>肌肉富有弹性,指压后凹陷部位立即恢复原状</td><td>肌肉指压后凹陷部位恢复较慢,不易完全恢复原状</td></tr>
<tr><td colspan="2">色泽</td><td colspan="2">表皮和肌肉切面有光泽,具有禽类品种应有的色泽</td></tr>
<tr><td colspan="2">气味</td><td colspan="2">具有禽类品种应有的气味,无异味</td></tr>
<tr><td colspan="2">加热后肉汤</td><td colspan="2">透明澄清,脂肪团聚于液面,具有禽类品种应有的滋味</td></tr>
<tr><td rowspan="3">瘀血[以瘀血面积(S)计]/cm^2</td><td>$S>1$</td><td colspan="2">不得检出</td></tr>
<tr><td>$0.5<S\leqslant1$</td><td colspan="2">片数不得超过抽样量的 2%</td></tr>
<tr><td>$S\leqslant0.5$</td><td colspan="2">忽略不计</td></tr>
<tr><td colspan="2">异物</td><td colspan="2">不得检出</td></tr>
</table>

注:瘀血面积指单一整禽或单一分割禽的一片瘀血面积。

6. 鲜蛋感官检验

鲜蛋感官性状见表 2-3-6。

表 2-3-6　鲜蛋感官性状

<table>
<tr><th>等级指标</th><th>要求</th><th>检验方法</th></tr>
<tr><td>色泽</td><td>灯光透视时整个蛋呈微红色;去壳后蛋黄呈橘黄色至橙色,蛋白澄清、透明,无其他异常颜色</td><td rowspan="3">取带壳鲜蛋在灯光下透视观察。去壳后置于白色瓷盘中,在自然光下观察色泽和状态。闻其气味</td></tr>
<tr><td>气味</td><td>蛋液具有固有的蛋腥味,无异味</td></tr>
<tr><td>状态</td><td>蛋壳清洁完整,无裂纹,无霉斑,灯光透视时蛋内无黑点及异物;去壳后蛋黄凸起完整并带有韧性,蛋白稀稠分明,无目视可见的外来异物</td></tr>
</table>

7. 蛋制品感官检验

蛋制品感官性状见表 2-3-7。

表 2-3-7 蛋制品感官性状

等级指标	要求	检验方法
色泽	具有产品正常的色泽	取适量试样置于白色瓷盘中，在自然光下观察色泽和状态，尝其滋味，闻其气味
滋味、气味	具有产品正常的滋味、气味，无异味	
状态	具有产品正常的形状、形态，无酸败、霉变、生虫及其他危害食品安全的异物	

8. 生乳感官检验

生乳感官性状见表 2-3-8。

表 2-3-8 生乳感官性状

等级指标	要求	检验方法
色泽	呈乳白色或微黄色	取适量试样置于 50 mL 烧杯中，在自然光下观察色泽和组织状态。闻其气味，用温开水漱口，品尝滋味
滋味、气味	具有乳固有的香味，无异味	
组织状态	呈均匀一致液体，无凝块、无沉淀、无目视可见异物	

9. 乳粉感官检验

乳粉感官性状见表 2-3-9。

表 2-3-9 乳粉感官性状

等级指标	要求		检验方法
	乳粉	调制乳粉	
色泽	呈均匀一致的乳黄色	具有应有的色泽	取适量试样置于 50 mL 烧杯中，在自然光下观察色泽和组织状态。闻其气味，用温开水漱口，品尝滋味
滋味、气味	具有纯正的乳香味	具有应有的滋味、色泽	
组织状态	干燥均匀的粉末		

三、结果计算

（1）瘀血鉴别　鉴别组织状态、色泽、气味后，用适当方法测量瘀血面积。

一个基本箱中 $0.5\ cm^2 < S \leqslant 1\ cm^2$ 的瘀血片数占同一基本箱中产品总数的比例，按下式计算：

$$X=\frac{A_1}{A}\times 100$$

式中：

X——一个基本箱中 $0.5\ cm^2 < S \leqslant 1\ cm^2$ 的瘀血片数占同一基本箱中产品总数（整禽以只计，禽肉以块计，禽腿或禽翅以个计，下同）的比例（%）；

A——一个基本箱中产品总数；

A_1——一个基本箱中 $0.5\ cm^2 < S \leqslant 1\ cm^2$ 的瘀血片数。

（2）硬杆毛　与鉴别组织状态、色泽、气味同时进行。用精度为 0.05 mm 的游标卡尺测量，一个基本箱中每 10 kg 硬杆毛数量按式下式计算：

$$X_1=\frac{A_2}{m}\times 10$$

式中：

X_1——一个基本箱中每 10 kg 硬杆毛数量；

A_2——一个基本箱中硬杆毛实际数量；

m——一个基本箱的实际质量（kg）。

【记录与结果分析】

表 2-3-10　畜产品感官检验记录

样品编号	样品名称	检验依据	检验地点	室温/℃	检验日期
项目	标准规定		检验结果		
色泽					
组织状态					
滋味、气味					
煮沸后肉汤					
其他					

[师徒共研]

1. 如何识别注水肉?

(1)观察肉颜色　正常新鲜的肉外表微干,而且富有弹性,经手按压很快恢复原来状态,并且无汁液渗出。注水肉肌肉泛白,经手按压,切面有汁液渗出,而且难恢复原状。

(2)观察肉的新切面　正常肉新切面光滑,很少或者没有汁液渗出,注水肉切面呈现水淋状,并且有明显淡黄色汁液渗出。

(3)吸水纸检验法　用干净吸水纸,贴在肉的新切面上,若是正常肉,吸水纸可完整揭下,而且可点燃并完全燃烧。如果是注水肉则吸水纸不能完全揭下,并且不能点燃或不能完全燃烧。此方法简便易操作且实用。

只要平时多观察正常肉,加之以上方法,则遇到注水肉时不难分辨。

2. 哪些生鲜乳禁止收购?

依据《乳品质量安全监督管理条例》中第二十四条规定:

(1)经检测不符合健康标准或者未经检疫合格的奶畜产的;

(2)奶畜产犊7 d内的初乳,但以初乳为原料从事乳制品生产的除外;

(3)在规定用药期和休药期内的奶畜产的;

(4)其他不符合乳品质量安全国家标准的。

对前款规定的生鲜乳,经检测无误后,应当予以销毁或者采取其他无害化处理措施。

3. 如何进行常见变质蛋的感官检验?

(1)散黄蛋　打开蛋后可见蛋黄蛋白混在一起,这是由于蛋黄膜受损破裂造成的。

(2)霉蛋　因蛋壳表层的保护膜受到破坏,细菌随之进入,导致蛋发霉变质,使蛋壳上有细小灰黑色斑点。通过照光检查完全不透光,此种蛋不宜食用。

(3)陈蛋　保存时间过长的蛋往往蛋壳颜色发暗,失去新鲜蛋壳上应有的光泽,摇晃时蛋内有声响。照光检查透明度降低,出现暗影。

(4)臭蛋　能闻到一股恶臭味,打开后臭味更大,蛋白蛋黄混在一起。这种蛋不透光,有毒,不能食用。

(5)白蛋　孵化2～3 d发现未受精的蛋,其蛋壳发亮、光滑,毛眼气孔变大,叫头照白蛋,可食用;孵化10 d左右通过照光检查挑出的未受精蛋,蛋内有血丝或血块,这种蛋叫二照白蛋,除去血后,可食用。

4. 什么是PSE肉和DFD肉?

PSE肉即肉色灰白(pale)、肉质松软(soft)、有渗出物(exudative)。产生原因:应激反应导致机体分解代谢旺盛,耗氧量比平时产热量增加数倍,体温升高,糖酵解产生乳酸,使肌肉组织中pH迅速降低,加速了肉的陈化过程,另外三磷酸腺苷(ATP)与镁、钙离子结合,可以生成提高组织保水力物质，应激时 ATP 急剧下降，因此肌肉组织保水力下降，形成 PSE 肉。

DFD 肉即肌肉干燥(dry)、质地粗硬(firm)、色泽深暗(dark)，这种肉是由于饥饿、能量消耗过大和长时间低强度的应激源刺激导致的。这主要由于应激持续时间长，使肌糖原消耗殆尽，几乎没有乳酸生成所导致的。肉 pH 始终维持在 6 以上，使鲜红色的氧合肌红蛋白变成了紫红色的肌红蛋白，肉也随之由鲜红色变成了暗红色。同时，美味成分肌苷酸生成降低，肉质下降。

5. 如何辨别种猪的母猪肉和公猪肉？

“母猪肉”是指用于繁殖的、年老以后被淘汰的母种猪肉。母猪肉是可以吃的，但是比较老，营养差，无香味。更严重的是母猪肉含有危害人体的免疫球蛋白，特别是产仔前的母猪其肉中含量更高。食用母猪肉易引起血红蛋白尿、贫血、溶血性黄疸等疾病。母猪皮粗而厚，毛孔深而大，毛根呈丛生“小”字形，背脊上尤其明显。因此，母猪皮常被不法人员剥去，冒充无皮肉出售。母猪的奶头长、较硬、粗大，故常被削掉。母猪的脂肪组织干涩、色黄，用力捏搓时，好像带有砂粒一样，并与肌肉分离。母猪瘦肉呈暗红色，条纹粗糙。母猪的排骨弯曲度大，背脊骨筋突出，骨头特粗。母猪的骨髓呈污红色，且有黄色油样液体渗出。

因公猪体内含有睾酮等激素，故公猪肉常发出腥臭的气味；皮肤与皮下脂肪界限不清，脂肪颗粒粗大，皮下脂肪较薄，切开下腹部皮下脂肪，可见到明显的网络状毛细血管；毛孔稀而粗，皮肤呈发黑或青白色；肌肉发达，尤其是臀部和肩部、颈部肌肉呈暗红色，无光泽；在后臀中线两侧，可见明显的睾丸皮。

[知识链接]

1. 相关术语

鲜畜、禽肉：活畜(猪、牛、羊、兔等)、禽(鸡、鸭、鹅等)宰杀、加工后，不经过冷冻处理的肉。

冻畜、禽肉：活畜(猪、牛、羊、兔等)、禽(鸡、鸭、鹅等)宰杀、加工后，在≤−18℃ 下冷冻处理的肉。

鲜蛋：各种家禽生产的、未经加工或仅用冷藏法、液浸法、涂膜法、消毒法、气调法、干藏法等贮藏方法处理的带壳蛋。

液蛋制品：以鲜蛋为原料，经去壳、加工处理后制成的蛋制品，如全蛋液、蛋黄液、蛋白液等。

干蛋制品：以鲜蛋为原料，经去壳、加工处理、脱糖、干燥等工艺制成的蛋制品，如全蛋粉、蛋黄粉、蛋白粉等。

冰蛋制品：以鲜蛋为原料，经去壳、加工处理、冷冻等工艺制成的蛋制品，如冰全蛋、冰蛋黄、冰蛋白等。

再制蛋：以鲜蛋为原料，添加或不添加辅料，经盐、碱、糟、卤等不同工艺加工而成的蛋制品，如皮蛋、咸蛋、咸蛋黄、糟蛋、卤蛋等。

生乳：从符合国家有关要求的健康奶畜乳房中挤出的无任何成分改变的常乳。产犊后7 d的初乳、应用抗生素期间和休药期间的乳汁、变质乳不应用作生乳。

乳粉：以生牛(羊)乳为原料，经加工制成的粉状产品。

调制乳粉：以生牛(羊)乳或及其加工制品为主要原料，添加其他原料，添加或不添加食品添加剂和营养强化剂，经加工制成的乳固体含量不低于70%的粉状产品。

煮沸后肉汤的检查：称取20 g绞碎的试样，置于200 mL烧杯中，加100 mL水，用表面皿盖上加热50～60℃，开盖检查气味，继续加热煮沸20～30 min，检查肉汤的气味、滋味和透明度，以及脂肪的气味和滋味。

异物鉴别：用视觉鉴别法，与鉴别组织状态、色泽、气味同时进行。

肉的尸僵：畜禽宰后肉经过一定时间，由弛缓变为紧张，肉无光泽，关节不活动，尸体呈僵硬状态。

肉的成熟：畜禽屠宰后，肉内部发生了一系列变化结果使肉变得多汁、柔软，并产生特殊的气味和滋味。

肉的自溶：是指肉中蛋白质在自体酶的作用下进行的无菌分解。

肉的腐败：成熟肉在不良条件下贮存，经微生物和酶的作用，肉分解变质称作肉的腐败。

2. 加盖检疫验讫印章的条件

依据《动物检疫管理办法》中第二十三条规定，经检疫符合下列条件的，由官方兽医出具《动物检疫合格证明》，对胴体及分割、包装的动物产品加盖检疫验讫印章或者加施其他检疫标志：

(1)无规定的传染病和寄生虫病；

(2)符合农业部规定的相关屠宰检疫规程要求；

(3)需要进行实验室疫病检测的，检测结果符合要求。

3. 从事乳制品生产活动应当具备的条件

依据《乳品质量安全监督管理条例》中第二十八条规定：从事乳制品生产活动，应当具备下列条件，取得所在地质量监督部门颁发的食品生产许可证：

(1)符合国家奶业产业政策；

(2)厂房的选址和设计符合国家有关规定；

(3)有与所生产的乳制品品种和数量相适应的生产、包装和检测设备；

(4)有相应的专业技术人员和质量检验人员；

(5)有符合环保要求的废水、废气、垃圾等污染物的处理设施；

(6)有经培训合格并持有有效健康证明的从业人员；

(7)法律、行政法规规定的其他条件。

质量监督部门对乳制品生产企业颁发食品生产许可证，应当征求所在地工业行业管理部门的意见。未取得食品生产许可证的任何单位和个人，不得从事乳制品生产。

项目四

稻米蒸煮品质检验

知识目标

1. 能够说出稻米蒸煮品质的概念；
2. 能够正确表述感官检验在稻米蒸煮品质上的应用；
3. 能够说出提高稻米蒸煮品质的主要因素。

技能目标

熟练运用感官检验方法对稻米蒸煮品质进行评价。

德育目标

1. 培养学生团结协作能力；
2. 培养学生求实认真的工作态度；
3. 培养学生实事求是的职业操守。

在评价食用稻米的指标体系中，蒸煮食味品质是其中最为重要的一项，因为只有切实生产出蒸煮食味品质较好的稻米，才能真正满足消费需求，进而提高品种知名度和市场占有率。因此，了解评价稻米蒸煮食味品质的实用指标，掌握影响稻米蒸煮品质的主要因素，进而采取相应的栽培技术对策，对大力发展名牌稻米生产具有极其重要的意义。一种有效的评价蒸煮稻米品质的测定方法是对大米食用品质进行评价的依据。其中最基本的方法是感官评价，这种方法是最经典、有效的。

任务 稻谷、大米蒸煮食用品质检验

【任务要求】

1. 掌握不同稻米的外观观察及在一定条件下蒸煮成米饭后的品质评定；
2. 学习和正确理解国标，并按国标要求制定工作流程。

【参考标准】

本任务主要参考中华人民共和国国家标准《粮油检验　稻谷、大米蒸煮食用品质感官评价方法》(GB/T 15682—2008)设计。适用于稻谷、大米的蒸煮试验及米饭食用品质评定。

【任务实施】

一、实验材料

不同品牌商品大米和不同品种商品稻米。

二、实验仪器

26～28 cm 单屉蒸锅；带盖铝盒，容量 60 mL 以上(也可采用 2 mL 注射器铝盒)；15 mL 量筒；天平，感量 0.01 g；2 kW 电炉；白瓷盘(32 cm×22 cm)；即热式电饭锅，容量 3 L，500 W；盆，洗米用，500 mL(小量样品米饭制备用)或 3 000 mL(大量样品米饭制备用)；沥水筛(CQ16 筛)；小碗，可放约 50 g 试样；圆形白色瓷餐盘，直径20 cm 左右，盘子边缘均等分地粘上红、黄、蓝、绿四种颜色的塑料粘胶带。

三、大米样品的制备

1. 取样

取稻谷 1 500～2 000 g，用砻谷机去壳得到糙米，将糙米在碾米机上制备成规定的标准三等精度的大米。商品大米则直接分取试样。

2. 样品的编号和登记

随机编排试样的编号、制备米饭的盒号和锅号。记录试样的品种、产地、收获或生产时间、储藏和加工方式及时间等必要信息。

3. 参照样品的选择

(1)稻谷对照样品　选择稻谷发芽率在 50%～60%、脂肪酸（以 KOH 计）不大于 20 mg/100 g、运动黏度在 4～5 mm^2/s 的样品 3～5 份，经品尝人员 2～3 次品尝，选出色、香、味正常，综合评分为 75 分左右的样品一份，作为每次品尝评分的参考样品。

(2)商品稻谷对照样品　选取符合 GB 1354 规定的标准三等精度的新鲜大米样品 3～5 份，经米饭制作，由评价员进行 2～3 次品评，选出色、香、味正常，综合评分在 75 分左右的样品 1 份，作为每次品评的参照样品。

参照样品如需保存，应密封保存在冰箱(10℃左右)中。

四、米饭的制备

1. 小量样品米饭的制备

(1)称样　称取每份 10 g 试样于蒸饭皿中。试样份数按评价员每人 1 份准备。

(2)洗米　将称量后的试样倒入沥水筛，将沥水筛置于盆内，快速加入 300 mL 水，顺时针搅拌 10 圈，逆时针搅拌 10 圈，快速换水重复上述操作一次。再用 200 mL 蒸馏水淋洗 1 次，沥尽余水，放入蒸饭皿中。洗米时间控制在 3～5 min。

(3)加水浸泡　籼米加蒸馏水量为样品量的 1.6 倍，粳米加蒸馏水量为样品量的 1.3 倍。加水量可依据米饭软硬适当增减。浸泡水温 25℃左右，浸泡 30 min。

(4)蒸煮　蒸锅内加入适量的水，用电炉(或电磁炉)加热至沸腾，取下锅盖，再将盛放样品的蒸饭皿加盖后置于蒸屉上，盖上锅盖，继续加热并开始计时，蒸煮 40 min，停止加热，焖制 20 min。

(5)将制成的不同试样的蒸饭皿放在白瓷盘上(每人 1 盘)，每盘 4 份试样，趁热品尝。

2. 大量样品米饭的制备

(1)洗米　称取 500 g 试样放入沥水筛内，将沥水筛置于盆中，快速加入 1 500 mL 自来水，每次顺时针搅拌 10 圈，逆时针搅拌 10 圈，快速换水重复上述操作一次。再用1 500 mL 蒸馏水淋稻米蒸煮品质洗 1 次，沥尽余水，倒入相应编号的直热式电饭锅内。洗米时间控制在 3～5 min。

(2)加水浸泡 籼米加蒸馏水量为样品量的 1.6 倍，粳米加蒸馏水量为样品量的 1.3 倍。加水量可依据米饭软硬适当增减。浸泡水温 25℃左右，浸泡 30 min。

(3)蒸煮 电饭锅接通电源开始蒸煮米饭，在蒸煮过程中不得打开锅盖。电饭锅的开关跳开后，再焖制 20 min。

(4)搅拌米饭 用饭勺搅拌煮好的米饭，首先从锅的周边松动，使米饭与锅壁分离，再按横竖两个方向各平行滑动 2 次，接着用筷子上下搅拌 4 次，使多余的水分蒸发之后盖上锅盖，再焖 10 min。

(5)将约 50 g 试样米饭松松地盛入小碗内，每人 1 份(不宜在内锅周边取样)，然后倒扣在白色瓷餐盘上不同颜色(红、黄、蓝、绿)的位置，呈圆锥形，趁热品评。

五、品评要求

1. 品评人员

品评人员以 5～10 名优选评价员或 18～24 名初级评价员为宜。将评价员随机分组，每个评价员编上号码，随机分组。评价员在品评前 1 h 内不吸烟、不吃东西，但可以喝水；品评期间具有正常的生理状态，不使用化妆品或其他有明显气味的用品。品评前品评人员应用温开水漱口，把口中残留物去净。

2. 品评场所

品评房间在 15 m^2 左右时应装有 4 支 40W 日光灯，灯管距品评桌面约 1.5 m，品评人员每人一座位，在室温(20～25℃)下进行品评，品评时应保持环境安静，无干扰。

3. 米饭品评份数和品评时间

每次试验品评 4 份试样(包含 1 份参照样品和 3 份被检样品)。当试样为 5 份以上时，应分两次以上进行试验；当试样不足 4 份时，可以将同一试样重复品评，但不得告知评价员。同一评价员每天品评次数不得超过 2 次，品评时间安排在饭前 1 h 或饭后 2 h 进行。

4. 品评样品编号与排列顺序

将全部试样分别编号(NO.1、NO.2、NO.3……)，且参照样品编号为“NO.1”，其他试样采用随机编号。同一小组的评价员采用相同的排列顺序，不同小组之间尽量做到品评试样数量均等、排列顺序一致。

六、样品品评

1. 品评内容

品评米饭的气味、外观结构、适口性(包括黏性、弹性、软硬度)、滋味和冷饭质地。

2. 品评顺序及要求

(1)辨别米饭气味 趁热将米饭置于鼻腔下方，适当用力地吸气，仔细辨别米饭的气味。

(2)观察米饭外观 观察米饭表面的颜色、光泽和饭粒完整性。

(3)辨别米饭的适口性 用筷子取米饭少许放入口中，细嚼 3～5 s，边嚼边用牙齿、舌头等各感觉器官仔细品尝米饭的黏性、软硬度、弹性、滋味等项。

(4)冷饭质地 米饭在室温下放置 1 h 后，品尝判断冷饭的黏弹性、黏结成团性和硬度。

品评顺序要先趁热鉴定米饭气味，然后观察米饭色泽、外观结构，再通过咀嚼，品尝评定适口性及滋味，将各项得分相加即为综合评分。

七、评分

1. 评分方法一

根据米饭的气味、外观结构、滋味、适口性及冷饭质地，综合评分。进行综合评定，综合评分以 50 分及以下为很差，51～60 分为差，61～70 分为一般，71～80 分为较好，80～90 分为好，91 分及以上为优。米饭的色、香、味、外观性状、适口性(包括黏性、弹性、硬度)及滋味等项，其中以气味、适口性、滋味为主。同时按气味(20 分)，外观结构(20 分)，滋味(30 分)，适口性(25 分)，冷饭质地(5 分)进行品评(表 2-4-1)。

表 2-4-1 米饭感官评价方法一评分规则

一级指标 分值	具体特性描述:分值
气味(20 分)	具有米饭特有的香气，香气浓郁:18～20 分
	具有米饭特有的香气，米饭清香:15～17 分
	具有米饭特有的香气，香气不明显:12～14 分
	米饭无香味，但无异味:7～12 分
	米饭有异味:0～6 分
外观结构(20 分)	米饭颜色洁白:6～7 分
	颜色正常:4～5 分
	米饭发黄或发灰:0～3 分
	有明显光泽:7～8 分
	稍有光泽:5～6 分
	无光泽:0～4 分
	米饭结构紧密，饭粒完整性好:4～5 分
	米饭大部分结构紧密完整:3 分
	米饭粒出现爆花:0～2 分

续表 2-4-1

一级指标　分值	具体特性描述:分值
适口性 (30分)	滑爽,有黏性,不黏牙:8～10分
	有黏性,基本不黏牙:6～7分
	有黏性,黏牙;或无黏性:0～5分
	米饭有嚼劲:8～10分
	米饭稍有嚼劲:6～7分
	米饭疏松、发硬,感觉有渣:0～5分
	软硬适中:8～10分
	感觉略硬或略软:6～7分
	感觉很硬或很软:0～5分
滋味 (25分)	咀嚼时,有较浓郁的清香和甜味:22～25分
	咀嚼时,有淡淡的清香滋味和甜味:18～21分
	咀嚼时,无清香滋味和甜味,但无异味:16～17分
	咀嚼时,无清香滋味和甜味,但有异味:0～15分
冷饭质地 (5分)	较松散,黏弹性较好,硬度适中:4～5分
	结团,黏弹性稍差,稍变硬:2～3分
	板结,黍弹性差,偏硬:0～1分

具有不正常气味、滋味者可评定为50分以下,有严重异味者可评为0分。品评时应考虑当地大多数人食用习惯。凡综合评分在60分以上的即为大多数消费者所能接受的,而综合评分在60分以下的即为大多数消费者所不能接受的。

根据每个品评人员的综合评分结果计算平均值,个别人员品评误差大者(超过平均值10分以上)可舍弃,舍弃后重新计算平均值。最后以综合评分的平均值作为稻米蒸煮试验品质的评定结果,计算结果取整数。

2. 评分方法二

分别将试验样品米饭的气味、外观结构、适口性、滋味、冷饭质地和综合评分与参照样品一一比较评定。根据好坏程度,以“稍”“较”“最”“与参照相同”等7个等级进行评分(表2-4-4),表格一式三份分别记录不同编号样品的得分,最后将所有品评员评分汇总。在评分时,可参照表2-4-2所列的米饭感官品质评价内容与描述。

表 2-4-2 米饭感官评价内容与描述

评价内容		描述
气味	特有香气	香气浓郁;香气清淡;无香气
	有异味	陈米味和不愉快味
外观结构	颜色	颜色正常,米饭洁白;颜色不正常,发黄、发灰
	光泽	表面对光反射的程度:有光泽、无光泽
	完整性	保持整体的程度:结构紧密;部分结构紧密;部分饭粒爆花
滋味	纯正性 持久性	咀嚼时的滋味:甜味、香味以及味道的纯正性、浓淡和持久性
适口性	黏性	黏附牙齿的程度:滑爽、黏性、有无黏牙
	软硬度	臼齿对米饭的压力:软硬适中;偏硬或偏软
	弹性	有嚼劲;无嚼劲;疏松;干燥、有渣
冷饭质地	成团性 黏弹性 硬度	冷却后米饭的口感:黏弹性和回生性(成团性、硬度等)

【记录与结果分析】

表 2-4-3 米饭感官评价评分记录(评分方法一)

<table>
<tr><td colspan="2">样品来源</td><td colspan="2">检验时间</td><td colspan="2">实验室条件</td><td colspan="2">检验人员</td></tr>
<tr><td colspan="2"></td><td colspan="2"></td><td colspan="2"></td><td colspan="2"></td></tr>
<tr><td>编号</td><td>气味
(20 分)</td><td>外观结构
(20 分)</td><td>滋味
(30 分)</td><td>适口性
(25 分)</td><td>冷饭质地
(5 分)</td><td>综合评分</td><td>备注</td></tr>
<tr><td>1</td><td></td><td></td><td></td><td></td><td></td><td></td><td></td></tr>
<tr><td>2</td><td></td><td></td><td></td><td></td><td></td><td></td><td></td></tr>
<tr><td>3</td><td></td><td></td><td></td><td></td><td></td><td></td><td></td></tr>
<tr><td>4</td><td></td><td></td><td></td><td></td><td></td><td></td><td></td></tr>
<tr><td>5</td><td></td><td></td><td></td><td></td><td></td><td></td><td></td></tr>
<tr><td>6</td><td></td><td></td><td></td><td></td><td></td><td></td><td></td></tr>
<tr><td>实验
结论</td><td colspan="7"></td></tr>
</table>

表 2-4-4 米饭感官评价评分记录(评分方法二)

品评组编号：______________ 参照样品：______________ 姓名：__________

性别：______ 年龄：______ 出生地：__________________________

品评时间：_____年 ____月 ____日 ____时 ____分

试样编号：No. ______________

项目	与参照样品比较						
	不好			参照样品	好		
	最	较	稍		稍	较	最
评分	−3	−2	−1	0	+1	+2	+3
气味							
外观结构							
适口性							
滋味							
冷饭质地							
综合评分							
实验结论							
备注							

[师徒共研]

1. 稻米的食用品质评定中，稻米的蒸煮品质试验指的什么？

稻米的蒸煮品质试验是指稻米蒸煮后，利用人的感官对其色、香、味进行评定，以判断其食用品质的好坏。稻米的食用品质试验评定方法主要包括稻米蒸煮的方法、品质品尝评定内容、评定顺序、要求及评分结构表示等内容。

2. 影响稻米蒸煮品质的主要因素有哪些？

①品种的血统和熟期；②产地的土壤和水质；③肥料的品种和用量；④收获的时期和方法。

3. 稻米蒸煮品质评价有品评顺序要求吗？

有要求，必须按照固定顺序，否则评价不准确。品评顺序要先趁热鉴定米饭气味，然后观察米饭色泽、外观结构，再通过咀嚼、品尝；评定适口性及滋味。

4. 优质大米除了蒸煮品质外，还应具有什么营养品质？

大米的营养品质指大米中蛋白质、氨基酸及各种主要矿物质元素的含量高低。所说的优质大米就是指具有良好的外观，蒸煮、食用以及营养品质都较高的大米。

[知识链接]

1. 如何挑选稻谷、大米蒸煮食用品质感官检验员

米饭品尝是依靠人的感觉器官，对米饭的色、香、味进行品尝，以评定米饭品质的优劣，因此要求品评人员具有较敏锐的鉴别能力，在开始进行品尝评定之前，应通过鉴别试验来挑选感官灵敏度高的人员。品评人员应由不同性别、不同年龄档次的人员组成。

按标准规定蒸制 4 份米饭，其中有 2 份米饭是同一试样蒸制成的，同时按标准规定进行品评，要求品评人员鉴别找出相同的 2 份米饭来，记录方式见表 2-4-5。

表 2-4-5　鉴别试验结果记录

品评人：＿＿＿＿＿＿　　　　日期：＿＿＿＿＿＿

试样号	鉴别结果
1	
2	
3	
4	

说明：在相同两份米饭的鉴别结果栏中打“√”。

鉴别试验应重复 2 次，结果登记于表 2-4-6 中。答对者打“√”，答错者打“×”，如果两次都答错的人员，则表明其品评鉴别灵敏度太低，应予以淘汰。

表 2-4-6　品评人员成绩登记表

品评人员	鉴别试验结果		成绩
	样品 1	样品 2	
张三	×	√	良
张四	√	√	优
张五	√	×	良
李三	×	×	淘汰
李四	×	√	良
李五	√	√	优

2. 蒸煮食味品质较佳的稻米,应符合的指标要求

稻米的蒸煮品质被认为是大米食用品质中最重要的因素,不同品种和产地的大米蒸煮后其质构特性不同,同一品种的大米,由于其储藏过程中蛋白质、淀粉等组成成分含量和结构的变化,也会使大米的蒸煮品质发生变化,即使具有相近的化学特性的大米蒸煮后其性质结构特性也并不总是相同。

蒸煮食味品质较佳的稻米,应符合下列指标要求:

(1)定量指标　①直链淀粉含量为 15%~16%;②蛋白质含量<8%;③胶稠度≥80 mm;④碱消值≥6 级;⑤Mg/K>1.6。

(2)相对指标　①煮饭时有独特的稻米香味;②揭开锅盖时米饭上面带有水膜;③米饭洁白、油亮、有光泽;④软而不黏、口感好;⑤饭凉后再热接近新饭口感。

3. 影响稻米蒸煮品质的主要因素

(1)品种的血统和熟期　在影响稻米蒸煮食味品质的诸多因素中,最主要的是其品种自身的血统(遗传特性)和熟期。

(2)产地的土壤和水质　同一生态区内土壤类型和肥力水平是影响稻米蒸煮食味品质的重要因素;水质对稻米蒸煮食味品质的影响,主要是生产过程中是否灌溉了工业废水和生活污水。绿色食品稻米生产对灌溉水质的要求是:pH 5.5~8.5,总汞≤0.001 mg/L,总镉≤0.005 mg/L,总砷≤0.05 mg/L,总铅≤0.001 mg/L,六价铬≤0.1 mg/L,氟化物≤2 mg/L。

(3)肥料的品种和用量　氮对水稻的健康生长和产量提高具有重要作用。但氮肥施用过量或施用偏晚,会使稻米蛋白质含量提高而降低其蒸煮食味品质。增施磷肥对提高稻米蒸煮食味品质益处较多,它既能提高稻谷的成熟度和千粒重,又能增加其卵磷脂、还原糖、粗脂肪的含量,故磷含量越高,稻米蒸煮食味品质越好。

施用钾肥对提高水稻抗病性、抗倒性和千粒重有明显效果。但钾肥对稻米蒸煮食味品质有不良影响,钾含量越高,稻米的适口性越差。水稻是需硅最多的作物,体内含硅量达10%~20%,土壤缺硅会加重水稻病害的发生,并引起水稻倒伏和早衰,从而降低稻米品质和产量,因此,优质高产栽培必须高度重视硅肥的施用。锌是水稻反应敏感的微量元素,适量施用锌肥对促进缓苗分蘖、提高抗寒性能和稻米品质有明显作用。

(4)收获的时期和方法　水稻收获的早晚对稻米品质也有较大影响。收获过早,淀粉充实不良,蒸煮食味品质也有所下降;收获偏晚,不仅因惊纹增加而降低了整精米率,而且对蒸煮食味品质也有较大影响。

另外,收获方法不同其蒸煮食味品质也有一定差异,通常情况下,割秆、晾晒与脱粒分步进行的常规收获方法,其稻米蒸煮食味品质要好于割脱一次性完成的机械直收方法。

模块三 3

物理检验

项目一　密度测定

项目二　可溶性固形物测定（折光法）

项目三　黏度测定

项目四　气体压力测定

项目五　色度和浊度测定

项目六　稻麦加工品质检验

项目七　面筋含量检验

项目八　淀粉含量测定（旋光法）

物理检验法是根据食品的物理参数与食品组成成分、含量、质量之间的关系，通过测定某些食品特有的物理性质，从而确定食品的组分、含量或品质的检测方法。具有快速、准确、便捷的特点，在生产中经常使用。一种类型是测定某些食品的物理常数，间接检测食品组成成分及其含量，如密度、相对密度、折射率、旋光度等，与食品的组成成分及其含量之间存在着一定的数学关系。另一种类型是直接测定与食品的质量指标密切联系的物理量，判断食品的质量。如罐头的真空度；固饮料的颗粒度、比体积；面包的比体积；冰激凌的膨胀率；液体的色度、浊度、黏度等。物理检验是农产品或食品生产中常用的工艺控制指标，也是防止假冒伪劣食品进入市场的监控手段。通过测定液态食品的物理特性，可以指导生产过程、保证产品质量以及鉴别食品组成、确定食品浓度、判断食品的纯净程度及品质，是生产管理和市场管理不可缺少的方便而快捷的监测手段。

项目一
密度测定

知识目标

1. 熟悉密度和相对密度的概念；
2. 掌握密度测定原理；
3. 掌握仪器使用的要点和方法。

技能目标

1. 独立进行密度瓶法和密度计法测定密度的操作；
2. 正确进行密度计算。

德育目标

1. 培养学生团结协作能力；
2. 培养学生求实认真的工作态度；
3. 培养学生实事求是的职业操守；
4. 培养学生的安全意识。

各种液态食品都有一定的相对密度，当其纯度发生变化时，相对密度也随之改变。因此，测定相对密度可以了解食品的纯度、掺杂情况以及溶液的浓度等。液体样品密度测定方法有密度瓶法、天平法和密度计法。

任务 液体密度测定

【任务要求】

1. 用密度计法、天平法和密度瓶法测定液体密度；
2. 正确使用常见仪器或用具；
3. 完成检验报告。

【参考标准】

本任务依据《食品安全国家标准　食品相对密度的测定》(GB 5009.2—2016)设计，适用于液态样品密度的测定；如果是粮油检验可以参考《粮油检验　粮食、油料相对密度的测定》(GB/T 5518—2008)，适用于粮食和油料的测定，液体样品的适用于油料密度测定。

【任务实施】

本任务以果汁为例，以 GB 5009.2—2016 为主要依据，分别采用密度瓶法、天平法和密度计法测定其密度。

一、实验设备准备

密度瓶；密度计；恒温水浴锅；分析天平；韦氏相对密度天平。

二、密度瓶法测定

密度瓶是测定液体相对密度的专用精密仪器，是容积固定的玻璃称量瓶，其种类和规格有多种，常用的有带温度计的精密度瓶和带毛细管的普通称量瓶(图 3-1-1)。密度瓶法适于精确度要求高或者样品数量较少的情况。在一定温度下，同一密度瓶分别称取等体积的样品溶液和蒸馏水的质量，两者之比即为该样品溶液的相对密度。

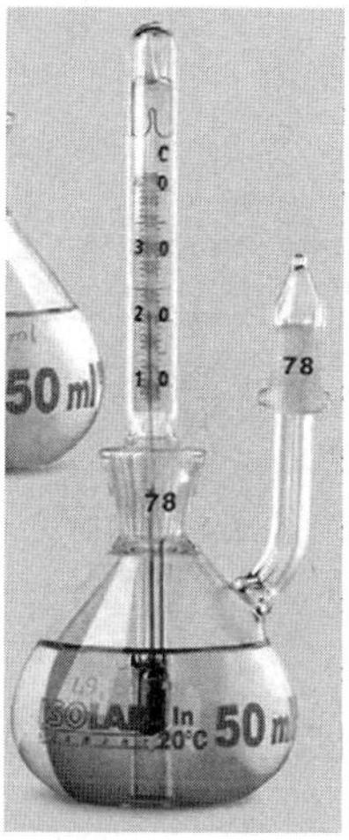

a. 带温度计的密度瓶

b. 普通密度瓶

图 3-1-1　密度瓶

1. 测定

取干净密度瓶(先洗干净,再依次用乙醇、乙醚洗涤,烘干并冷却)→称重 m_0→装满样品后→于 20℃水浴中浸泡 30 min,使瓶温达到 20℃→插入有毛细管的玻璃塞→取出用滤纸擦干外部水→于天平称量 m_2→记录→将样品倒立→洗净密度瓶→在同一温度同一个密度瓶测定蒸馏水的质量 m_1。

2. 计算

相对密度计算公式如下:

$$d=\frac{m_2-m_0}{m_1-m_0}$$

式中:

d——样品的相对密度;

m_0——密度瓶质量(g);

m_1——密度瓶和水的质量(g);

m_2——密度瓶和样品的质量(g)。

三、天平法测定

韦氏相对密度天平是常用的测定仪器,具体构造见图 3-1-2。

1. 原理

20℃时,分别测定玻锤在水及试样中的浮力,由于玻锤所排开的水的体积与排开的试样的体积相同,玻锤在水中与试样中的浮力可计算试样的密度,试样密度与水密度比值为试样的相对密度。

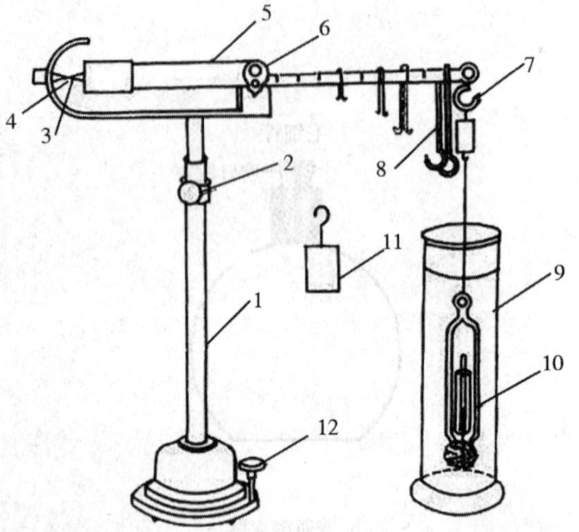

1. 支架　　2. 升降调节旋钮
3. 指针　　4. 指针
5. 横梁　　6. 刀口
7. 挂钩　　8. 游码
9. 玻璃圆筒　　10. 玻锤
11. 砝码　　12. 调零旋钮

图 3-1-2　韦氏相对密度天平

2. 测定

测定时将支架置于平面桌上，横梁架于刀口处，挂钩处挂上砝码，调节升降旋钮至适宜高度，旋转调零旋钮，使两指针吻合。然后取下砝码，挂上玻锤，将玻璃圆筒内加水至 4/5 处，使玻锤沉于玻璃圆筒内，调节水温至 20℃（玻锤内温度计指示温度），试放 4 种游码。主横梁上两指针吻合，读数为 p_1，然后将玻锤取出擦干，加欲测试样于干净圆筒中，使玻锤浸入至以前相同的深度，保持试样温度为 20℃，试放 4 种游码，至横梁上两指针吻合，记录读数为 p_2。玻锤放入圆筒内时，勿使其碰及圆筒四周及底部。

3. 计算

相对密度计算公式如下：

$$d = \frac{p_2}{p_1}$$

式中：

d——试样的相对密度；

p_1——浮锤浸入水中时游码的读数，单位为克(g)；

p_2——浮锤浸入试样中时游码的读数，单位为克 (g)。

计算结果表示到韦氏相对密度天平精度的有效数位(精确到 0.001)。

四、密度计法测定

用密度计测量溶液相对密度或浓度时，先用少量样液洗涤适当容量的量筒(一般用 500 mL 量筒)，然后将混合均匀的被测样液沿筒壁徐徐注入，注意避免起泡沫。将比重计洗净擦干，缓缓放入盛有待测液体试样的适当量筒中，勿使其碰及容器四周及底部，保持试样温度在 20℃，待其静默后，再轻轻按下少许，然后待其自然上升，静置至无气泡冒出后，从水平位置观察与液面相交处的刻度，即为试样的密度。分别测试试样和水的密度，两者比值即为试样相对密度。如果样液温度不是标准温度(20℃)，应对测得值加以校正。

测定液态食品的密度有下列专用的密度计：普通密度计、锤度计、波美计、乳稠计，具体见图 3-1-3。

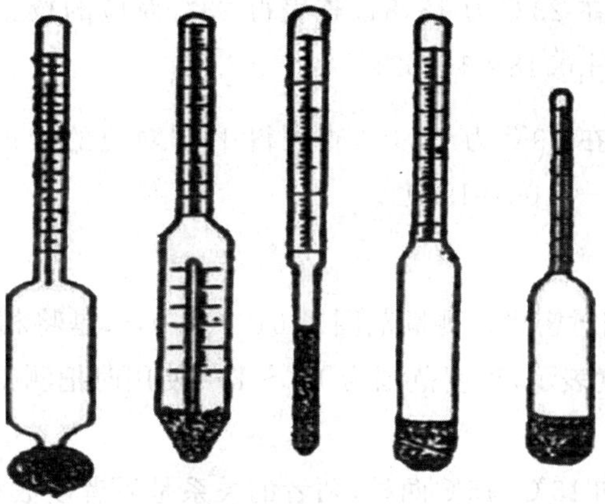

1. 糖锤度密度计；2. 附有温度计的糖锤度密度计；3. 波美密度计；4. 波美密度计；5. 酒精密度计

图 3-1-3　常见密度计

1. 普通密度计

直接以 20℃时的相对密度值为刻度的，以纯水为 1.000。

量程 0.700～1.000 为轻表，用来测量比水轻的液体；量程1.000～2.000 为重表，用来测量比水重的液体。

2. 酒精密度计

表示溶液中含酒精的体积分数。注意当样品中酒精含量低时，测量误差较大；$T\neq 20℃$时要校正，换算为 20℃酒精的温度，具体见附录 1。

3. 波美计

用于一般液体的相对密度的测定。

(1)刻度方法　以 20℃为标准，20℃蒸馏水为 0，15% NaCl 为 15°Bé，纯硫酸为 66°Bé，其余刻度等分。

(2)操作方法　待波美计自然上升后静止 1～3 min，读取其与液面相交处的刻度。

(3)波美计与相对密度的换算

①比水重的液体：$°Bé = 145 - 145/d_{20}^{20}$。

②比水轻的液体：$°Bé = 145/d_{20}^{20} - 145$。

温度不是标准温度时，应校正换算(附录 2)。

4. 锤度计

适用于糖液浓度的测定。刻度表示纯蔗糖溶液的质量分数(%),常用刻度范围:0～6°Bx、5 ～11°Bx、10 ～16°Bx、15 ～21°Bx、20 ～ 26°Bx。

温度不在20℃时应查表校正,$T>20$℃,得数(偏低)+校正数;$T<20$℃,得数(偏高)－正数;具体校正值见附录3。

例1:设观察锤度计在23℃为18.84,查表得23℃对应的校正数为0.18,则标准温度(20℃)时糖锤度为18.84+0.18=19.02。

例2:设观察锤度计在19℃为20.00,查表得19℃对应的校正数为0.06,则标准温度(20℃)时糖锤度为20.00－0.06=19.94。

5. 乳稠计

专用于测定牛乳的相对密度。测量范围1.015～1.045,是将相对密度减去1.000后再乘以1 000作为刻度,用度表示,刻度范围为15°～45°,使用时把测得的读数按上述关系换算为相对密度值。

乳稠计有20℃/4℃和15℃/15℃两种,两者的关系是后者读数是前者读数加2,即$d_{15}^{15}=d_{4}^{20}+0.002$。若使用乳稠计时,测定温度非20℃时需要校正。对于20℃/4℃乳稠计,在10～25℃,温度每升高1℃,乳稠计读数平均下降0.2°,即相当于相对密度值平均减小0.000 2。当乳温高于标准温度20℃时,每高一度在得出的乳稠计读数上加0.2;乳温低于20℃时,每低1℃减去0.2,也可查表得出。

例3:温度17℃时测得乳稠计读数为32°,则20℃时应该为多少?

解:32－0.2(20－17)= 32－0.6 = 31.4°(相对密度为1.031 4)

例4:25℃时测得读数为29.8°,则20℃时应该为多少?

解:29.8+0.2(25－20)= 29.8 + 1.0 = 30.8°(相对密度为1.030 8)

【记录与结果分析】

表3-1-1 乳稠计法测定乳相对密度

样品名称	次数	读数	相对密度	平均相对密度
	平行1			
	平行2			
	平行1			
	平行2			
	平行1			
	平行2			

续表 3-1-1

样品名称	次数	读数	相对密度	平均相对密度
	平行 1			
	平行 2			
计算公式	乳稠计读数：低于 20℃时，校正数＝读数－(20－$T_{液}$)×0.2； 高于 20℃时，校正数＝读数＋($T_{液}$－20)×0.2； d_4^{20}＝(读数/1 000)＋1；$d_{15}^{15}=d_4^{20}+0.002$			
实验结论				

注：在重复性条件下获得的两次独立测定结果的绝对差值不得超过算术平均值的 5%。

[师徒共研]

1. 密度瓶法在操作过程中应该注意哪些事项？

(1)本方法适用于测定各种液态食品的相对密度。糖或其他黏稠样液的测定宜使用具有毛细管的密度瓶。结果准确，但操作较烦琐。

(2)密度瓶内不得有气泡，也不要用手直接接触密度瓶球部，以免液体受热流出。恒温时要注意及时用滤纸条吸去溢出的液体，不能让液体溢到瓶壁上；水浴用的水必须清洁无油污，防止瓶外壁被污染。

(3)天平室温度不得高于 20℃，避免样液受热膨胀流出。

(4)若表示为对 4℃水的相对密度，测得值应乘校正系数 0.998 23。

(5)密度瓶使用前应恒重，检查瓶盖与瓶是否配套；水及样品必须装满密度瓶，瓶内不得有气泡。

(6)拿取已达恒温的密度瓶时，不得用手直接接触密度瓶球部，以免液体受热流出，应戴隔热手套拿取瓶颈或用工具夹取。

(7)附有温度计的密度瓶，在烘干时，不要放入温度计塞，以免加热损坏温度计。

(8)密度瓶应配套使用，不得随意拆分组合使用。

2. 密度计法测定过程中需注意哪些问题？

该法操作简便迅速，但准确性差，需要样液量多，且不适用于易挥发的样品；操作时应注意不要让密度计接触量筒的壁及底部，待测液中不得有气泡；读数时应以密度计与液体形成的弯月面的下缘为准。若液体颜色较深，不易看清弯月面下缘时，则以弯月面上缘为准。

[知识链接]

1. 密度的概念

(1)密度　物质在一定温度下单位体积的质量,以符号 ρ 表示,常用单位是 kg/m^3。

(2)相对密度　指在特定条件下某一物质的密度 ρ_1 与另一种参考物质(常用纯水)的密度 ρ_2 的比值,以符号 $d_{T_2}^{T_1}$ 表示。

(3)液体的相对密度　指液体在20℃时的质量与同体积纯水在4℃时的质量之比。以符号 d_4^{20} 表示。通常在20℃测定样品的相对密度,按下式计算:

$$d_4^{20}=d_{20}^{20}\times 0.99823$$

2. 相对密度测定的意义

各种液态食品都有其一定的相对密度,当其组成成分及其浓度发生改变时,其相对密度也发生改变,故测定液态食品的相对密度可以检验食品的纯度和浓度。

蔗糖、酒精等溶液的相对密度随溶液浓度的增加而增高,只要测得了相对密度就可以在专用的表格上查出其对应的浓度;对于某些液态食品(如果汁、番茄酱等),测定相对密度并通过换算或查专用经验表格可以确定可溶性固体物或总固形物的含量。

正常的液态食品,其相对密度都在一定范围内。例如,全脂牛乳为1.028~1.032,植物油(压榨法)为0.909 0~0.929 5。当因掺杂、变质等原因引起这些液体食品的组成成分发生变化时,均可出现相对密度的变化。因此,测定相对密度可初步判断食品是否正常以及纯净程度。当食品的相对密度异常时,可以肯定食品的质量有问题;但当相对密度正常时,也不能肯定食品质量无问题,必须配合其他理化分析,才能确定食品的质量。

项目二
可溶性固形物测定（折光法）

知识目标

1. 正确理解折光法测定果蔬中可溶性固形物的原理；
2. 了解常用的可溶性固形物测定仪器。

技能目标

1. 学会使用阿贝折光仪和手提式折光计；
2. 正确保养和维护常见设备。

德育目标

1. 培养学生团结协作能力；
2. 培养学生求实认真的工作态度；
3. 培养学生自我学习能力。

通过测量物质的折光率来鉴别物质的组成，确定物质的纯度、浓度及判断物质的品质的分析方法称为折光法。折射率是物质的一种物理常数。通过测定某些物质的折射率可以对这些物质定性鉴定。对于同一物质的溶液来说，其折射率的大小与其浓度成正比。因此，测定物质的折射率，可以判断某些物质的品质及其浓度。

如各种油脂具有一定的脂肪酸，每种脂肪酸均有其特定的折射率，故不同的油脂其折射率不同，油脂酸度增高时，其折射率降低。因此，折射率的测定可用于油脂定性鉴定及判断其品质。

在乳品工业中，可以用折光法测定牛乳中乳糖的百分含量。利用折射率还可以判断牛乳是否掺水，正常牛乳乳清的折射率在 1.341 99～1.342 75 之间，如折射率下降，可断定其掺水。

不同果蔬产品其折射率不同。折射率的测定可鉴别果蔬产品的组成及品质，一定的条件下，果蔬中可溶性固形物含量与折射率呈正相关，固形物含量越高，折射率也越高。因此，可通过折射率测定出果中可溶性固形物含量。

需要说明的是，折光法测得的只是可溶性固形物含量，如果有不溶性固形物的样品，不能用折光法直接测定总固形物。但对于番茄酱、果酱等农产品，已通过实验编制了总固形物与可溶性固形物关系表，先用折光法测定可溶性固形物含量，即可查出总固形物含量。

任务 可溶性固形物测定

【任务要求】

1. 掌握可溶性固形物测定的原理；
2. 正确使用、保养和维护测定仪器。

【参考标准】

本任务依据标准《水果和蔬菜可溶性固形物含量的测定　折射仪法》(NY/T 2637—2014)，适用于水果和蔬菜中可溶性固形物含量的测定，采用的仪器是折射仪。

【任务实施】

本任务是用折射仪测定样液的折射率，从显示器或刻度尺上读出样液的可溶性固形物含量，以蔗糖的质量百分数表示。操作简便、快速、消耗试样少。主要包括阿贝折光仪法和手提式折光计法，后者相对操作简单，便于携带，但结果精确度较前者略差。

一、实验设备准备

阿贝折光仪、手提式折光计、天平。

二、样液制备

(1)透明液体制品　充分混合待测样品后直接测定。

(2)非黏稠制品(果浆、菜浆等)　充分混匀待测样品，用四层纱布挤出滤液，弃去最初几滴，收集滤液供测定用。

(3)含悬浮物制品或固液两相制品(果粒果汁类饮料)　按固液两相的比例，将样品用组织捣碎器捣碎后，用四层纱布挤出滤液，弃去最初几滴，收集滤液供测定用。

(4)黏稠制品(果冻、龟苓膏、八宝粥等)　称取适量(一般是 40 g 以下，精确到 0.01 g)的待测样品到已称重的烧杯中，加 100～150 mL 蒸馏水，用玻璃棒搅拌，并缓和煮沸 2～3 min，冷却并充分混匀。20 min 后称重，精确到 0.01 g，然后用槽纹漏斗或布氏漏斗过滤到干燥容器里，留滤液供测定用。

(5)水果、蔬菜　水果和蔬菜洗净、擦干，取可食部分切碎、混匀，称取适量试样(含水量高的试样一般取 250 g，含水量低的试样一般取 125 g，加入适量蒸馏水)，放入高速组织捣碎机中捣碎，用两层拭镜纸或四层纱布挤出匀浆汁液，弃去最初几滴，收集滤液供测定用。

三、仪器校准(以阿贝折光仪为例)

(1)将阿贝折光仪与恒温水浴锅连接，调节水温，使阿贝折光仪的棱镜恒定在 20℃。

(2)打开阿贝折光仪棱镜，用以蒸馏水润湿的脱脂棉小心擦净，将蒸馏水滴于镜面中心(不得有气泡)，迅速闭合棱镜。

(3)调节小反光镜及大反光镜，使目镜的视野明亮。

(4)旋转目镜与色散补偿器旋钮，使视野的明暗交界线清晰。再转动补偿器旋钮，使明暗分界线对准十字交叉处，在 20℃时，从目镜中读取折光率应为 1.333 0。如折光率不符，再用附件方孔调节扳手转动示值调节螺丝，直至折光率为 1.333 0。如无恒温水浴，蒸馏水不同温度的折光率可按表 3-2-1 校正。测定样品时不得再次转动示值调节螺丝。

表 3-2-1　不同温度下蒸馏水的折光率

温度/℃	折光率	温度/℃	折光率
10	1.333 69	26	1.332 40
11	1.333 64	27	1.332 29
12	1.333 58	28	1.332 17
13	1.333 52	29	1.332 06
14	1.333 46	30	1.331 94
15	1.333 39	31	1.331 82
16	1.333 31	32	1.331 70
17	1.333 24	33	1.331 57
18	1.333 16	34	1.331 44
19	1.333 07	35	1.331 31
20	1.332 99	36	1.331 17
21	1.332 90	37	1.331 04
22	1.332 80	38	1.320 90
23	1.332 71	39	1.330 75
24	1.332 61	40	1.330 61
25	1.332 50		

四、样液测定

保持测定温度稳定，变幅不超过±0.5℃，测定时应避开强光干扰。用柔软绒布擦净棱镜表面，滴加 2～3 滴待测样液，使样液均匀分布于整个棱镜表面，对准光源（非数显折光仪应转动消色调节旋钮，使视野分成明暗两部分，再转动棱镜旋钮，使明暗分界线处在物镜的十字交叉点上），记录折射仪读数。无温度自动补偿功能的折光仪，记录测定温度，并进行校正（校正结果见表 3-2-2）。用蒸馏水和柔软绒布将棱镜表面擦净。

表 3-2-2　蔗糖（干物质）折光计测定的温度校正值（20℃）

温度/℃	蔗糖（干物质）/%									
	0	5	10	15	20	25	30	35	40	45
	从固形物中减去									
10	0.50	0.54	0.58	0.61	0.64	0.66	0.68	0.70	0.72	0.73
11	0.46	0.46	0.53	0.55	0.58	0.60	0.62	0.64	0.63	0.66
12	0.42	0.45	0.48	0.50	0.52	0.54	0.56	0.57	0.58	0.59
13	0.37	0.40	0.42	0.44	0.46	0.48	0.49	0.50	0.51	0.52

续表 3-2-2

温度/℃	蔗糖(干物质)/%									
	0	5	10	15	20	25	30	35	40	45
	从固形物中减去									
14	0.33	0.35	0.67	0.39	0.40	0.41	0.42	0.43	0.44	0.45
15	0.27	0.29	0.31	0.33	0.34	0.34	0.35	0.36	0.37	0.37
16	0.22	0.24	0.25	0.26	0.27	0.28	0.28	0.29	0.30	0.30
17	0.17	0.18	0.19	0.20	0.21	0.21	0.24	0.22	0.22	0.23
18	0.12	0.13	0.13	0.14	0.14	0.14	0.15	0.15	0.15	0.15
19	0.06	0.06	0.07	0.07	0.07	0.07	0.07	0.08	0.08	0.08
20	加于测定值									
21	0.06	0.07	0.07	0.07	0.07	0.08	0.08	0.08	0.08	0.08
22	0.13	0.13	0.14	0.14	0.15	0.15	0.15	0.15	0.16	0.16
23	0.19	0.20	0.21	0.22	0.22	0.23	0.23	0.23	0.23	0.24
24	0.26	0.27	0.28	0.29	0.30	0.30	0.31	0.31	0.31	0.31
25	0.33	0.35	0.36	0.37	0.38	0.38	0.39	0.40	0.40	0.40
26	0.40	0.42	0.43	0.44	0.45	0.46	0.47	0.48	0.48	0.48
27	0.48	0.50	0.52	0.53	0.54	0.55	0.55	0.56	0.56	0.56
28	0.16	0.57	0.60	0.61	0.62	0.63	0.63	0.64	0.64	0.64
29	0.64	0.66	0.68	0.69	0.71	0.72	0.72	0.73	0.73	0.73
30	0.72	0.74	0.77	0.78	0.79	0.80	0.80	0.81	0.81	0.81

五、结果计算

未经稀释的样液，折光仪读数即为可溶性固形物含量，加水稀释样液的可溶性固形物含量按下列公式计算：

$$x = p \times \frac{m_0 + m_1}{m_0}$$

式中：

x——样品可溶性固形物含量(%)；

p——样液可溶性固形物含量(%)；

m_0——试样质量(g)；

m_1——试样中加入蒸馏水的质量(g)。

常温下蒸馏水按 1 g/mL 计。

六、手提式折光计的使用

使用手提式折光计时，先打开棱镜盖板，用擦镜纸将折光镜擦净，取一滴待测糖液置于折光棱镜上，使溶液均匀涂抹在棱镜表面，合上盖板，将光窗对准光源，调节观测镜筒，使视场内划线清晰可见，视场中明暗分界线相应读数即为糖溶液中糖的质量分数。手提式折光计的测定范围为0～90％，其刻度标准温度为 20℃，若测量时在非标准温度下，则需查附录 3 进行温度校正。

【记录与结果分析】

表 3-2-3　果蔬可溶性固形物含量测定结果

样品名称	次数	读数	可溶性固形物含量/％	平均含量/％
	平行 1			
	平行 2			
	平行 1			
	平行 2			
	平行 1			
	平行 2			
	平行 1			
	平行 2			
计算公式	$x = p \times \frac{m_0 + m_1}{m_0}$			
实验结论				

注：1. 以 2 次平行测定结果的平均值表示，保留 1 位小数。

2. 精密度：在重复性条件下获得的 2 次独立测定结果的最大允许绝对差，未经稀释的试样为 0.5％，稀释过的为 0.5％乘以稀释倍数（即试样和所加蒸馏水的总质量与试样质量的比值）。

[师徒共研]

1. 本实验是测定可溶性固形物含量，那么可溶性固形物含量与糖的含量有什么关系？

可溶性固形物是指液体或流体食品中所有溶解于水的化合物的总称，包括糖、酸、维生素、矿物质等。

但可溶性固形物主要是指可溶性糖类，包括单糖、双糖、多糖（除淀粉外，纤维素、几丁质、半纤维素不溶于水）。总糖主要指具有还原性葡萄糖，果糖，戊糖，乳糖和在测定条件下能水解为还原性的单糖的蔗糖（水解后为 1 分子葡萄糖和 1 分子果糖），麦芽糖（水解后为 2 分子葡萄糖）以及可能部分水解的淀粉（水解后为 2 分子葡萄糖）。

如果样品是比较纯的液体，比如蜂蜜、糖水饮料等，其可溶性固形物就基本可以认为是样品的糖度了。如果样品配料中还有食盐、柠檬酸之类的可溶性物质，那么可溶性固形物的测定值是大于样品的糖分的。

2. 在使用阿贝折光仪的过程中应该注意哪些问题?

（1）在使用阿贝折光仪检测样品前，通常使用蒸馏水校准仪器。在 20℃ 下蒸馏水的折光率需调至 1.332 99。

（2）用滴管将被测液体滴到磨砂棱镜上时，注意滴管的管尖不要接触镜面，以免造成刮痕，影响检测。

（3）每次测定被测液体时，样品不可以加得太多，一般添加 2～3 滴即可。

（4）迅速闭合棱镜后停留几分钟，使样品达到棱镜的温度。

（5）不能用阿贝折光仪检测强酸、强碱、有腐蚀性的液体，以及对棱镜、保温套之间的部分有腐蚀性的液体。

（6）如果被测样品的折光率不在 1.3～1.7 范围内，则不能用阿贝折光仪进行检测，因为看不到明暗分界。

[知识链接]

1. 阿贝折光仪使用原理是怎样的?

光线从一种介质（如空气）投射到另一种介质（如液体）时，除了一部分光线反射回第一种介质外，另一部分进入第二种介质中并且改变它的传播方向，这种现象叫作光的折射（图 3-2-1）。这种现象遵循的定律是：无论入射角怎么改变，入射角的正弦值与折射角的正弦值之比恒等于光在这两种介质中的传播速度之比，该比值就是我们所说的折光率。

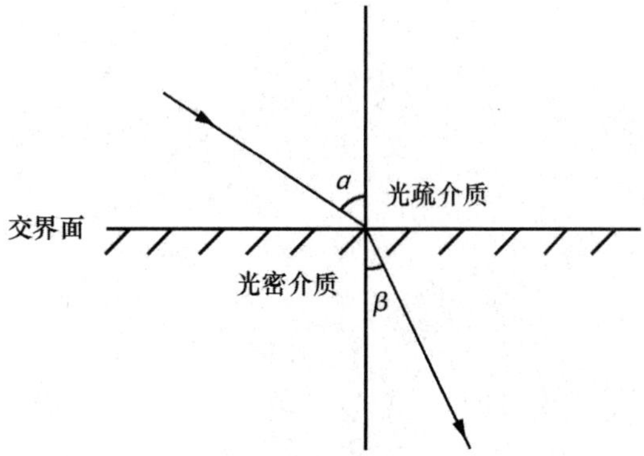

图 3-2-1　光的折射现象

食品中可溶性固形物含量与折光率在一定条件下（同一温度、压力）成正比例，故通过测定食品的折光率，可换算出它的可溶性固形物含量。

2. 阿贝折光仪如何保养和维护？

(1)仪器不能暴露在日光中，应该放在干燥、空气流通和温度适宜的地方，避免仪器的光学零件发霉受潮。

(2)在使用中必须小心谨慎，严格按照使用说明书操作，应避免强烈震动或撞击，防止光学零件震碎或松动而影响检测精度。

(3)被测样品不得含有固体杂质，因为固体杂质可能会使折射镜工作表面产生拉毛或压痕。

(4)仪器使用前后或更换样品时，必须擦洗干净折射棱镜的工作表面。

(5)不得随意拆卸光学零件，如发生故障或者检测精度达不到要求时，应该及时维修。

项目三

黏度测定

知识目标

1. 能够说出什么是液体黏度；
2. 能够正确表述黏度的分类。

技能目标

1. 正确运用旋转黏度计测定液体黏度；
2. 掌握仪器维护的基本方法。

德育目标

1. 培养学生团结协作能力；
2. 培养学生求实认真的工作态度；
3. 培养学生实事求是的职业操守。

黏度即液体黏稠度，它是液体在外力作用下发生流动时，液体分子间所产生的内摩擦力。黏度的大小是判断食品品质的一项重要的物理指数，如啤酒黏度的测定、淀粉黏度的测定分析等。

黏度分为绝对黏度和运动黏度。绝对黏度也叫动力黏度 η，是指液体以 1 cm/s 的流速流动时，在 1 cm^2 液面上所需切向力的大小，以“帕秒”(Pa·s)为单位。运动黏度 ν，也叫动态黏度，它是在相同温度下液体的绝对黏度与其密度的比值，以“平方米每秒”(m^2/s)为单位。黏度测定所用的仪器成为黏度计。

任务　液体黏度测定（旋转黏度计法）

【任务要求】

1. 掌握旋转黏度计的使用方法；
2. 学习和正确理解国标，并按国标要求制定工作流程；
3. 正确选取转子及转速，并正确记录仪器数据。

【参考标准】

本任务依据中华人民共和国国家计量检定规程《旋转黏度计》(JJG 1002—2005)中单圆筒旋转式黏度计使用方法进行。

【任务实施】

旋转黏度计用于测定液态样品的绝对黏度。其测定原理：用同步电动机以一定速度旋转，带动刻度盘随之旋转，通过游丝和转轴带动转子旋转。若转子未受到阻力，则游丝与圆盘同速旋转。若转子受到黏滞阻力，则游丝产生力矩与黏滞阻力抗衡，直到平衡(图 3-3-1)。此时，与游丝相连的指针在刻度盘上指示出一数值，根据这一数值，结合转子号数及转速即可算出被测液体的绝对黏度。

以机械式旋转黏度计为例，其测定方法如下。

(1)用直径大于 7 cm 的烧杯盛装样品并保持恒温，确保不要有气泡，如有必要可使用振动或其他有效方法消除气泡。

(2)选择合适的转子及转速，使读数在最大量程的 20%～90%；黏度小的液体使用小号(粗)转子，黏度大的液体选择大号(细)转子(表 3-3-1)。

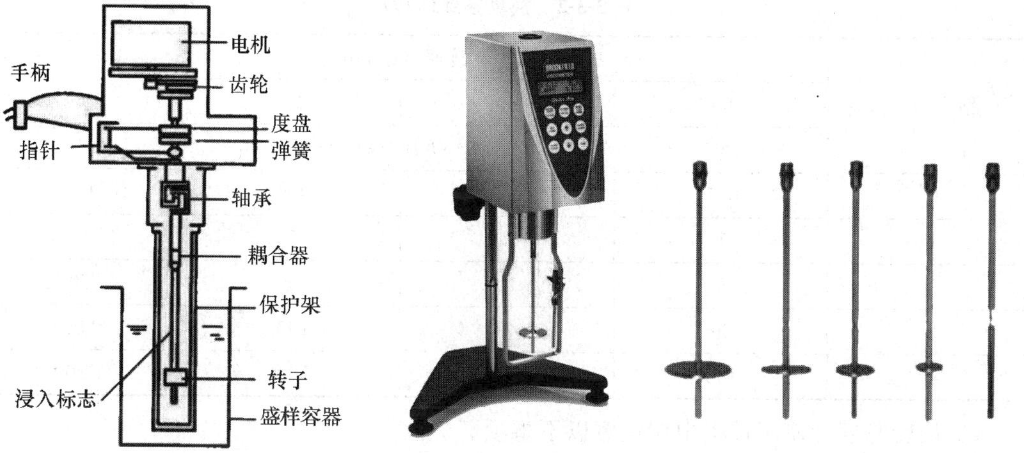

a. 旋转黏度计各组件　　b. 数显式旋转黏度计　　c. 旋转黏度计的转子

图 3-3-1　旋转黏度计

表 3-3-1　不同转子与转速对应量程

钻子型号	转速/(r/min)			
	60	30	12	6
0	10	20	50	100
1	100	200	500	1 000
2	500	1 000	2 500	5 000
3	2 000	4 000	10 000	20 000
4	10 000	20 000	50 000	100 000

(3)调整好转子高度,使转子浸入液体直至液面标志为止,将装好样品的容器放入恒温浴中,确保时间充分以达到规定温度(如 20℃)。

(4)接通电源,启动电机,转子转动,经多次旋转后指针趋于稳定(或按照规定的旋转时间指针达到恒定值),记录稳定读数。

(5)停止电机,等到转子停止后再次开启电机做第二次测定,直到连续两次测定数值相对平均值偏差不大于 3%,结果取两次测定值的平均数。

(6)测定完毕,将转子从仪器上拆下用合适的溶剂小心清洗。

(7)根据指针所指示数值,按下式计算:

$$\eta = ks$$

式中:

η——绝对黏度(Pa·s);

s——圆盘指针指示数值;

k——换算系数(表 3-3-2)。

表 3-3-2 换算系数(*k*)表

钻子型号	转速/(r/min)			
	60	30	12	6
	换算系数			
0	0.1	0.2	0.5	1.0
1	1	2	5	10
2	5	10	25	50
3	20	40	100	200
4	100	200	500	1 000

(8)旋转黏度计使用过程中应注意以下事项。

①安装转子时可用左手固定连接螺杆，避免刻度指针大幅度左右摆动，同时用右手慢慢将转子旋入连接螺杆，注意不要使转子横向受力，以免转子弯曲。

②需选用仪器配备的试筒检测样品，可按此操作：安装转子后，用套筒固定螺丝把固定套筒装于黏度计刻度盘下方，把一定量样品倒入测试筒，然后将装有样品的测试筒垂直向上套入固定套筒，通过螺丝使之与固定套筒相连接，即可进行黏度测定。

③黏度测定量程、系数、转子及转速的选择可按下列方法进行：可先估计被测液体的黏度范围，然后根据量程表选择适当的转子和转速。如不便估算被测液体的黏度，应假定为较高的黏度，试用由小到大的转子和由慢到快的转速，原则是高黏度的液体选用小转子和慢速度，低黏度的液体选用大转子和快转速。

④黏度测定时应保证液体的均匀性，测定前转子应有足够长的时间浸于被测液体中，使其与被测液体温度一致，以获得较精确的数值。

⑤装上“0”号转子后不得在无液体的情况下旋转，以免损坏轴尖。

⑥每次使用完毕应及时清洗转子(注意不得在仪器上进行转子清洗)，并置于转子架中。不得随意拆动调整仪器的零件，不要自行加注润滑油。

【记录与结果分析】

表 3-3-3 黏度测定结果记录

样品来源		检验时间		实验室条件		检验人员	
样品名称	第一次测定值(s_1)	第二次测定值(s_2)	平均值(s)	转子	转速/(r/min)	k 值	精密度	绝对黏度/(Pa·s)

续表 3-3-3

计算公式	$\eta = ks$							
精密度公式								
实验结论								

[师徒共研]

1. 样品液体温度对黏度影响有多大?

实验证明,当温度偏差 0.5℃时,有些液体黏度值偏差超过 5%,温度偏差对黏度影响很大,温度升高,黏度下降。所以要特别注意将被测液体的温度恒定在规定的温度点附近,温度浮动不要超过±0.1℃。

2. 转子浸入液体的深度及气泡对测量结果有何影响?

旋转黏度计对转子浸入液体的深度有严格要求,必须将转子浸入固定标记位置。在转子浸入液体的过程中往往带有气泡,在转子旋转一段时间后大部分气泡会上浮消失,附在转子下部的气泡有时无法消除,气泡的存在会给测量数据带来较大的偏差,所以倾斜缓慢地浸入转子是一个有效的办法。

3. 转子有污物或有较大划痕对结果有影响吗?

有极大影响,会增大测定黏度。测量用的转子要清洁无污物,一般要在测量后及时清洗,特别是测油性样品之后。要注意清洗的方法,可用合适的有机溶剂浸泡,不要用金属刀具等硬刮,因为转子表面有严重的刮痕时会带来测量结果的偏差。

4. 为什么要选择合适转子或调整转速,使示值在 20～90?

该类仪器采用刻度盘加指针方式读数,因其稳定性及读数偏差综合在一起有 0.5 格,如果读数在 5 格附近,引起的相对误差在 10%以上,如果选择合适的转子或转速使读数在 50

格，那么其相对误差可降低到1%，因此要使示值不小于20以避免相对误差过大。如果示值在90格以上，会使游丝产生的扭矩过大，损坏仪器。

[知识链接]

在液态食品黏度测定项目中，还有一种测定黏度的仪器，称为毛细管黏度计。常用的毛细管黏度计见图3-3-2。其毛细管内径有0.8 mm、1.0 mm、1.2 mm、1.5 mm 4种规格。不同的毛细管黏度计有其不同的黏度常数，若无黏度常数时可用已知黏度的纯净的20号或30号机器润滑油标定。

测定时将样品液吸入或倒入毛细管黏度计后，将黏度计垂直置于恒温水浴中，并使黏度计上下刻度的两球全部浸入水浴内。一定时间后用吸球自管口将样液吸起吹下以搅拌样液，然后吸起样液使其充满上球，让样液自由流下，至两球间的上刻度时按下秒表开始计时，待样液继续流下至下刻度时按下秒表停止计时，记录样液流经上、下刻度所需的时间(s)，重复数次取平均值。按下式计算结果：

$$\nu = Ct$$

式中：

ν——运动黏度(m^2/s)；

t——样液流出时间(s)；

C——黏度计常数(m^2/s^2)。

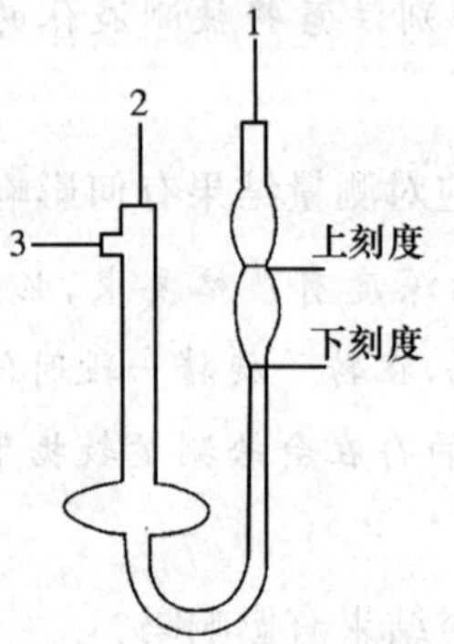

1.吸样口；2.进样口；3.溢流口

图3-3-2　毛细管黏度计

项目四
气体压力测定

知识目标

1. 明确真空测定和 CO_2 含量测定的意义；
2. 了解常用的 CO_2 含量测定仪器。

技能目标

1. 学会使用 CO_2 检压计；
2. 学会正确保养和维护设备。

德育目标

1. 培养学生团结协作能力；
2. 培养学生求实认真的工作态度；
3. 培养学生自我学习能力。

在某些瓶装或罐装食品中，容器内气体的分压常常是产品的重要质量指标。罐装食品的罐内保持一定的真空度，其目的是防止储存时内容物发酵、变色变味以及好气性微生物的生长繁殖，防止罐头杀菌时变形、漏气、爆裂等。不同罐型、不同的内容物、不同的工艺条件，要求达到的真空度不同。如罐头生产中，要求罐头要有一定的真空度，即罐内气体分压与罐外气压差应小于零，为负压。这是罐头产品必须具备的一个质量指标，通常采用真空计进行检测。

瓶装含气饮料，如碳酸饮料、啤酒等，其中的 CO_2 含量是产品的一个重要理化指标。CO_2 是碳酸饮料中不可缺少的成分，亦可用压力计对容器内的气体分压进行测定。

任务 啤酒中 CO_2 含量测定

【任务要求】

1. 掌握检压计使用方法和注意要点；
2. 正确保养和维护测定仪器。

【参考标准】

本任务依据《啤酒分析方法》(GB/T 4928—2008)、《碳酸饮料(汽水)》(GB/T 10792—2008)编写，适用于啤酒和碳酸饮料中 CO_2 含量的测定。本实验以啤酒中 CO_2 含量测定为例。

【任务实施】

啤酒中 CO_2 是酵母发酵产物，它促进泡沫的产生，增加啤酒丰满和清爽的口感，是啤酒质量的重要指标之一，测量方法有基准法和压力法，本任务以压力法为例。

一、实验仪器与试剂准备

CO_2 测定仪(分度值 0.01 MPa)、分析天平(感量 0.1 g)、记号笔。配制 400 g/L NaOH 溶液。

二、仪器调试

(1)放置仪器并接好连接管,活塞和放气阀呈关闭状态,调节穿刺系统高度。

(2)量取 40% NaOH 溶液 400 mL,注入水准瓶。打开吸收管活塞,使液面升至零点时关闭活塞。

三、实验操作

(1)清除穿孔针到吸收管之间通道内的空气　取一过期啤酒穿孔放气。用酒里的气体顶出通道内的空气,而后打开吸收管活塞,放掉废气后关闭活塞。

(2)表压的测定　瓶装样品 25℃水浴 30 min,取出后穿孔,摇动瓶内液体使压力表读数达到最大值。记下读数 P(MPa)。

(3)瓶颈空气体积测定　打开放气阀,当压力表降至零时关闭放气阀。待 CO_2 被 NaOH 溶液充分吸收后从吸收管上读取瓶颈空气的体积 v_2(mL)。

(4)瓶颈空容体积的测定　测定前在瓶壁上用铅笔标记酒的液面,启开瓶盖,倒出样品,用水灌入至瓶顶,然后将标记上部的水注入 100 mL 量筒中,使留在瓶内的水平面正好与预先在瓶颈上所作标记重合,倒出的水体积即为瓶颈空容体积记为 v_1(mL)。

四、计算

$$x=(p-0.101\times\frac{v_2}{v_1})\times 1.40$$

式中:

x——试样中 CO_2 质量分数(%);

p——绝对压力(MPa);

v_2——瓶颈空气体积(mL);

v_1——瓶颈空容(听顶空容)体积(mL);

1.40——25℃、1 MPa 压力时,100 g 试样中溶解的 CO_2 的量(g)。

【记录与结果分析】

表 3-4-1　啤酒 CO_2 含量测定结果

样品名称	次数	读数	CO_2 质量分数/%	平均含量/%
	平行 1			
	平行 2			
	平行 1			
	平行 2			
	平行 1			
	平行 2			
	平行 1			
	平行 2			
计算公式	$x=(p-0.101\times\frac{v_2}{v_1})\times1.40$			
实验结论				

注：1. 所有结果表示至 2 位小数；

2. 精密度：在重复性条件下获得的 2 次独立测定结果的绝对差值不得超过算术平均值的 5%。

[师徒共研]

如何对 CO_2 测定仪进行保养和维护？

(1) NaOH 溶液有腐蚀性，操作时注意乳胶管不要从管接头上滑脱。

(2) 吸收管活塞应该经常清洗并涂上凡士林，防止活塞堵死。

(3) 当 NaOH 溶液吸收 CO_2 气体缓慢时，须更换新液。

(4) 仪器较长时间不用时，应将仪器中的 NaOH 溶液倒出，而后向水准瓶内注入自来水，打开吸收管活塞和穿孔装置放气阀，进行清洗，防止仪器腐蚀。

[知识链接]

压力计测定法的原理是什么？

根据亨利定律，在 25℃ 时用 CO_2 压力测定仪测出试样的总压、瓶颈空气体积和瓶颈空容体积，然后计算出啤酒中 CO_2 的含量。

项目五

色度和浊度测定

知识目标

1. 能够说出色度检验的原理；
2. 能够正确表述浊度检验的意义。

技能目标

1. 根据标准配制色度、浊度的检验所需的溶液；
2. 正确使用色度和浊度检验设备；
3. 正确读取仪器数据得到检验结果，并正确对检验结果进行取舍和评价。

德育目标

1. 培养学生食品质量安全意识；
2. 培养学生严谨认真的工作态度；
3. 培养学生实事求是的职业操守。

色度计是指通过与合成颜料比较来测量或详细说明颜色的一种实验仪器。典型的色度计有一个标准光源、三个彩色的滤光镜、光电管、一个标准的反光面板，比较先进的色度计会以光电管和电子电路代替人眼作为接收器，从而加快了结果的获得。色度计检测的结果称为色度。

浊度计是测定水或水溶液浊度的装置。有散射光式、透射光式和透射散射光式等，通称光学式浊度计。其原理为，当光线照射到液面上，入射光强度、透射光强度、散射光强度相互之间比值和水样浊度之间存在一定的相关关系，通过测定透射光强度、散射光强度和入射光强度或透射光强度和散射光强度的比值来测定水样或水溶液的浊度。

任务一 色度测定

【任务要求】

1. 学会使用色度计；
2. 学习和正确理解标准，并按要求制定工作流程；
3. 正确记录实验结果。

【参考标准】

本任务参考《色度测定法》(SB/T 10323—1999)，适用于酿造酱油半成品、副产品的色度检测。

【任务实施】

一、实验设备准备

圆底烧瓶(500 mL)、容量瓶(100 mL，500 mL)、移液管(5 mL)、刻度吸管(2 mL，5 mL，10 mL)、比色管(100 mL)、油浴锅、分析天平(感量 0.1 mg)。

二、试剂

分析纯蔗糖、分析纯氨水、分析纯苯酚、分析纯碘、分析纯碘化钾。

三、标准曲线的绘制

精确称取碘 1.000 0 g，称取碘化钾 2 g，先将碘化钾盛于烧杯内，加入少量蒸馏水溶解，再倾入精确称取的碘中，用玻璃棒轻轻搅拌，使碘全部溶解后移入 100 mL 容量瓶内，以蒸馏水稀释至刻度，摇匀，即成 1%碘液。再按表 3-5-1 进一步稀释成 100 mL 各种色度的标准色液（每个稀释液都须加 4 g 碘化钾）。

加入 4 mL 1% 碘液，再加入 4 g 碘化钾，用蒸馏水稀释至 100 mL，此稀释液的色度值定义为 1.1°，8 mL、12 mL、16 mL 1%碘液稀释液的色度分别为 2.1°、3.0°、4.0°。将表中含不同量的 1%碘液的稀释液进行光电比色计比色（581-G 型光电比色计用 50＃滤色片；分光光度计波长为 520 nm）。根据色度（即碘液的不同稀释浓度）与消光度的关系，以色度为纵坐标、消光度为横坐标绘制成标准曲线。

表 3-5-1　色度与 1%碘液对照表（20℃）

色度值/(°)	1%碘液/mL	碘化钾/g	稀释溶液体积/mL
1.1	4	4	100
2.1	8	4	100
3.0	12	4	100
4.0	16	4	100

四、标准色的配制

称取蔗糖 100 g，置于圆底烧瓶内，放在 200℃油浴中，10 min 左右待糖溶化后，逐步滴入氨水（1∶1）8 mL。等几分钟后，再滴入氨水（1∶1）4 mL，氨水滴入后注意泡沫上升（如溢入油浴中会发生危险），总共反应 30 min 后即成焦糖色。冷却后移入 500 mL 容量瓶内。用热蒸馏水冲洗容器，洗液也并入容量瓶中。冷却至 20℃后加蒸馏水稀释至500 mL，摇匀。为了防止变质，须加苯酚 2 mL。吸取 2 mL 或 3 mL 上述的焦糖色，置于 100 mL 容量瓶内，再以蒸馏水稀释至刻度。用滤纸过滤，弃去初滤液 20 mL 左右。收集后面的滤液在光电比色计中进行校正：比较 2 mL 或 3 mL 焦糖色稀释后滤液（即色度为 2.1 或 3.0）的消光度与上述标准曲线，即 8 mL 或 12 mL 1%碘液稀释液的消光度是否符合。如有差异，应添加水或加未稀释的焦糖色进行调整，直至该焦糖色稀释液的消光度与标准曲线相符为止，此即标准色。

五、操作方法

吸取经离心的样品 5 mL，置入 100 mL 比色管中，以蒸馏水稀释至 10 mL。在另一比色管中加入蒸馏水 95 mL，由滴定管滴入标准色液，随滴随搅拌，至色度与样品比色管色度基本相仿时，再加水至刻度，再滴入标准色液 1～2 滴，至两管色度相同为止。读取滴定管中耗用标准色液的体积，即为样品的色度（如耗用 3.1 mL，即为 3.1°）。

【记录与结果分析】

色度检验记录见表 3-5-2。

表 3-5-2　色度检验记录

样品来源		检验时间	实验室条件	检验人员	
样品名称	取样体积/mL	标准色液耗用量/mL	色度/°	精密度	平均色度/°
精密度公式					
实验结论					

[师徒共研]

1. 色度测量可用于哪些样品的检测？

色度测量常用于水质检测、液体无机化工产品、化学试剂、酿造酱油半成品等检测。

2. 对酱油样品目测比色时应注意哪些事项？

目测比色时，由于标准色澄清、杂质少，色泽与酱油样品稍有差异，应以观察到红色色度相近作为终点。

3. 本实验为何要采用油浴锅？

在常压下，水的沸点 100℃，所以水浴锅最高可以提供 100℃的温度，而油的沸点可达 200℃以上，实验需要 200℃的稳定反应温度，因此采用油浴锅。

4. 绘制标准曲线时，配制碘液的过程中为何要加入碘化钾？

I_2在水中的溶解性太差，配成的溶液溶度太低，而加入 KI 后，发生反应：$I^- + I_2 \rightleftharpoons I_3^-$，$I_3^-$可以看成是$I^- \cdot I_2$，兼有$I^-$和$I_2$的性质，既不会影响$I_2$的性质，又大幅增加了$I_2$的溶解度。

[知识链接]

色度的测量方法

色度测量方法主要有 2 种。

第一种方法是利用光电色度计测色。光电色度计在原理上非常类似于密度计，其外观、操作方法及价格也跟密度计相近。光电色度计能显示物体色的三刺激值 $x(\lambda)$、$y(\lambda)$、$z(\lambda)$，大多数还能把三刺激值转换成为匀色空间标度。

第二种方法是利用分光光度计测色。正像三滤色片光电色度计可看成是一个专门的反射率测量仪器，分光光度计也可以这样看，但它与光电色度计不同，分光光度计测量的是一个物体的整个可见反射光谱，分光光度计是在可见光谱域逐点测量。根据分光光度计的测量数值可以计算吸光光度值和色度值。

任务二　浊度测定

【任务要求】

1. 正确使用浊度计；
2. 学习和正确理解标准，并按要求制定工作流程；
3. 正确记录实验结果。

【参考标准】

本任务参考《出口葡萄酒浊度的测定　散射光法》(SN/T 4675.26—2016)。

【任务实施】

浊度是液体中的悬浮物质对光线透过时产生的阻碍程度。本实验以福尔马肼作为浊度标准溶液，用散射光原理的浊度计测定葡萄酒样品的浊度，结果以 NTU（散射式浊度单位）表示。

一、实验设备准备

散射光浊度计：浊度计应配有 620 nm 波长下测量的干扰过滤装置，如果光源是红外线则不需要，装置由杂散光造成的误差不能大于 0.01 NTU；仪器配套样品池（含盖）：直径为 25 mm，高度为 95 mm；恒温水浴锅（20±5）℃；具塞锥形瓶（250 mL）。

二、试剂及配制

所用试剂除特殊说明均为分析纯，水为符合 GB/T 6682 的二级水。

（1）零浊度水　选用孔径为 0.1 μm（或 0.2 μm）的微孔滤膜过滤 GB/T 6682 中规定的二级水，反复过滤两次以上，所获的滤液即为零浊度水。将该水储存于清洁的、并用该水冲洗后的玻璃瓶中。

（2）硫酸肼溶液（10 g/L）　称取 1.00 g 硫酸肼，用零浊度水溶解并定容至 100 mL。

（3）六次甲基四胺溶液（100 g/L）的配制　称取 10.00 g 六次甲基四胺，用零浊度水溶解并定容至 100 mL。

（4）福尔马肼储备液的配制　分别量取 5 mL 硫酸肼溶液和 5 mL 六次甲基四胺溶液，用（25±3）℃恒温 24 h 的零浊度水稀释至 100 mL，得到福尔马肼标准储备液，该标准溶液浊度值为 400 NTU，该标准溶液可以在室温下避光储存 4 周。

（5）福尔马肼工作液的配制　分别吸取福尔马肼储备液 0 mL、5 mL、25 mL 和 50 mL 于 4 个 100 mL 的容量瓶中，用零浊度水稀释至刻度，摇匀，该标准浊度液分别为＜0.1 NTU、20 NTU、100 NTU、200 NTU。

三、仪器调试和校准

按浊度计使用说明书进行仪器的清洁和调试；用上述福尔马肼标准溶液校正浊度计，保存校准曲线。

四、样品前处理

将样品置于（20±5）℃的恒温水浴锅 10～20 min 摇匀待测。摇匀时应避免剧烈震动，否则会引起乳化现象。

起泡葡萄酒应事先脱气，将 100 mL 试样倒入带排气塞的瓶中，在室温下使用水平振荡器或超声波水浴脱气，直至无气泡逸出。

五、测定

用少量恒温、脱气后的样品润湿样品池 2～3 次后，将样品缓慢注入样品池中，操作时应避免气泡产生。将样品池放入仪器中，静置 2～3 min，待示数稳定后读取浊度值。

样品的浊度值由浊度计示数直接读出，单位为 NTU。葡萄酒浊度值记录的数据精确度如下：如果浊度小于 1 NTU，则保留到0.01 NTU；如果浊度在 1～10 NTU，则保留到 0.1 NTU；如果浊度在 10～100 NTU，则保留到 1 NTU。

【记录与结果分析】

表 3-5-3 浊度检验结果记录

样品来源	检验时间	实验室条件	检验人员
样品名称	浊度/NTU	精密度	平均浊度/NTU
精密度公式			
实验结论			

[师徒共研]

1. 浊度检测对水有什么要求？

本实验用水应为 GB 6682 中的二级水。二级水可用多次蒸馏或离子交换等方法制取。

2. 硫酸肼如何安全使用？

硫酸肼有毒，可能致癌，实验时应做好安全防护，操作要在通风橱内进行。

3. 浊度产生的原因有哪些？

浊度是指水中悬浮物对光线透过时所发生的阻碍程度。水中的悬浮物一般是泥土、沙粒、微细的有机物和无机物、浮游生物、微生物和胶体物质等。

4. 浊度产生的原因是什么？单位是什么？

FTU，浊度，即水的混浊程度，由水中含有微量不溶性悬浮物质，胶体物质所致，ISO 标准所用的测量单位为 FTU（浊度单位），FTU 与 NTU（浊度测定单位）一致。制酒行业用 EBC 单位，1 FTU＝4 EBC。

5. 浊度标准溶液的溶质是什么？

将一定量的硫酸肼与六次甲基胺聚合，生成白色高分子聚合物，以此作为浊度标准溶液，在一定条件下与水样浊度比较。

6. 色度和浊度的区别是什么？

色度是由于水中的溶解物质引起的，而浊度则是由不溶解的物质引起的。

[知识链接]

浊度的测定方法

测定浊度的方法目前主要有目视比浊法、分光光度计法和浊度计法（散射法）。

1. 目视比浊法

将水样与硅藻土（或白陶土）配制的标准浊度溶液进行比较，以确定水样的浊度。规定 1 L 蒸馏水中含有 1 mg 一定粒度的硅藻土所产生的浊度为 1°。测定时用硅藻土（或白陶土）经过处理后，配制成浊度标准原液。将浊度标准原液逐级稀释为一系列浊度标准液，取待测水样进行目视比浊，与水样产生视觉效果相近的标准溶液的浊度即为水样的浊度。该测定方法测定的水样浊度单位是 JTU。

目视比浊法适用于饮用水和水源水等低浊度水，最低检测浊度为 1°。

图 3-5-1　目视比浊法示意图(JTU)

2. 分光光度法

在适当温度下，一定的硫酸肼与六次甲基四胺聚合，生成白色高分子聚合物，以此作参比浊度标准液，在一定条件下与水样浊度比较。规定 1 L 溶液中含有 0.1 mg 硫酸肼和1 mg 六次甲基四胺为 1°。

测定时将硫酸肼和六次甲基四胺配成的浊度标准贮备液逐级稀释成系列浊度标准液，在仪器上测定浊度值。例如：

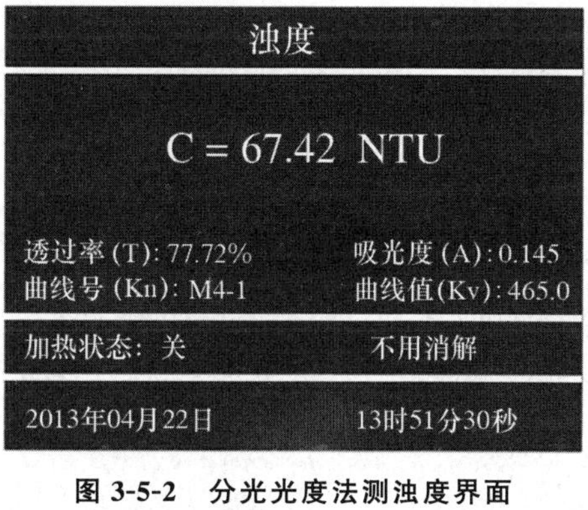

图 3-5-2　分光光度法测浊度界面

分光光度法适用于测定天然水、饮用水和高浊度水，最低检测浊度为 3°。所测得浊度单位 NTU。

3. 浊度计法

浊度计是应用光的散射原理制成的(图 3-5-3)。在一定条件下，将水样的散射光强度与相同条件下的标准参比悬浮液(硫酸肼与六次甲基四胺聚合，生成的白色高分子聚合物)的散射光强度相比较，即得水样或水溶液的浊度。浊度仪要定期用标准浊度溶液进行校正。用浊度法测得的浊度单位是 NTU。目前，普遍用的测量浊度的仪器为散射浊度仪，它可以实现水样浊度的在线监测。

a.浊度计　　　　b.样品瓶

图 3-5-3　浊度计及样品瓶

项目六
稻麦加工品质检验

知识目标

1. 能够说出稻麦加工品质检验的意义；
2. 能够正确表述稻麦加工品质的影响指标。

技能目标

1. 根据不同样品选择相应的水分含量检测方法，并依据相应标准正确进行扦样、样品制备、样品处理等操作；
2. 正确使用稻麦加工品质检验试样准备的设备和工具；
3. 根据称量结果正确计算各项指标，并正确对检测结果进行取舍和评价。

德育目标

1. 培养学生食品质量安全意识；
2. 培养学生求实认真的工作态度；
3. 培养学生实事求是的职业操守。

任务一 稻米加工品质检验

任务一　稻米加工品质检验

任务二 小麦加工品质检验（一）——容重检测

任务二　小麦加工品质检验(一)
——容重检测

任务三 小麦加工品质检验（二）——硬度检测

任务三　小麦加工品质检验(二)——硬度检测

任务四 小麦加工品质检验（三）——出粉率检测

任务四　小麦加工品质检验(三)——出粉率检测

项目七
面筋含量检验

知识目标

1. 能够说出小麦粉面筋含量的表示方法；
2. 能够正确表述面筋的意义。

技能目标

1. 掌握测定小麦粉面筋含量的基本操作技能；
2. 掌握测定小麦粉面筋含量的计算方法。

德育目标

1. 培养学生团结协作能力；
2. 培养学生求实认真的工作态度；
3. 培养学生实事求是的职业操守。

小麦粉的面筋含量和面筋指数是衡量小麦粉质量的重要指标，面粉筋性大小主要由面筋蛋白的数量和质量所决定。面粉必须要有筋性，如果没有筋性的话，那么就没有面制品的框架结构，就不会使面制品具有良好的形状和内部组织。不同面食对面粉筋性具有不同的要求，比如面包要求高筋粉；馒头、花卷、饺子需要中筋粉；蛋糕、饼干需要低筋粉。

面筋含量还是小麦粉营养和食味品质的主要指标，是小麦粉原粮品质的评定依据，同时面筋的含量也是小麦粉国家标准的限制项目，是面点食品工艺参数，是评价储藏品质及技术水平的依据之一。

任务　面筋含量检验

【任务要求】

1. 掌握面筋含量的测定方法；
2. 学习和正确理解国标，并按国标要求制定工作流程。

【参考标准】

本任务主要参考《小麦和小麦粉面筋含量》(GB/T 5506—2008)第1部分：手洗法测定湿面筋；第2部分：仪器法测定湿面筋；第3部分：烘箱干燥法测定干面筋；第4部分：快速干燥法测定干面筋。

【任务实施】

测定的项目有湿面筋含量、干面筋含量、面筋吸水量和面筋指数4个指标。

小麦粉湿面筋：小麦粉用水或氯化钠缓冲溶液制成面团后，用水或氯化钠缓冲溶液洗涤面团，分离出面团中淀粉、糖、纤维素及可溶性物质等，再除去多余的洗涤液，剩余的胶状物质即为湿面筋。

湿面筋含量：以含水量为14%的小麦粉含有湿面筋的百分数表示。

干面筋含量：以含水量为14%的小麦粉含有干面筋的百分数表示。

面筋吸水量：以每百克干面筋含水分的质量(g)表示，或以百分含量表示。

面筋指数：湿面筋在离心力作用下保留在筛板上的面筋质量占全部面筋质量的百分率。

一、实验设备

天平(感量0.01 g);量筒(10 mL或20 mL);烧杯(100 mL);小搪瓷碗;玻璃棒或牛角勺;脸盆或大玻璃缸;直径10 mm的圆孔筛或装有CQ20筛绢的筛子;9 cm×16 cm玻璃板2块,厚度为3~5 mm,周围粘贴厚度约0.4 mm的白胶布条;表面皿;滤纸;电烘箱;盐水洗涤装置采用带下口的5 L磨口瓶;烘干炉,内装有2块涂有聚四氟乙烯层的夹板,可控温(150±2)℃;米尺。

二、试剂及配制

(1)20 g/L氯化钠溶液　将20 g氯化钠(NaCl)溶解于水中,配置成10 L溶液。

(2)碘化钾/碘溶液　将2.54 g碘化钾(KI)溶解于水中,加1.27 g碘(I_2),溶解后定容至100 mL。

三、湿面筋含量测定

1. 洗面筋洗涤仪法

(1)仪器准备及调整　调整制备面团的混合时间为20 s,洗涤时间为5 min。将洗涤器清洗干净,垫上筛网,用少许氯化钠缓冲溶液润湿筛网,放好接液杯。

(2)称样及制备面团　称取(10.00±0.2) g小麦粉样品于洗涤器中,加入4.6~5.2 mL氯化钠缓冲溶液,将洗涤器放置仪器固定位置上,启动仪器,搅拌20 s和成面团后自动进行洗涤。

(3)测定全麦粉或面筋质量差的小麦粉(指按上述操作难以成块的小麦粉)。称样(10.00±0.1) g置于小搪瓷碗中,加入约4.5 mL氯化钠缓冲溶液,用小牛角匙或玻璃棒和成面团球,将面团球置于毛玻璃板上,用手将面团滚成7~8 cm长条,再叠拢,再滚成长条,重复5次,然后将面团揉成球状放入洗涤器,启动仪器进行洗涤。

(3)洗涤　仪器自动按50~54 mL/min的流量用氯化钠缓冲溶液洗涤5 min,自动停机,卸下洗涤器,取出面筋。需要250~280 mL溶液。

将上述洗出的面筋再用手在自来水流下洗涤2 min以上,洗涤全麦粉面筋需要适当延长时间。洗涤后用碘液检查至面筋挤出水近乎无色时,洗涤即可结束。

(4)清洗仪器　每天实验结束后,必须用蒸馏水洗涤仪器。

2. 手洗面筋法

称取(10.00±0.01) g小麦粉样品(按含水量14%换算,记为m_1)于小搪瓷碗中,加入4.6~5.2 mL氯化钠缓冲溶液,用牛角匙或玻璃棒和成面团球,将面团球置毛玻璃板上,用手将面团滚成 7～8 cm 长条，再叠拢，再滚成长条，重复 5 次，然后将面团揉成球状。

(1)洗涤　将面团放在手心中，将氯化钠缓冲溶液滴入面团，以每分钟约 50 mL 流量洗涤 8 min，洗涤过程中不断用另一只手指压挤面团，反复压平、卷叠滚团。洗涤时为防止面团及碎面损失，操作应在带筛绢的筛上进行，用氯化钠缓冲溶液洗涤后，再用自来水揉洗 2 min 以上(测定全麦面粉面筋须适当延长时间)，至面筋挤出液用碘液检查无颜色变化时，洗涤即可结束。

(2)排水

①离心排水：将洗出的面筋球分成两半，分别置于离心机的两个筛网上，离心脱去表面附着水。

②挤压排水：如没有离心机，可用挤压板排水，将洗出的面筋球放在挤压板上，压上另一块挤压板压挤面筋约 5 s，每挤压一次后取下一块挤压板用干纱布擦干，再挤压，再擦干，重复挤压 15 次。

(3)湿面筋称量　用镊子取出离心排水或挤压排水后的面筋，称量湿面筋的质量(若测定面筋指数，要分别将离心排水筛网上、下的面筋刮下，分别称量)，精确到 0.01 g，记为 m_2。

3. 结果计算

湿面筋含量以含水量为 14%的小麦粉中含有湿面筋的质量分数表示。

$$G_{wet} = \frac{m_2}{m_1} \times 100\%$$

式中：

G_{wet}——试样中湿面筋含量(%)；

m_1——测试样品量(g)；

m_2——湿面筋质量(g)。

同一试样进行 2 次测定。2 次测定结果之差不应超过 1.0%，平均值即为测定结果，取小数点后 1 位数。

四、面筋指数测定

湿面筋在离心力作用下保留在筛板上的面筋质量与全部面筋质量的百分率称为面筋指数。它用来表示面筋的质量，与面筋筋力强弱成正比。

1. 测定

用刮片分别将离心机离心脱水后筛板上、下的面筋刮下，分别称量。

2. 结果计算

$$面筋指数 = \frac{m_3}{m_4} \times 100\%$$

式中：

m_3——通过筛板面筋的质量(g)；

m_4——离心后面筋的总质量(g)。

同一试样样品进行 2 次测定。测定结果在 70 以下的，允许差值不超过 15；测定结果在 70～100 的，允许差值不超过 11。以平均值作为测定结果，取整数。

五、干面筋含量测定

干燥并称量按照国标要求的条件下获得的湿面筋。

1. 烘干、称量

滤纸法：将湿面筋放在已烘干称量(准确至 0.01 g)的滤纸上，并摊成薄片状，然后放入电烘箱内 130℃烘 30 min，取出置于干燥器内冷却至室温，称量，精确至 0.01 g。总质量减去纸的质量即为干面筋的质量。

烘干炉法：烘干炉预热 10 min，将湿面筋球放在烘干炉的夹板中，盖紧，烘干 4 min，取出置于干燥器冷却至室温，称量，精确至 0.01 g。

2. 结果计算

干面筋含量以含水量为 14%的小麦粉含有干面筋的质量分数表示。

$$干面筋含量 = \frac{m_{干}}{m_1} \times 100\%$$

式中：

$m_{干}$——干面筋的质量(g)；

m_1——换算为 14%含水量的样品的质量。

同一试样样品进行 2 次测定，测定结果之差不超过 0.5%，以平均值作为测定结果，取小数点后 1 位数。

六、面筋吸水量计算

面筋吸水量以面筋含有水分的百分含量表示。

$$面筋吸水量 = \frac{m_{湿} - m_{干}}{m_{干}} \times 100\%$$

式中：

$m_{湿}$——湿面筋的质量(g)；

$m_{干}$——干面筋的质量(g)；

实验结果之差不超过 0.5%，求其平均数，取小数点后 1 位数。

【记录与结果分析】

面筋含量检验记录表见表 3-7-1。

表 3-7-1　面筋含量检验记录

<table>
<tr><td>样品来源</td><td colspan="2">检验时间</td><td>实验室条件</td><td>检验人员</td></tr>
<tr><td></td><td colspan="2"></td><td></td><td></td></tr>
<tr><td colspan="5">湿面筋含量测定</td></tr>
<tr><td>样品名称</td><td>m_1/%</td><td>m_2/g</td><td>精密度</td><td>平均湿面筋含量/%</td></tr>
<tr><td rowspan="2"></td><td></td><td></td><td rowspan="2"></td><td rowspan="2"></td></tr>
<tr><td></td><td></td></tr>
<tr><td rowspan="2"></td><td></td><td></td><td rowspan="2"></td><td rowspan="2"></td></tr>
<tr><td></td><td></td></tr>
<tr><td>计算公式</td><td colspan="4">湿面筋含量 $= \frac{m_2}{m_1} \times 100\%$</td></tr>
<tr><td>精密度公式</td><td colspan="4"></td></tr>
<tr><td colspan="5">面筋指数测定</td></tr>
<tr><td>样品名称</td><td>m_3/g</td><td>m_4/g</td><td>精密度</td><td>平均面筋指数/%</td></tr>
<tr><td rowspan="2"></td><td></td><td></td><td rowspan="2"></td><td rowspan="2"></td></tr>
<tr><td></td><td></td></tr>
<tr><td rowspan="2"></td><td></td><td></td><td rowspan="2"></td><td rowspan="2"></td></tr>
<tr><td></td><td></td></tr>
<tr><td>计算公式</td><td colspan="4">面筋指数 $= \frac{m_3}{m_4} \times 100\%$</td></tr>
<tr><td>精密度公式</td><td colspan="4"></td></tr>
<tr><td colspan="5">干面筋含量测定</td></tr>
<tr><td>样品名称</td><td>m_1/g</td><td>$m_{干}$/g</td><td>精密度</td><td>平均干面筋含量/%</td></tr>
<tr><td rowspan="2"></td><td></td><td></td><td rowspan="2"></td><td rowspan="2"></td></tr>
<tr><td></td><td></td></tr>
<tr><td rowspan="2"></td><td></td><td></td><td rowspan="2"></td><td rowspan="2"></td></tr>
<tr><td></td><td></td></tr>
<tr><td>计算公式</td><td colspan="4">干面筋含量 $= \frac{m_{干}}{m_1} \times 100\%$</td></tr>
<tr><td>精密度公式</td><td colspan="4"></td></tr>
</table>

续表 3-7-1

面筋吸水量计算				
样品名称	$m_{湿}$/g	$m_{干}$/g	精密度	平均面筋吸水量/%
计算公式	面筋吸水量 $=\frac{m_{湿}-m_{干}}{m_{干}}\times 100\%$			
精密度公式				
实验结论				

[师徒共研]

1. 面筋测定中，用面筋指数作为判断指标有何优点？

传统面筋测定方法是手洗法。面筋品质凭感觉判断，没有具体的数字指标。该方法误差大，操作烦琐，实用性不强，而面筋指数法能较完全地反映面筋数量和质量，而且测定时间短，误差极小。

2. 小麦粉的粗细度对面筋含量测定有无影响？

有，不同粗细的面粉的作用也是不同的，面粉的粗细度对面筋品质的影响也非常大，一般情况，面粉粒度越粗、麸星越大，则面筋含量也越多，面粉色泽差；面粉粒度越细、麸星越小而少，则面筋含量越少，面粉白且有亮度。

3. 面筋指数测定仪由哪些部分构成？

面筋指数的测定可以使用面筋数量和质量测定仪进行。该仪器由双头面筋洗涤仪、离心仪和烘干仪组成。采用面筋指数测定仪不仅可测面粉面筋指数，而且可测全麦粉的面筋指标。它的工作原理是：取 10 g 小麦粉或全麦粉加 5 mL 盐水，在带有筛网的洗涤杯中混合 20 s 形成面团，然后用盐水洗涤 5 min，就可以得到面筋。在离心作用下，就可计算出湿面筋含量及面筋指数。

[知识链接]

1. 面筋颜色、气味、弹性和延展性的鉴定

(1)面筋的颜色、气味鉴定　湿面筋颜色有淡灰色、深灰色等，以淡灰色为好，煮熟的面筋为灰白色，品质正常的面筋略有小麦粉味；

(2) 面筋的弹性和延伸性鉴别

①湿面筋的弹性　指面筋被拉伸或按压后恢复到初始状态的能力。弹性分为：强、中、弱 3 类。强弹性面筋不粘手，恢复能力强；弱弹性面筋粘手，几乎无弹性，易断碎。

②湿面筋的延展性　指面筋被拉伸时所表现的延伸能力。其测定方法如下：称取湿面筋 4 g，在 20～30℃清水中静置 15 min，取出后搓成 5 cm 长条，用双手的食指、中指和拇指拿住面筋两端，左手放在米尺零点处，右手延米尺拉伸面筋至断裂为止。记录断裂时面筋拉伸的长度，长度在 15 cm 以上为延伸性好，8～15 cm 为延伸性中等，8 cm 以下为延伸性差。洗后面筋的延伸长度与静置时间长短有密切关系，静置时间长，延伸长度随之增加。

按照弹性和延展性，面筋可分为 3 等：

上等面筋　弹性强，延伸性好或中等。

中等面筋　弹性强，延伸性差或弹性中等而延伸性好。

下等面筋　无弹性，拉伸时易断裂或不易黏聚。

2. 面筋的主要成分

面筋的主要成分是蛋白质，其中麦胶蛋白和麦谷蛋白占蛋白质总量的 82% 左右，此外还含有少量的淀粉、脂肪、糖类、纤维素、灰分等。小麦粉面筋的化学成分见表 3-7-2。

表 3-7-2　小麦粉面筋的化学成分

化学成分	麦胶蛋白	麦谷蛋白	其他蛋白质	淀粉	脂肪	糖类	灰分
含量/%	43.02	39.01	4.40	6.45	2.80	2.13	2.00

从胶体化学的角度，可以把面筋的形成看作是蛋白质胶体（干胶）有限溶胀（胀润）的过程；而从分子角度则是在搅拌过程中，促进了麦胶蛋白和麦谷蛋白的相互作用，形成了面筋的网状结构。构成面筋的麦胶蛋白和麦谷蛋白对面团物性的贡献不同。

(1)麦胶蛋白　麦胶蛋白不溶于水、乙醚和无机盐，溶于 60%～70% 的乙醇。湿的麦胶蛋白黏力极强，富有延伸性，加入少量食盐则黏力增大，但过量时黏力降低。

(2)麦谷蛋白　麦谷蛋白不溶于水、乙醇和无机盐，溶于稀酸和稀碱溶液。湿的麦谷蛋白凝结力甚强，但无黏力。

麦胶蛋白和麦谷蛋白之所以能形成面筋，是由于它们都不溶于水，但吸水能力很强，吸水后发生膨胀，分子相互黏结，最后在面团中形成网络状凝胶物质的结果。

不仅如此，蛋白质分子间的相互作用，即麦胶蛋白和麦谷蛋白的氢键疏水键等次级键的

缔合对面筋蛋白质的结构和面团的特性起着不可忽视的作用，同时，还应注意到戊聚糖与蛋白质、脂质与蛋白质的相互作用。小麦粉加水调制的面团是以面筋为中心的网状结构，淀粉、脂质等被包围在面筋络中，形成稳定的薄层状网络，使面团具有持气性，能够保住发酵过程中产生的二氧化碳在面团内形成微细气泡。无论从宏观分子形态上，还是从微观化学键的形成来看，都可得出相同的结论，即构成面筋的麦胶蛋白和麦谷蛋白对面团物性的贡献不同，因此，要想得到合适的面团物性，麦胶蛋白和麦谷蛋白就必须有适当的比例，测定面筋含量因而成为重要的质量检测手段。

3. 面筋含量与面粉等级的关系

面筋含量是面粉等级划分的重要指标之一，国外根据湿面筋含量将小麦面粉分为 4 个等级：大于 30％为高筋粉，26％～30％为中筋粉，20％～25％为中下筋粉，小于 20％为低筋粉。

在我国一般将面粉分为高筋粉、中筋粉和低筋粉，其中蛋白质和湿面筋含量如表 3-7-3 所列。

表 3-7-3　小麦粉类型对应蛋白质和湿面筋含量

分类	用途	蛋白质含量/％	湿面筋/％
高筋粉	面包	≥12.2	30 以上
中筋粉	面条、点心	10～12	24～30
低筋粉	点心、菜肴	≤10	24 以下

项目八
淀粉含量测定（旋光法）

知识目标

1. 能够说出旋光仪在分析检验中的应用；
2. 能够正确表述旋光性在分析检验中的意义。

技能目标

1. 掌握测定旋光仪的结构和工作原理；
2. 掌握用旋光仪测定具有旋光性物质的含量的方法。

德育目标

1. 培养学生团结协作能力；
2. 培养学生求实认真的工作态度；
3. 培养学生实事求是的职业操守。

旋光仪是测定物质旋光度的仪器。通过对旋光性样品旋光度的测量，可以分析确定物质的含量及纯度等，广泛应用于制药、制糖、食品等工业生产，以及科研、教学部门用于化验分析或过程质量控制。

旋光仪可以测定葡萄糖淀粉含量，因为多数糖分子中都含有不对称碳原子，其溶液都具有旋光性，而旋光度又与溶液中糖的浓度有相关性，因此，在一定条件下用旋光仪测定一定浓度糖溶液的旋光性，可以计算溶液中糖的含量。

任务 旋光法测定淀粉含量

【任务要求】

1. 掌握用旋光仪测定淀粉含量的方法；
2. 学习和正确理解国标，并按国标要求制定工作流程。

【参考标准】

本任务参考《原淀粉　淀粉含量的测定　旋光法》(GB/T 20378—2006)，本标准规定了用旋光法测定原淀粉中淀粉含量的方法。本标准不适用于直链淀粉含量高的原淀粉、变性淀粉和预糊化(冷水可溶)淀粉中淀粉含量的测定。

【任务实施】

一、实验设备准备

不同种类小麦粉、旋光计、温度计、20 W 钠光灯、0.5 mm 孔径的标准筛，电烘箱，水浴锅，分析天平，容量瓶。

二、试剂及配制

0.309 mol/L 稀盐酸、7.7 mol/L 稀盐酸、盐酸(分析纯)、106.0 g/L 亚铁氰化钾溶液、219.0 g/L 乙酸锌溶液、40%乙醇溶液。

三、旋光仪的使用方法（以 WXG-4 型旋光仪为例）

（1）将仪器接通 220 V 交流电源，开启电源开关，预热约 5 min 后，如钠光灯正常发光，就可开始观察使用。

（2）检查仪器零点三分视场亮度是否一致，如果不一致，说明零点有误差，应在测量读数中加上或减去偏差值，或放松读数度盘盖背面 4 只螺钉，微微转动读数度盘进行校正（只能校正 0.5°左右误差）。

（3）选取适宜长度的旋光管，注满被测溶液，将旋光管中气泡赶入凸处，擦干两头残留溶液，放入镜筒中部空舱内后，闭合镜筒盖。

（4）转动度盘、检偏镜，在视场中寻得亮度一致的位置，再从读数度盘及游标上读数（右旋物质读数为正，左旋物质读数为负）。

（5）使用完毕，清洗旋光管，用柔软绒布擦干，安放入箱内原位。

测定最好在（20±2）℃温度下进行。因为温度每升高 1℃，旋光度约减少 0.3%。

四、小麦淀粉的测定方法

（1）面粉用 0.5 mm 孔径的标准筛过筛后，称取（2.5±0.05）g 的样品，置于 100 mL 容量瓶中，加入 0.309 mol/L 稀盐酸 25 mL，搅拌成较好的分散状态，再加入 0.309 mol/L 稀盐酸 25 mL。

（2）将容量瓶放入沸水浴中并不停振摇，或将容量瓶放入装有磁力搅拌器的沸水浴中以低速搅拌。

（3）容量瓶在沸水浴中振摇 15 min±5 s，停止振摇或搅拌。取出并立即加入 30 mL 冷水，用流动水快速冷却至（20±2）℃。

（4）加入 5 mL 的 106.0 g/L 亚铁氰化钾溶液，振摇 1 min。加入 5 mL 219.0 g/L 乙酸锌溶液，振摇 1 min。用蒸馏水定容，摇匀后用合适的滤纸过滤，得滤液。

（5）在 200 mm 旋光测定管中用旋光计测定溶液的旋光度（α_1）。

（6）称取（5±0.1）g 的样品，置于 100 mL 容量瓶中，加入大约 80 mL 40%乙醇溶液。将容量瓶在室温下放置 1 h，在这 1 h 中剧烈摇动 6 次，以保证样品与乙醇充分混合。用 40%乙醇溶液定容，摇匀后过滤。

（7）吸取 50 mL 滤液，放入 100 mL 容量瓶中，加入 2.1 mL 的 7.7 mol/L 稀盐酸，剧烈摇动。接上回流冷凝管后，将容量瓶置于沸水浴中 15 min±5 s，取出后冷却至（20±2）℃。

（8）加入 5 mL 的 106.0 g/L 亚铁氰化钾溶液，振摇 1 min。加入 5 mL 的 219.0 g/L 乙酸锌溶液，振摇 1 min。用蒸馏水定容，摇匀后用合适的滤纸过滤，得滤液。

（9）在 200 mm 旋光测定管中用旋光计测定溶液的旋光度（α_2）。

(10)将样品放在温度为130～133℃、1个标准大气压的电加热烘箱内干燥90 min，得到样品的损失质量，即可计算出样品的水分含量(ω_0)。按 $\omega_1 = 100 - \omega_0$ 计算出干物质含量(ω_1)。

五、结果计算

小麦粉干样品中淀粉质量分数用下式计算：

$$\omega = \frac{2\,000}{\alpha_D^{20}} \times \left[\frac{2.5\alpha_1}{m_1} - \frac{5\alpha_2}{m_2}\right] \times \frac{100}{\omega_1}$$

式中：

ω——面粉干样品中淀粉的质量分数(%)；

α_1——总旋光度(°)；

α_2——醇溶物质的旋光度(°)；

m_1——测定总旋光度值时样品的质量(g)；

m_2——测定醇溶物质旋光度值时样品的质量(g)；

ω_1——样品中干物质含量(%)；

α_D^{20}——纯淀粉在589.3 nm波长下测得比旋光度(小麦淀粉为+182.7°)。

【记录与结果分析】

淀粉含量检测记录表(旋光法)见表3-8-1。

表3-8-1 淀粉含量检测记录(旋光法)

样品来源		检验时间		实验室条件		检验人员		
样品名称	α_1/°	α_2/°	m_1/g	m_2/g	ω_0/%	ω_1/%	精密度	淀粉质量分数/%
计算公式	$\omega = \frac{2\,000}{\alpha_D^{20}} \times \left[\frac{2.5\alpha_1}{m_1} - \frac{5\alpha_2}{m_2}\right] \times \frac{100}{\omega_1}$							

续表 3-8-1

精密度公式	
实验结论	

[师徒共研]

1. 为什么样品在装入旋光测定管时，管内不得有气泡，如何消除气泡？

气泡会阻挡光路，引起光的折射和反射，影响测量结果，旋光管有固定的气泡容纳部分，在尽量装满样品的情况下，都可以使气泡不会存在于光路上。

2. 样品温度对旋光度有没有影响？

有，测定最好在(20±2)℃温度下进行。因为温度每升高1℃，旋光度约减少0.3%。

3. 旋光度测定样品淀粉含量时，可以用标准曲线法进行测定吗？

可以，和其他仪器如紫外分光光度、色谱仪等仪器相同，需要配置标准样品溶液，测定旋光度，以标准溶液和旋光度的值绘制标准曲线，获得曲线方程，通过未知样品的旋光度，计算其淀粉浓度。

4. 旋光仪使用注意事项

(1)样品在装入旋光测定管时，管内不得有气泡。

(2)不同来源的淀粉旋光度略有不同。大米淀粉为+185.9°，马铃薯淀粉为+185.7°，玉米淀粉为+184.6°，大麦淀粉为+181.5°，燕麦淀粉为+181.3°，其他淀粉和淀粉混合物为+184.0°。

[知识链接]

1. 分子的旋光性

分子的旋光性最早是由十九世纪的科学家Pasteur发现的。他发现酒石酸的结晶有两种相对的结晶型，成溶液时会使光向相反的方向旋转，从而说明分子有左旋与右旋的不同结构。当普通光通过一个偏振的透镜或尼科尔棱镜时，一部分光就被挡住了，只有振动方向与棱镜晶轴平行的光才能通过。这种只在一个平面上振动的光称为平面偏振光，简称偏振光。偏振光的振动面在化学上习惯被称为偏振面。当平面偏振光通过手性化合物溶液后，偏振面的方向就被旋转了一个角度。这种能使偏振面旋转的性能称为旋光性。反射光往往是部分平面偏振光。因此,戴偏振片太阳镜,可以使从建筑物和汽车窗玻璃甚至从公路路面反射到眼睛的强烈阳光减弱到柔和的程度。

当光通过含有某物质的溶液时,使经过此物质的偏振光平面发生旋转的现象,可通过存在镜像形式的物质显示出来,这是由于物质内存在不对称碳原子或整个分子不对称。由于这种不对称性,物质对偏振光平面有不同的折射率,因此表现出向左或向右的旋光性。糖类是旋光性较强的物质,因此在分析检验中利用旋光性可以对糖类进行定性或定量分析,当偏振光通过糖类溶液时,产生旋转角度与糖类溶液的浓度成正比,因此可以推算糖类溶液的浓度。

2. 旋光仪的原理

旋光法是应用旋光仪测量旋光性物质的旋光度以确定其含量的分析方法。旋光仪使用中要明确偏振光、旋光活性物质与旋光度、比旋光的意义。

(1)偏振光　光是一种电磁波,光波的振动方向是与其前进方向相垂直的。自然光由不同波长的垂直于前进方向的各个平面内振动的光波所组成,如图 3-8-1 所示,表示一束朝着视线直射过来的光的横截面,光波的振动平面可以是 A、B、C 等无数垂直于前进方向的平面。

如果使自然光通过一个特制的叫作尼科耳棱镜的晶体(这种晶体只能使与棱镜的轴平行的平面内振动的光通过),其光波振动平面就只有一个与镜轴平行的平面。这种仅在某一平面上振动的光,叫作平面偏振光,简称偏振光。

如果将两个尼科耳棱镜平行放置,那么通过第一棱镜后的偏振光仍能通过第二棱镜,在第二棱镜后面可以看到最大强度的光。第一棱镜叫作起偏镜,第二棱镜叫作检偏镜。

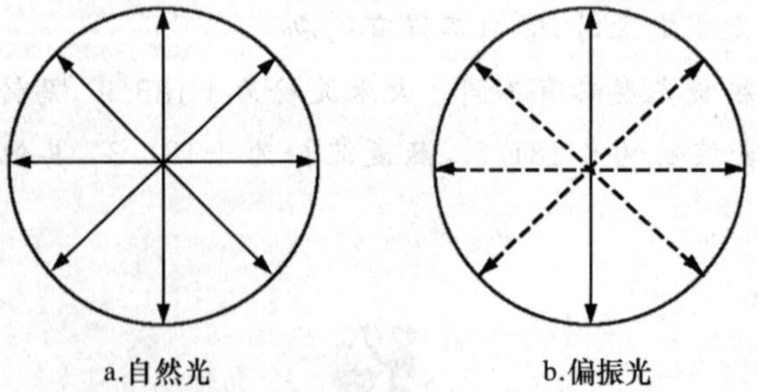

图 3-8-1　光波振动平面示意图

(2)旋光活性物质与旋光度　如果在与镜轴平行的两个尼科耳棱镜间放置一支玻璃管,管中分别放入各种有机物的溶液,那么可以发现,光经过某些溶液(如酒精、丙酮)后,在第二棱镜后面仍可以观察到最大强度的光;而当光经过另一些溶液(如蔗糖、乳酸)后,在第二棱镜后面观察到的光的亮度就减弱了,但将第二棱镜向左或向右旋转一定的角度后,在第二棱镜后面又可以观察到最大强度的光。这种现象是因为这些有机物质可以将偏振光的振动平面旋转一定的角度,具有这种性质的物质,称其为“旋光活性物质”。旋光活性物质使偏振光振动平面旋转的角度叫作“旋光度”，以符号 α 表示。使偏振光振动平面向左旋转（反时针方向）的称为“左”旋，以符号“－”表示；使偏振光振动平面向右旋转（顺时针方向）的称为“右”旋，以符号“＋”表示。测定物质旋光度的仪器称旋光仪（图 3-8-2）。

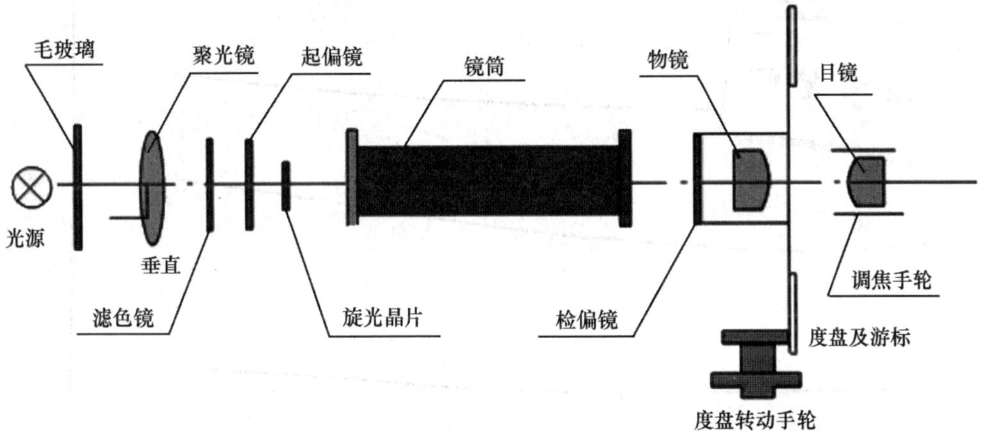

图 3-8-2　旋光仪的光路图

（3）旋光度的表示方法——比旋光度　旋光度的大小，主要决定于物质的性质，也与光源波长、测定温度、溶液的浓度与液层厚度等有关。在记录物质的旋光度时，应注明光源和测定温度。例如，用“α_λ^t”表示旋光度时，温度标在“α”的右上角，光源标在右下角。“α_D^{20}”表示温度 20℃时用钠光源的旋光度。

在一定条件下，对同一物质来说，旋光度的大小与通过被测溶液的液层厚度成正比，同时也和旋光性物质的质量浓度成正比。当偏振光线通过被测物质的质量浓度为 1 g/mL、液层厚度为 1 dm 时，所测得的旋光度称为该物质的比旋光度，常以“$[\alpha]_\lambda^t$”表示。

假设测定管长（即光线通过的液层厚度）为 L(dm)，被测定物质溶液的质量浓度为 c(g/mL)，旋光度 α 和比旋光度 $[\alpha]_\lambda^t$ 的关系可用以下公式表示。

$$\alpha = [\alpha]_\lambda^t \times L \times c$$

式中：

$[\alpha]_\lambda^t$——比旋光度（°）；

α——旋光度（°）；

t——温度（℃）；

λ——光源波长（nm）；

L——液层厚度或旋光管长度（dm）；

c——溶质的质量浓度（g/mL）。

从式可知，如果已知物质的比旋光度，就可以据此测定物质的旋光度，比旋光度是旋光性物质的物理常数之一。通过测定旋光度，可以鉴定物质的纯度，测定溶液的浓度、密度和鉴别光学异构体。

学习笔记

4

模块四

一般营养成分分析

学习笔记

项目一 水分测定

知识目标

1. 能够说出水分检验的重要性；
2. 能够正确表述水分存在的状态。

技能目标

1. 根据不同样品选择相应的水分含量检验方法，并依据相应标准正确进行称量、干燥、恒重等操作；
2. 正确使用水分检验的设备和工具；
3. 根据称量结果正确计算含水量，并正确对检验结果进行取舍和评价。

德育目标

1. 培养学生团结协作能力；
2. 培养学生求实认真的工作态度；
3. 培养学生实事求是的职业操守。

水是维持动物、植物生存必不可少的物质，各种食品中都有其特定的水分含量，所以才能显示出各自的色、香、味和形态特征，除谷物和豆类种子（一般水分为12%～16%）外，作为食品的许多动物和植物的含水量均为60%～90%，有时甚至更高。水分测定是食品分析的重要研究内容，不同种类的食品中水分含量差别很大，食品中水分含量的多少，影响食品的感官性状、结构及对腐败的敏感性。

第一，水分是重要的质量指标之一。一定的水分含量可保持食品品质，延长食品保质期，各种食品的水分都有各自的标准。奶粉要求水分为2.5～3.0%，若水分提高到3.5%以上，就可能造成奶粉结块，则商品价值就低。水分提高后奶粉也易变色，贮藏期降低。在肉类加工中，香肠水分要求小于75%，香肠的口味与吸水、持水的关系十分密切。所以，食品的含水量与食品的鲜度、硬软性、流动性、呈味性、保藏性、加工性等许多方面有着至关重要的关系。

第二，水分是生产中一项重要的指标。食品工厂可按原料中的水分含量进行物料衡算。如鲜奶含水量87.5%，用这种奶生产奶粉（含水量2.5%）需要多少牛奶才能生产1 t奶粉，像这样类似的物料衡算，均可以依据水分测定进行。水分测定也可对生产管理进行指导。如生产面包，50 kg面需用多少水，需要进行物料衡算。面团的韧性好坏与水分有关，加水量多面团软；而加水量少面团硬，做出的面包体积变小，影响经济效益。

第三，水分的含量高低，对微生物的生长及生化反应都有影响。在一般情况下要控制水分含量低一点，以防止微生物生长，但是并非水分越少越好，通常微生物作用比生化作用更加强烈。

从上面3点就可说明测定水分的重要性，水分测定在食品分析中是必不可少的一个环节。

食品中水分的测定方法包括直接干燥法、减压干燥法、蒸馏法、卡尔·费休法等，其中直接干燥法使用最为广泛。

任务一　直接干燥法

【任务要求】

1. 掌握直接干燥法的原理；
2. 学习和正确理解国标，并按国标要求制定工作流程；
3. 正确进行称量、干燥、恒重、计算，并正确对数据取舍和评价。

【参考标准】

本任务主要参考《食品安全国家标准　食品中水分的测定》(GB 5009.3—2016)的第一法——直接干燥法,适用于在101～105℃下,对蔬菜、谷物及其制品、水产品、豆制品、乳制品、肉制品、卤菜制品、粮食(水分含量低于18%)、油料(水分含量低于13%)、淀粉及茶叶类等食品中水分的测定,不适用于水分含量小于0.5 g/100 g的样品。

【任务实施】

本任务利用食品中水分的物理性质,在101.3 kPa(1个标准大气压),温度101～105℃下采用挥发方法测定样品中干燥减失的质量,包括吸湿水、部分结晶水和该条件下能挥发的物质,再通过干燥前后的称量数值计算出水分的含量。

一、实验设备准备

扁形铝制或玻璃制称量瓶、电热恒温干燥箱、干燥器(内附有效干燥剂)、天平(感量为0.1 mg)。

二、试剂及配制

(1)盐酸溶液(6 mol/L)　量取50 mL浓盐酸,加水稀释至100 mL。

(2)氢氧化钠溶液(6 mol/L)　称取24 g氢氧化钠,加水溶解并稀释至100 mL。

(3)海沙　取用水洗去泥土的海沙、河沙、石英砂或类似物,先用盐酸溶液(6 mol/L)煮沸0.5 h,用水洗至中性,再用氢氧化钠溶液(6 mol/L)煮沸0.5 h,用水洗至中性,经105℃干燥备用。

三、称量、干燥与恒重

1. 固体试样

取洁净铝制或玻璃制的扁形称量瓶,置于101～105℃干燥箱中,瓶盖斜支于瓶边,加热1.0 h,取出盖好,置干燥器内冷却0.5 h,称量,并重复干燥至前后两次质量差不超过2 mg,即为恒重。将混合均匀的试样迅速磨细至颗粒小于2 mm,不易研磨的样品应尽可能切碎,称取2～10 g试样(精确至0.000 1 g),放入此称量瓶中,试样厚度不超过5 mm,如为疏松试样,厚度不超过10 mm,加盖,精密称量后,置于101～105℃干燥箱中,瓶盖斜支于瓶边,干燥2～4 h后,盖好取出,放入干燥器内冷却0.5 h后称量。然后再放入101～105℃干燥箱中干燥1 h左右,取出,放入干燥器内冷却0.5 h后再称量。并重复以上操作至前后两次质量差不超过2 mg,即为恒重。

2. 半固体或液体试样

取洁净的称量瓶，内加 10 g 海沙（实验过程中可根据需要适当增加海沙的质量）及一根小玻璃棒，置于 101～105℃干燥箱中，干燥 1.0 h 后取出，放入干燥器内冷却 0.5 h 后称量，并重复干燥至恒重。然后称取 5～10 g 试样（精确至 0.000 1 g），置于称量瓶中，用小玻璃棒搅匀放在沸水浴上蒸干，并随时搅拌，擦去瓶底的水滴，置于 101～105℃干燥箱中干燥 4 h 后盖好取出，放入干燥器内冷却 0.5 h 后称量。然后再放入 101～105℃干燥箱中干燥 1 h 左右，取出，放入干燥器内冷却 0.5 h 后再称量。并重复以上操作至前后两次质量差不超过 2 mg，即为恒重。

四、结果计算

$$x = \frac{m_1 - m_2}{m_1 - m_3} \times 100$$

式中：
x——样品中水分的含量（g/100 g）
m_1——称量瓶（加海沙、玻璃棒）和试样的质量（g）；
m_2——为称量瓶（加海沙、玻璃棒）和试样干燥后的质量（g）；
m_3——为称量瓶（加海沙、玻璃棒）的质量（g）；
100——单位换算系数。

五、精密度

在重复条件下获得的两次独立测定结果的绝对差值不得超过算术平均值的 10%。

【记录与结果分析】

水分检验原始记录如表 4-1-1 所示。

表 4-1-1 水分检验原始记录

样品名称			样品编号	
项目名称	水分检验		方法依据	GB 5009.3—2016（第一法）
仪器名称	型号	编号	精度	状态
电热恒温干燥箱			±1℃	□正常 □不正常
天平			0.1 mg	□正常 □不正常
试验环境	温度____℃ 湿度____% 气压____MPa			
测定参数			平行样 1	平行样 2
称量瓶（加海沙、玻璃棒）的质量 m_3/g				

续表 4-1-1

称量瓶(加海沙、玻璃棒)和试样质量 m_1/g		
称量瓶(加海沙、玻璃棒)和试样干燥后的质量 m_2/g		
试样中水分含量 x/(g/100 g)	$x=\dfrac{m_1-m_2}{m_1-m_3}\times 100$	
测定值 x/(g/100 g)		
平均值 x/(g/100 g)		
报出值 x/(g/100 g)		

精密度公式	精密度 Y=|测定值 x(平行样 1)−测定值 x(平行样 2)|/平均值 x×100%
备注	水分含量≥1 g/100 g 时,计算结果保留 3 位有效数字;水分含量<1 g/100 g 时,计算结果保留 2 位有效数字。

校核: 检验员: 检验日期:

[师徒共研]

1. 在本实验中,为了保证实验结果的准确性,实验用试剂、用水有什么要求?

本方法所用试剂均为分析纯,水为 GB/T 6682 规定的三级水。

2. 在实验中,反复要求恒重? 那么何为恒重? 计算中使用哪次称量值?

干燥冷却后称量,前后两次质量差不超过 2 mg,即为恒重。在最后计算中,后两次恒重值中,取质量较小的一次称量值。

3. 个别样品在恒重过程中,会突然出现最后一次称量值比前次称量结果还要高的情况,这是什么原因? 如何处理?

有如下原因:实验室环境温度、湿度发生变化;天平和电热恒温干燥箱的稳定性突然发生变化;操作人员的检验手法技能有问题;样品特殊,如脂肪含量较高的样品。

测定过程选择恒温恒湿的实验环境;天平开启后进行自校准,待各个指标性能稳定后再行称量;电热恒温干燥箱用温度计进行测试校准,保证实际温度准确且持续恒温;操作人员务必佩戴隔热、无尘干净的白色线手套,避免徒手直接触碰称量瓶(皿)。如果是特殊样品,可使用升高前的那一次称量值参与计算。

4. 称量过程中,对不同的样品,该分别选用什么样的称量瓶?

玻璃称量瓶适用于各种食品,铝制称量皿导热性能好、质量轻,但其不耐酸碱,使用时应根据测定样品加以选择。称量瓶(皿)的规格以样品置于其中,平铺开后厚度不超过称量瓶(皿)高度的 1/3 为宜。

5. 容易吸水的样品,如何保证实验结果的准确性?

容易吸水的样品一定要密封保存,操作时尽量避免长时间与空气接触,有条件的实验室,做实验前应该提前除湿 1~2 h。

6. 样品前处理有何要求?

样品的前处理,如果是固体样品,需要研磨或者分散,样品越精细越好,但是要注意不宜在空气中暴露时间过长。

[知识链接]

1. 水分在人体内具有哪些功能?水分主要来源有哪些?

水是一切生物生存的必要条件,在无水环境中,一切营养素代谢均不能进行;水是人体组织中不可缺少的成分,有帮助血液流动、调节体温、帮助营养物质消化吸收等多种功能,是一种非常重要的营养素。

(1)构成人体组织　水是构成人体组织的重要成分,成年男子体内含水约占其体重的70%;水分布在身体各种组织内,维持人体细胞生理活动。血液、泪液和汗液中含水量均在90%以上。肌肉、心脏、肝脏、肾脏、肺脏、脾脏内含水量在60%~80%,即使最硬的骨头也含有20%左右的水。试验和对灾害幸存者的研究结果表明:只喝水不吃饭,可存活 20 d 以上;如不喝水通常几天就可能死亡。

(2)运送代谢和营养物质　生命代谢的大多数营养素、激素和酶等都依赖水输送。体内代谢产物二氧化碳、尿素、尿酸等废物也靠血液送到肾脏,随尿排出体外;少数废物从汗液中排出。这些代谢活动都离不开水,水能使一切生命活动得以顺利进行。

(3)维持体温　维持正常体温,体内各种细胞在水的帮助下,利用氧气代谢分解生热营养素,放出热能。在发高烧时多喝水,可冲淡细菌毒素和体内代谢产物,增加尿量可加速细菌毒素和代谢废物排泄;同时使血液流量增加,通过出汗使体温恢复正常。

(4)溶解营养素和代谢物　水能溶解食物中水溶性营养素和各种代谢产物,也是体内进行各种生化反应的媒介。体内氧化、还原、合成、分解等反应均需在溶液中进行;如体内没有水,则一切生物化学反应都不能进行,也不可能有物质代谢。

(5)维持消化吸收功能　食物进入胃肠道后,必须依靠消化器官分泌消化液,包括胃液、胰液、肠液、胆汁等,才能进行消化吸收,而消化液中的水高达 90%。

水分主要来源于液体食物、固态食物和代谢水(有机物在体内氧化产生的水)。通常从饮料和饮水中可获得 1.0~1.5 L/d,从粮食和蔬菜中也可得到 1.0~1.5 L/d;米饭含水约为70%,白菜可达 90%左右。每天需水量因季节、气候条件、劳动强度和饮食状况而不同,通常至少要获取 2~3 L/d,才能保证正常生理代谢的需要;特别困难时也要 1.5 L/d,缺水持续时间不能超过 3 d。

2. 水分存在状态有哪些?

按照物理、化学性质大致可以将水分为两大类:游离水和结合水。

(1)游离水(自由水),指组织、细胞中容易结冰,也能溶解溶质的这一部分水。因为只有游离水分才能被细菌、酶和化学反应所利用,因此又称为有效水分。由于水分的作用力是毛细管力,结合松散,所以很容易用干燥的方法分离出来。游离水大致可以分为滞化水、毛细管水和自由流动水。

(2)结合水(束缚水),以氢键与食品有机成分结合,不易结冰,不能作为溶质的溶剂,也不能被微生物所利用,但对风味起重要作用。由于其蒸汽压比游离水低很多,因此结合水的沸点高于一般水,而冰点低于一般水,较难分离,如果强行除去,则会改变产品风味和质量。

任务二 减压干燥法

【任务要求】

1. 掌握减压干燥法的原理;
2. 学习和正确理解国标,并按国标要求制定工作流程;
3. 正确进行称量、干燥、恒重、计算,并正确对数据进行取舍和评价。

【参考标准】

本任务主要参考《食品安全国家标准 食品中水分的测定》(GB 5009.3—2016)的第二法,以及《绵白糖试验方法》(QB/T 5012—2016)。减压干燥法适用于高温易分解的样品及水分较多的样品(如糖、味精等食品)中水分的测定,不适用于添加了其他原料的糖果(如奶糖、软糖等食品)中水分的测定,不适用于水分含量小于 0.5 g/100 g 的样品(糖和味精除外)的测定。

【任务实施】

利用食品中水分的物理性质,在达到 40～53 kPa 压力后加热至(60±5)℃,采用减压烘干方法去除试样中的水分,再通过烘干前后的称量数值计算出水分的含量。

一、实验设备准备

扁形铝制或玻璃制称量瓶、真空干燥箱、干燥器(内附有效干燥剂)、天平(感量为0.1 mg)。

二、称量、干燥与恒重

1. 试样制备

粉末和结晶试样直接称取;较大块硬糖经研钵粉碎,混匀备用。

2. 测定

取已恒重的称量瓶称取2~10 g(精确至0.000 1 g)试样,放入真空干燥箱内,将真空干燥箱连接真空泵,抽出真空干燥箱内空气(所需压力一般为40~53 kPa),并同时加热至所需温度(60±5)℃。关闭真空泵上的活塞,停止抽气,使真空干燥箱内保持一定的温度和压力,经4 h后,打开活塞,使空气经干燥装置缓缓通入至真空干燥箱内,待压力恢复正常后再打开。绵白糖样品称取9.5~10.5 g(精确至0.000 1 g)于恒重的称量瓶中,开盖置于真空干燥箱内(真空度为−0.067 MPa)干燥,所需温度70~75℃,经1 h后取出称量瓶。将称量瓶直接放入干燥器中0.5 h后称量,并重复以上操作至前后两次质量差不超过2 mg,即为恒重。

三、结果计算

$$x=\frac{m_1-m_2}{m_1-m_3}\times 100$$

式中:

x——样品中水分的含量(g/100 g);

m_1——称量瓶和试样的质量(g);

m_2——称量瓶和试样干燥后的质量(g);

m_3——称量瓶的质量(g);

100——单位换算系数。

四、精密度

在重复性条件下获得的2次独立测定结果的绝对差值不得超过算术平均值的10%。

【记录与结果分析】

水分检验(干燥失重)检验原始记录如表 4-1-2 所示。

表 4-1-2　水分(干燥失重)检验原始记录

样品名称			样品编号	
项目名称	水分检验/干燥失重		方法依据	□ GB 5009.3—2016(第二法) □ QB/T 5012—2016
仪器名称	型号	编号	精度	状态
真空干燥箱			±1℃	□正常　□不正常
天平			0.1 mg	□正常　□不正常
试验环境	温度____℃　湿度____%　气压____ MPa			
测定参数			平行样 1	平行样 2
称量瓶和试样质量 m_1/g				
称量瓶和试样干燥后的质量 m_2/g				
称量瓶的质量 m_3/g				
试样中水分(干燥失重)含量 x(g/100 g)			$x=\frac{m_1-m_2}{m_1-m_3}\times 100$	
测定值 x(g/100 g)				
平均值 x(g/100 g)				
报出值 x(g/100 g)				
精密度公式	精密度 Y=|测定值 x(平行样 1)－测定值 x(平行样 2)|/平均值 x×100%			
备注	水分含量≥1 g/100 g 时,计算结果保留 3 位有效数字;水分含量<1 g/100 g 时,计算结果保留 2 位有效数字。			

校核:　　　　　　检验员:　　　　　　检验日期:

[师徒共研]

1. 减压干燥法的优点是什么?

减压干燥法能加快水分的去除,且操作温度较低,大大减少了样品氧化或分解的影响,可以得到较为准确的结果。

2. 设定干燥箱的温度时应注意哪些问题?

干燥箱加热升温过程中有冲高现象(尤其干燥温度较低时),必要时可先设定至略低于规定的温度,待温度稳定后再调高至规定温度,也可借助程序升温方法。升温冲高现象是指升温的实际温度比干燥箱预设温度高。程序升温就是按照特定或不特定的时间分步进行升温的设定操作,最终达到预期温度并保持恒定。

3. 减压干燥,如何选择称量瓶?

减压干燥内部压力极小或为负压,宜选用单层玻璃盖的称量瓶,如选用的玻璃盖为双层中空,减压时玻璃盖容易破损。

4. 为何使空气经干燥装置缓缓通入至真空干燥箱内,待压力恢复正常后才能打开?

因真空干燥箱内部压力小于正常环境下的一个标准大气压,使空气进入干燥箱内再打开,能避免气流吹散测试样品。

5. 如测定过程中使用多个同规格型号称量瓶,如何避免混淆?如何放置和称量?

称量瓶(包括盖子)应预先选择适宜的方法编号并标记,以免混淆。

称量瓶放入干燥箱内的位置,以及取出放冷、称量的顺序前后一致,则较易获得恒重。

[知识链接]

1. 干燥剂是什么?

干燥剂是一种从大气中吸收潮气的除水剂,也叫吸附剂,可用在防潮、防霉方面,起干燥作用。它的干燥原理就是通过物理方式将水分子吸附在自身的结构中或通过化学方式吸收水分子并改变其化学结构,变成另外一种物质。

日常生活中常用的干燥剂:①酸性干燥剂(浓硫酸、五氧化二磷),可以干燥中性或酸性气体;②碱性干燥剂(碱石灰、氧化钙、固体氨氧化钠、金属钠),可以干燥中性或碱性气体;③中性干燥剂(氯化钙、硅胶、无水硝酸镁),可以干燥中性、碱性或酸性气体。

2. 实验室常用的干燥剂是什么?它具有哪些特性?

硅胶是实验室常用的干燥剂。

硅胶分无机硅胶和有机硅胶,有机硅胶属于合成橡胶中的特种橡胶,根据其形态分为固态和液态,液态按硫化温度又分为室温硫化型和高温硫化型;无机硅胶的主要成分是二氧化硅,是一种由硅土中的硅酸钠与硫酸制成的无定形的机器制成品。它由自然界中存在的矿物经洗涤、加工后成为粒状或珠状,它的结构非常像1个海绵体,由互相连通的小孔构成一个有巨大的表面积的毛细孔吸附系统,能吸附和保存水汽。在湿度为100%条件下,它能吸附并凝结相当于其自重40%的水汽。

作为干燥剂,硅胶的平均气孔尺寸为24埃(长度单位),它即使在温度大于105℃时仍能吸收潮气,但当温度大于38℃后,它的吸湿速度开始下降,它的最佳吸湿状态在21~32℃,即使相对湿度高达60%~90%时,也能使容器内的相对湿度维持在40%。

3. 如何辨别硅胶干燥剂的有效性？

硅胶使用过程中应时刻观察其颜色变化，当颜色由深蓝色变成浅蓝色时应将其取出放置于电热恒温干燥箱内干燥，干燥温度不要超过80℃，当颜色变为深蓝色后继续使用；当颜色变为粉红色，表明硅胶已经完全吸水，需更换新的深蓝色硅胶。

任务三　蒸馏法

【任务要求】

1. 掌握蒸馏法的原理；
2. 学习和正确理解国标，并按国标要求制定工作流程；
3. 正确进行称量、蒸馏、计算，并正确对数据取舍和评价。

【参考标准】

本任务主要参考《食品安全国家标准　食品中水分的测定》(GB 5009.3—2016)的第三法——蒸馏法，适用于含水较多又有较多挥发性成分的水果、香辛料及调味品、肉与肉制品等食品中水分的测定，不适用于水分含量小于1 g/100 g的样品。

【任务实施】

利用食品中水分的物理化学性质，使用水分测定器将食品中的水分与甲苯或二甲苯共同蒸出，根据接收的水的体积计算出试样中水分的含量。本方法适用于含较多其他挥发性物质的食品，如香辛料等水分的测定。

一、实验设备准备

水分测定器　如图4-1-1所示(带可调电热套)。水分接收管容量5 mL，最小刻度值0.1 mL，容量误差小于0.1 mL；天平(感量为0.1 mg)。

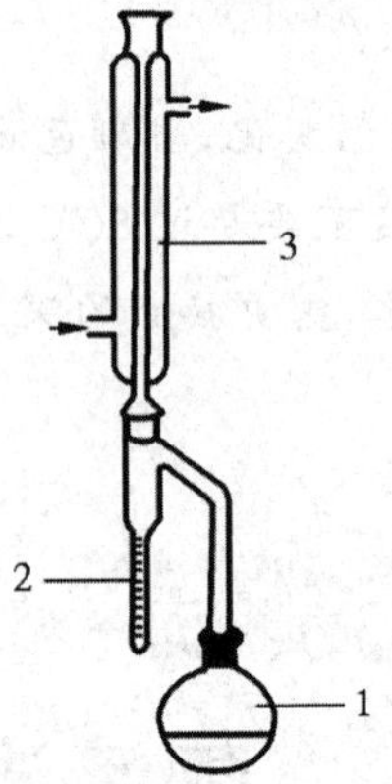

1. 250 mL 蒸馏瓶；2. 水分接收管，有刻度；3. 冷凝管

图 4-1-1　水分测定器

二、试剂及配制

甲苯(C_7H_8)或二甲苯(C_8H_{10})制备：取甲苯或二甲苯，先以水饱和后，分去水层，进行蒸馏，收集馏出液备用。

三、称量与蒸馏

(1)准确称取适量试样(应使最终蒸出的水在 2～5 mL，但最多取样量不得超过蒸馏瓶的 2/3)，放入 250 mL 蒸馏瓶中，加入新蒸馏的甲苯(或二甲苯)75 mL，连接冷凝管与水分接收管，从冷凝管顶端注入甲苯，装满水分接收管。同时做甲苯(或二甲苯)的试剂空白。

(2)加热慢慢蒸馏，使每秒钟的馏出液为 2 滴，待大部分水分蒸出后，加速蒸馏约每秒钟 4 滴，当水分全部蒸出后，接收管内的水分体积不再增加时，从冷凝管顶端加入甲苯冲洗。如冷凝管壁附有水滴，可用附有小橡皮头的铜丝擦下，再蒸馏片刻至接收管上部及冷凝管壁无水滴附着、接收管水平面保持 10 min 不变为蒸馏终点，读取接收管水层的容积。

四、结果计算

$$x = \frac{v - v_0}{m} \times 100$$

式中：

x——试样中水分的含量(mL/100 g)，或按水在 20℃ 的相对密度 0.998 20 g/mL 计算质量；

v——接收管内水的体积(mL)；

v_0——做试剂空白时，接收管内水的体积(mL)；

m——试样的质量(g)；

100——单位换算系数。

五、精密度

在重复性条件下获得的两次独立测定结果的绝对差值不得超过算术平均值的10%。

【记录与结果分析】

水分检验原始记录(蒸馏法)见表4-1-3。

表4-1-3　水分检验原始记录(蒸馏法)

<table>
<tr><td>样品名称</td><td colspan="2"></td><td>样品编号</td><td colspan="2"></td></tr>
<tr><td>项目名称</td><td colspan="2">水分检验/蒸馏</td><td>方法依据</td><td colspan="2">GB 5009.3—2016(第三法)</td></tr>
<tr><td>仪器名称</td><td>型号</td><td>编号</td><td>精度</td><td colspan="2">状态</td></tr>
<tr><td>天平</td><td></td><td></td><td>0.1 mg</td><td colspan="2">□正常　　□不正常</td></tr>
<tr><td>试验环境</td><td colspan="5">温度____℃　　湿度____%　　气压____MPa</td></tr>
<tr><td colspan="3">测定参数</td><td colspan="2">平行样1</td><td>平行样2</td></tr>
<tr><td colspan="3">接收管内水的体积 v/mL</td><td colspan="2"></td><td></td></tr>
<tr><td colspan="3">做试剂空白时，接收管内水的体积 v_0/mL</td><td colspan="2"></td><td></td></tr>
<tr><td colspan="3">试样的质量 m/g</td><td colspan="2"></td><td></td></tr>
<tr><td colspan="3">试样中水分的含量 x/(mL/100 g)</td><td colspan="3">$x=\frac{v-v_0}{m}\times 100$</td></tr>
<tr><td colspan="3">测定值 x/(mL/100 g)</td><td colspan="2"></td><td></td></tr>
<tr><td colspan="3">平均值 x/(mL/100 g)</td><td colspan="2"></td><td></td></tr>
<tr><td colspan="3">报出值 x/(mL/100 g)</td><td colspan="2"></td><td></td></tr>
<tr><td>精密度公式</td><td colspan="5">精密度 Y=|测定值 x(平行样1)－测定值 x(平行样2)|/平均值 x×100%</td></tr>
<tr><td>备注</td><td colspan="5">以重复性条件下获得的2次独立测定结果的算术平均值表示，结果保留3位有效数字。</td></tr>
</table>

校核：　　　　　　检验员：　　　　　　检验日期：

[师徒共研]

1. 蒸馏法的优缺点

优点：热交换充分；受热后发生化学反应比重量法少；设备简单，使用管理方便。

缺点：水与有机溶剂易发生乳化现象；样品中水分可能没有完全挥发出来；水分有时附在冷凝管壁上，造成读数误差。

2. 如果馏出液为乳浊液而无法准确读数，应如何解决？

可以向馏出液中添加少量的戊醇或异丁醇。

3. 为什么取样量不能超过烧瓶体积的2/3？

防止加热过程中因沸腾剧烈导致样品飞溅进入瓶颈，影响测定结果准确性。

4. 冷凝管的冷却水何时打开？

加热前打开冷凝管冷却水，且低进高出。

5. 溶剂如何选择？

对热不稳定样品，一般不采用二甲苯，因为它的沸点高，常选用低沸点的有机溶剂，如苯。对于一些含有糖分可分解释放出水分的样品，如脱水洋葱和脱水大蒜可采用苯，要根据样品的性质来选择有机溶剂。

[知识链接]

1. 甲苯的主要理化性质及危险性有哪些？

(1)物理性质　无色透明液体，有类似苯的芳香气味，熔点−94.9℃，相对密度0.87(水=1)，沸点110.6℃，相对蒸气密度3.14(空气=1)，分子式为C_7H_8，分子量为92.14，不溶于水，可混溶于苯、醇、醚等多数有机溶剂。

(2)化学性质　活泼，与苯相像。可进行氧化、磺化、硝化和歧化反应，以及侧链氯化反应。甲苯能被氧化成苯甲酸。

(3)危险性　对皮肤、黏膜有刺激性，对中枢神经系统有麻醉作用。短时间内吸入较高浓度该品可出现眼及上呼吸道明显的刺激症状、眼结膜及咽部充血、头晕、头痛、恶心、呕吐、胸闷、四肢无力、步态蹒跚、意识模糊。重症者可出现躁动、抽搐、昏迷。长期接触可发生神经衰弱综合征、肝肿大、月经异常等。皮肤接触常发生皮肤干燥、皲裂、皮炎。对环境有严重危害，对空气、水环境及水源可造成污染。该品易燃，具刺激性。

2. 甲苯的操作处置与贮存有哪些注意事项？

操作注意事项：密闭操作，加强通风。操作人员必须经过专门培训，严格遵守操作规程。

建议操作人员佩戴自吸过滤式防毒面具(半面罩),戴化学安全防护眼镜,穿防毒物渗透工作服,戴橡胶耐油手套。远离火种、热源,工作场所严禁吸烟。使用防爆型的通风系统和设备。防止蒸气泄漏到工作场所空气中。避免与氧化剂接触。灌装时应控制流速,且有接地装置,防止静电积聚。搬运时要轻装轻卸,防止包装及容器损坏。配备相应品种和数量的消防器材及泄漏应急处理设备。

贮存注意事项:储存于阴凉、通风的库房。远离火种、热源。库温不宜超过30℃。保持容器密封。应与氧化剂分开存放,切忌混储。采用防爆型照明、通风设施。禁止使用易产生火花的机械设备和工具。贮区应备有泄漏应急处理设备和合适的收容材料。

3. 二甲苯的主要理化性质及危险性有哪些?操作时有哪些防护措施?

(1)理化性质　无色透明液体,有芳香烃的特殊气味,易流动。能与无水乙醇、乙醚和其他许多有机溶剂混溶,不溶于水,沸点为137～140℃。

(2)危险性　有毒性,误食入二甲苯溶剂,即强烈刺激食道和胃,并引起呕吐,还可能引起血性肺炎,应立即饮入液体石蜡,立即送医诊治。二甲苯对眼及上呼吸道有刺激作用,高浓度时对中枢系统有麻醉作用。长期接触有可能导致神经衰弱综合征,女性可能导致月经异常。皮肤接触常发生皮肤干燥、皲裂、皮炎。易燃,其蒸气与空气可形成爆炸性混合物。遇明火、高温能引起燃烧爆炸。

(3)防护措施　空气中浓度较高时,佩戴过滤式防毒面具(半面罩)。紧急事态抢救或撤离时,建议佩戴空气呼吸器,戴化学安全防护眼镜,穿防毒物渗透工作服,戴橡胶手套。工作现场禁止吸烟、进食和饮水。工作完毕,淋浴更衣。注意个人清洁卫生。

思政花园

泾溪石险人兢慎,终岁不闻倾覆人。
却是平流无石处,时时闻说有沉沦。

——【唐】杜荀鹤《泾溪》

项目二

灰分测定

知识目标

1. 能够正确表述灰分的类型以及灰分检验的意义；
2. 能够了解灰分测定的方法；
3. 明确测定过程中应该注意的事项。

技能目标

1. 正确进行称量、干燥、碳化、灰化、恒重等操作；
2. 正确使用灰分检验的设备和工具；
3. 根据称量结果正确计算灰分含量，并正确对检验结果进行取舍和评价。

德育目标

1. 培养学生互助协作能力；
2. 培养学生安全意识；
3. 培养学生实事求是的职业操守。

食品经灼烧后的残留物叫作灰分。灰分中的无机成分与食品中原有的无机成分并不完全相同。食品在灼烧时，一些易挥发的元素，如氯、碘、铅等会挥发散失，磷、硫以含氧酸的形式挥发散失，使部分无机成分减少。而食品中的有机组分，如碳，则可能在一系列的变化中形成了无机物——碳酸盐，又使无机成分增加了。所以，灰分并不能准确地表示食品中原有的无机成分的总量。严格说来，应该把灼烧后的残留物叫作粗灰分。

食品的灰分常在一定范围内，如谷物及豆类为1%～4%，蔬菜为0.5%～2%，水果为0.5%～1%，鲜鱼、贝为1%～5%，而精糖只有0.01%。

如果灰分含量超过了正常范围，说明食品生产中使用了不合乎卫生标准要求的原料或食品添加剂，或食品在加工、贮运过程中受到了污染。因此，测定灰分可以判断食品受污染的程度。

灰分还可以评价食品的加工精度和食品的品质。例如，在面粉加工中，常以总灰分含量评定面粉等级，富强粉为0.3%～0.5%，标准粉为0.6%～0.9%。总灰分含量可说明果胶、明胶等胶质品的胶冻性能。水溶性灰分含量可反映果酱、果冻等制品中果汁的含量。

总之，灰分是某些食品重要的质量控制指标，是食品成分分析的项目之一。灰分测定均采用重量法。

任务　灰分测定

【任务要求】

1. 掌握灰分测定的原理；
2. 学习和正确理解国标，并按国标要求制定工作流程；
3. 正确进行称量、干燥、碳化、灰化恒重和计算，并正确对数据取舍和评价。

【参考标准】

本任务主要参考《食品安全国家标准　食品中灰分的测定》(GB 5009.4—2016)。本标准的第一法适用于食品中灰分的测定(淀粉类灰分的方法适用于灰分质量分数不大于2%的淀粉和变性淀粉)，第二法适用于食品中水溶性灰分和水不溶性灰分的测定，第三法适用于食品中酸不溶性灰分的测定。本实验依据第一法操作。

【任务实施】

本方法是将一定量的样品经碳化后放入高温炉内灼烧，有机物中的碳、氢、氮被氧化分解，以二氧化碳、氮的氧化物及水等形式逸失，另有少量的有机物经灼烧后生成的无机物，以及食品中原有的无机物均残留下来，这些残留物即为灰分。对残留物进行称量即可检测出样品中总灰分的含量。

一、实验设备准备

高温炉(最高使用温度950℃)、坩埚、坩埚钳、分析天平(感量0.01 mg、1 mg、0.1 g)、干燥器、恒温水浴锅、电热板或可调电炉。

二、试剂及配制

1. 试剂

乙酸镁[$(CH_3COO)_2Mg \cdot 4H_2O$]、浓盐酸(HCl)。

2. 试剂配制

(1)乙酸镁(80 g/L)　称取8.0 g乙酸镁，加水溶解，定容至100 mL。

(2)乙酸镁(240 g/L)　称取24.0 g乙酸镁，加水溶解，定容至100 mL。

(3)10%盐酸　量取24 mL分析纯浓盐酸，用蒸馏水稀释至100 mL。

三、坩埚预处理

1. 含磷量较高的食品和其他食品

取大小适宜的石英坩埚或瓷坩埚置高温炉中，在(550±25)℃下灼烧30 min，冷却至200℃左右，取出，放入干燥器中冷却30 min，准确称量。重复灼烧至前后两次称量相差不超过0.5 mg为恒重。

2. 淀粉类食品

先用沸腾的稀盐酸洗涤，再用大量自来水洗涤，最后用蒸馏水冲洗。将洗净的坩埚置于高温炉内，在(900±25)℃下灼烧30 min，并在干燥器内冷却至室温，称重，精确至0.000 1 g。

四、称样

淀粉类食品：迅速称取样品2～10 g(马铃薯淀粉、小麦淀粉以及大米淀粉至少称5 g，玉米淀粉和木薯淀粉称10 g)，精确至0.000 1 g。将样品均匀分布在坩埚内，不要压紧。

含磷量较高的食品和其他食品：灰分大于或等于 10 g/100 g 的试样称取 2～3 g（精确至 0.000 1 g）；灰分小于或等于 10 g/100 g 的试样称取 3～10 g（精确至 0.000 1 g，对于灰分含量更低的样品可适当增加称样量）。

五、测定

1. 含磷量较高的豆类及其制品、肉禽及其制品、蛋及其制品、水产及其制品、乳及乳制品

（1）称取试样后，加入 1.00 mL 乙酸镁溶液（240 g/L）或 3.00 mL 乙酸镁溶液（80 g/L），使试样完全润湿。放置 10 min 后，在水浴上将水分蒸干，在电热板上以小火加热使试样充分碳化至无烟，然后置于高温炉中，在（550±25）℃灼烧 4 h。冷却至 200℃左右，取出，放入干燥器中冷却 30 min，称量前如发现灼烧残渣有炭粒时，应向试样中滴入少许水湿润，使结块松散，蒸干水分再次灼烧至无炭粒即表示灰化完全，方可称量。重复灼烧至前后两次称量相差不超过 0.5 mg 为恒重。

（2）吸取 3 份与试样相同浓度和体积的乙酸镁溶液，做 3 次试剂空白试验。当 3 次试验结果的标准偏差小于 0.003 g 时，取算术平均值作为空白值。若标准偏差大于或等于 0.003 g 时，应重新做空白试验。

2. 淀粉类食品

将坩埚置于高温炉口或电热板上，半盖坩埚盖，小心加热使样品在通气情况下完全碳化至无烟，即刻将坩埚放入高温炉内，将温度升高至（900±25）℃，保持此温度直至剩余的炭粒全部消失为止，一般 1 h 可灰化完毕，冷却至 200℃左右，取出，放入干燥器中冷却 30 min，称量前如发现灼烧残渣有炭粒时，应向试样中滴入少许水湿润，使结块松散，蒸干水分再次灼烧至无炭粒即表示灰化完全，方可称量。重复灼烧至前后两次称量相差不超过 0.5 mg 为恒重。

3. 其他食品

液体和半固体试样应先在沸水浴上蒸干。固体或蒸干后的试样，先在电热板上以小火加热使试样充分碳化至无烟，然后置于高温炉中，在（550±25）℃灼烧 4 h。冷却至 200℃左右，取出，放入干燥器中冷却 30 min，称量前如发现灼烧残渣有炭粒时，应向试样中滴入少许水湿润，使结块松散，蒸干水分再次灼烧至无炭粒即表示灰化完全，方可称量。重复灼烧至前后两次称量相差不超过 0.5 mg 为恒重。

六、结果计算

1. 以试样质量计算

（1）试样中灰分的含量，加了乙酸镁溶液的试样，按下式计算：

$$x=\frac{m_1-m_2-m_0}{m_3-m_2}\times 100$$

式中：

x——加了乙酸镁溶液试样中灰分的含量(g/100 g)；

m_0——氧化镁(乙酸镁灼烧后生成物)的质量(g)；

m_1——坩埚和灰分的质量(g)；

m_2——坩埚的质量(g)；

m_3——坩埚和试样的质量(g)；

100——单位换算系数。

(2)试样中灰分的含量，未加乙酸镁溶液的试样，按下式计算：

$$x=\frac{m_1-m_2}{m_3-m_2}\times 100$$

式中：

x——未加乙酸镁溶液试样中灰分的含量(g/100 g)；

m_1——坩埚和灰分的质量(g)；

m_2——坩埚的质量(g)；

m_3——坩埚和试样的质量(g)；

100——单位换算系数。

2. 以干物质计

(1)加了乙酸镁溶液的试样中灰分的含量，按下式计算：

$$x=\frac{m_1-m_2-m_0}{(m_3-m_2)\times\omega}\times 100$$

式中：

x——加了乙酸镁溶液试样中灰分的含量(g/100 g)；

m_0——氧化镁(乙酸镁灼烧后生成物)的质量(g)；

m_1——坩埚和灰分的质量(g)；

m_2——坩埚的质量(g)；

m_3——坩埚和试样的质量(g)；

ω——试样干物质含量的质量分数(%)；

100——单位换算系数。

(2)未加乙酸镁溶液的试样中灰分的含量，按下式计算：

$$x=\frac{m_1-m_2}{(m_3-m_2)\times\omega}\times 100$$

式中：

x——未加乙酸镁溶液试样中灰分的含量(g/100 g)；

m_1——坩埚和灰分的质量(g)；

m_2——坩埚的质量(g)；

m_3——坩埚和试样的质量(g)；

ω——试样干物质含量的质量分数(%)；

100——单位换算系数。

【记录与结果分析】

灰分碳含量测定结果表(以加乙酸镁,占样品质量计算为例),如表 4-2-1 所示。

表 4-2-1　灰分碳含量测定结果(以加乙酸镁,占样品质量计算为例)

样品来源		检验时间		检验人员			
样品名称	m_0/g	m_1/g	m_2/g	m_3/g	灰分含量/(g/100 g)	精密度	平均灰分含量/(g/100 g)
计算公式	$x=\frac{m_1-m_2-m_0}{m_3-m_2}\times 100$						
精密度公式							
实验结论							

注:1. 试样中灰分含量≥10 g/100 g 时,保留 3 位有效数字;试样中灰分含量<10 g/100 g 时,保留 2 位有效数字。

2. 精密度:在重复性条件下获得的 2 次独立测定结果的绝对差值不得超过算术平均值的 5%。

[师徒共研]

1. 在本实验中,样品的粗细度、放置状态对实验状态有什么影响?

试样粉碎细度不宜过细,且样品在坩埚内不要放得很紧密,碳化要缓慢进行,温度要逐渐升高,以免氧化不足或试样被气流吹逸,同时也会引起磷、硫的损失。

2. 当样品不能完全灰化时,应该如何处理?

温度过高的强烈灼烧常会引起硅酸盐的熔融,遮盖炭粒表面,使氧气被隔绝而妨碍碳的完全氧化。若遇此情况必须停止灼烧,应冷却坩埚,用几滴热蒸馏水溶解被熔融的灰分,烘干坩埚,重新灼烧。若仍得不到良好结果,则应重做试验。

3. 灼烧完毕后，取出样品时应该注意哪些事项？

灼烧完毕后先将高温炉电源关闭，打开炉门，待温度降至200℃左右方能取出坩埚。取出后须在炉口处稍加冷却，否则坩埚容易因骤冷而破裂。

4. 高温炉应如何保养？

高温炉的灼烧室应保持清洁，定期检查电炉、热电偶和控制器之间的连接导线接触是否良好，仪表指针有否摆动、呆滞和卡住等现象。

5. 样品碳化时温度强度如何要求？

样品碳化时要注意热源强度，防止产生大量泡沫溢出坩埚。

6. 如果在操作过程中，热电偶温度计或其他仪表失灵，该如何根据炉膛红热程度粗略估计温度，并使之继续工作？

开始红热时480～530℃；暗红时640～700℃；浅红时840～960℃；黄红时940～1 100℃。

[知识链接]

1. 坩埚标记的方法

纯瓷坩埚用1∶4的盐酸煮1～2 h，洗净晾干后，用三氯化铁与蓝墨水的等体积混合液在坩埚外壁及盖上编号，置于500～550℃的高温炉中灼烧0.5～1 h，移至炉口，冷却至200℃以下，取出坩埚，置于干燥器中冷却至室温，称重，再放入高温炉内灼烧0.5 h，取出冷却称量，直至恒重(两次称量之差不超过0.5 mg)。

2. 各种灰分的代表物质

(1)水溶性灰分　反映的是可溶性的K、Na、Ca、Mg等的含量；

(2)水不溶性灰分　反映的是污染的泥沙和Fe、Al等氧化物及碱土金属的碱性磷酸盐的含量；

(3)酸不溶性灰分　反映的是污染的泥沙和食品中原来存在的微量氧化硅的含量。

3. 除总灰分外，其他灰分的测定方法有哪些？

用热水提取总灰分，经无灰滤纸过滤、灼烧、称量残留物，测得水不溶性灰分，由总灰分和水不溶性灰分的质量之差计算水溶性灰分；酸不溶性灰分用盐酸溶液处理总灰分，过滤、灼烧、称量残留物，从而计算出酸不溶性灰分。

项目三
酸度测定

知识目标

1. 能够说明酸度的种类及检验意义；
2. 能够理解酸度测定的原理。

技能目标

1. 根据不同样品选择相应的酸度含量检验方法，并依据相应标准正确进行称量、溶液配制、滴定等操作；
2. 正确进行滴定操作；
3. 根据称量结果正确计算酸度含量，并正确对检验结果进行取舍和评价。

德育目标

1. 培养学生谨慎求实的工作态度；
2. 培养学生实事求是的职业操守。

食品中的酸性物质包括有机酸、无机酸、酸式盐以及某些酸性有机化合物(如单宁、蛋白质分解产物等)。这些酸有的是食品中本身固有的,例如果蔬中的苹果酸、柠檬酸、酒石酸、醋酸、草酸,鱼肉类中的乳酸等;有的是外加的,如配制型饮料中加入的柠檬酸;有的是因发酵而产生的,如酸奶中的乳酸。

食品中存在的酸类物质对食品的色、香、味、成熟度、稳定性和质量的好坏都有影响,对于食品质量和食品加工均有重要作用。

1. 显味剂

大多数的有机酸具有很浓的水果香味,能刺激食欲,促进消化,在维持人体体液酸碱平衡方面起着重要的作用。

2. 保持颜色稳定

在水果加工过程中,如果加酸降低介质的 pH,可抑制水果的酶促褐变;选用 pH 6.5~7.2 的沸水热烫蔬菜,能很好地保持绿色蔬菜特有的鲜绿色。

3. 防腐作用

酸味物质在食品中还能起到一定的防腐作用。当食品的 pH 小于 2.5 时,一般除霉菌外,大部分微生物的生长都受到了抑制;若将醋酸的浓度控制在 6%时,可有效地抑制腐败菌的生长。

因此,测定食品酸度具有十分重要的意义。测定酸度可判断果蔬的成熟程度。根据果蔬中酸度和糖的相对含量的比值可以判断果蔬的成熟度,如柑橘、番茄等随着成熟度的增加其糖酸比增大,口感变好。测定酸度也可判断食品的新鲜程度,当水果发酵制品的醋酸含量在 0.1%以上时则说明制品已腐败;如牛乳及其制品、番茄制品、啤酒等乳酸含量高时,说明这些制品已由乳酸菌引起腐败。水果制品中含有游离的半乳糖醛酸时,说明已受到污染开始霉烂。酸度还是一个重要的质量指标。新鲜的油脂常常是中性的,随着脂肪酶水解作用的进行,油脂中游离脂肪酸的含量不断增加,其新鲜程度也随之下降,油脂中游离脂肪酸含量的多少,是其品质好坏和精炼程度的重要指标之一。

酸度可分为总酸度、有效酸度和挥发酸度。总酸度是指食品中所有酸性物质的总量,包括离解的和未离解的酸,常用标准碱溶液进行滴定,故总酸又称可滴定酸度。有效酸度是指样品中呈游离状态的氢离子的浓度(准确地说应该是活度),常用 pH 表示,用 pH 计(酸度计)测定。挥发酸是指易挥发的有机酸、醋酸、甲酸及丁酸等可通过蒸馏法分离,再用标准碱溶液进行滴定。

任务一　总酸测定（酸碱滴定法）

【任务要求】

1. 掌握酸碱滴定法的原理；
2. 学习和正确理解国标，并按国标要求制定工作流程；
3. 正确进行称量、溶液配制、滴定、计算，并正确对数据取舍和评价。

【参考标准】

本任务主要参考《食品中总酸的测定》(GB 12456—2008)的第一法。本标准适用于果蔬制品、饮料、乳制品、饮料酒、蜂产品、淀粉制品、谷物制品和调味品等食品中总酸的测定，不适用于有颜色或浑浊不透明的试液。同时参考《食品安全国家标准　食品酸度的测定》(GB 5009.239—2016)的第一法——酚酞指示剂法。

【任务实施】

食品中的有机酸(弱酸)用标准碱液滴定时，被中和生成盐类。用酚酞作指示剂，当滴定到终点(pH＝8.2，指示剂显红色)时，根据消耗的标准碱液浓度和体积，计算出样品总酸的含量。其反应式如下：

$$RCOOH + NaOH \longrightarrow RCOONa + H_2O$$

一、实验设备准备

组织捣碎机、研钵、水浴锅、滴定分析用玻璃器皿、分析天平。

二、试剂及配制

(1)0.1 mol/L NaOH 标准溶液的配制(参考 GB/T 601—2016)　称取 110 g 氢氧化钠，溶于 100 mL 无 CO_2 的水中，摇匀，注入聚乙烯容器中，密闭放置至溶液清亮，用塑料管量取上清液 5.4 mL，用无 CO_2 的水稀释至1 000 mL。根据样品中酸度大小，也可以调整其浓度，如 0.01 mol/L 或 0.05 mol/L。

标定：称取于 105～110℃电烘箱中干燥至恒重的工作基准试剂邻苯二甲酸氢钾 0.75 g，加入 50 mL 无 CO_2 的蒸馏水溶解，加 2 滴酚酞指示液(10 g/L)，用配制的氢氧化钠溶液滴定至溶液呈粉红色，保持 30 s，同时做空白试验。

NaOH 溶液浓度计算方法如下：

$$c=\frac{m\times 1\,000}{(v_1-v_2)\times 204.22}$$

式中：

c——NaOH 标准溶液的浓度(mol/L)；

m——基准物质邻苯二甲酸氢钾的质量(g)；

v_1——标定时所消耗 NaOH 的体积(mL)；

v_2——空白试验时所消耗 NaOH 的体积(mL)；

204.22——邻苯二甲酸氢钾的摩尔质量(g/mol)。

(2)10 g/L 酚酞-乙醇溶液的配制　称取 1 g 酚酞，溶解于 60 mL95％乙醇中，用水稀释至 100 mL。

三、试样制备

1. 固体试样

去除不可食部分，取有代表性的样品至少 200 g，置于研钵或组织捣碎机中，加入与试样等量的水，研碎或捣碎，混匀。面包应取其中心部分混匀，直接供制备试液。若是果蔬及其制品，需去皮、去柄、去核后，切成块状后再捣碎或研碎。

2. 固液体样品

按样品的固液比例至少取 200 g，用研钵研碎，或用组织捣碎机捣碎，混匀后置于密闭玻璃容器内。

3. 液体样品

不含 CO_2的样品，充分混合均匀，置于密闭玻璃容器内。含 CO_2的样取至少 200 g 充分混匀的样品，置于 500 mL 锥形瓶或烧杯中，置于电炉上，边搅拌边加热至微沸腾，保持 2 min，称量，用煮沸过的水补充至煮沸前的质量，置于密闭玻璃容器内。

4. 固体样品

按样品固、液体比例至少取 200 g，用组织捣碎机捣碎，混匀后置于密闭玻璃容器内。

四、试液的制备

(1)总酸含量小于或等于 4 g/kg 的试样　用快速滤纸过滤，收集滤液，用于测定。

(2)总酸含量小于或等于 4 g/kg 的试样　称取 10～15 g 第三步所制备试样，精确至 0.001 g。置于 100 mL 烧杯中，用约 80℃煮沸过的水将烧杯中的内容物转移到 250 mL 容量瓶中。置于沸水浴中煮沸 30 min(摇动 2～3 次，使试样中的有机酸全部溶解于溶液中)，取出，冷却至室温(约 20℃)，用煮沸过的水定容至 250 mL。用快速滤纸过滤，收集滤液，用于测定。

五、滴定

1. 样品滴定

准确吸取已制备好的滤液 25.000～50.000 g，或 25～50 mL 于 250 mL 锥形瓶中，加水 40～60 mL 和 0.2 mL 酚酞指示剂，用0.1 mol/L NaOH 标准溶液滴定至微红色，0.5 min 不褪色，记录消耗 0.1 mol/L NaOH 标准溶液的体积（mL）。如果酸度较小，可以改用 0.05 mol/L NaOH 或 0.01 mol/L NaOH 溶液。同一样品测定两次。

2. 空白试验

用水代替试液，按样品滴定方法操作，记录消耗 0.1 mol/L NaOH 标准溶液的体积（mL）。

六、结果计算

$$x = \frac{c \times (v_1 - v_2) \times k \times F}{m} \times 1\,000$$

式中：

x——样品中总酸含量的质量分数（g/kg）；

c——氢氧化钠标准滴定溶液浓度的准确的数值（mol/L）；

v_1——滴定试验时消耗氢氧化钠标准滴定溶液的体积的数值（mL）；

v_2——空白试验时消耗氢氧化钠标准滴定溶液的体积的数值（mL）；

F——试液的稀释倍数；

m——试样的质量（g）；

k——换算成适当酸的系数。其中苹果酸为 0.067、醋酸为 0.060、酒石酸为 0.075、乳酸为 0.090、柠檬酸（含 1 分子水）为 0.070。

【记录与结果分析】

酸含量测定结果，如表 4-3-1 所示。

表 4-3-1　酸含量测定结果

样品来源		检验时间		实验室条件		检验人员		
样品名称	c/(mol/L)	v_1/mL	v_2/mL	k	F	总酸含量/(g/kg)	精密度	平均总酸含量/(g/kg)

续表 4-3-1

计算公式	$$x=\frac{c\times(v_1-v_2)\times k\times F}{m}\times 1\,000$$
精密度公式	
实验结论	

注：1. 计算结果表示到小数点后 2 位；

2. 精密度：在重复性条件下获得的 2 次独立测定结果的绝对差值不得超过算术平均值的 2%。

[师徒共研]

1. 当食品中含有多种有机酸时如何计算？

当食品中含有多种有机酸时，总酸度测定的结果一般以样品中含量最多的酸来表示。柑橘类果实及其制品和饮料以柠檬酸表示；葡萄及其制品以酒石酸表示；苹果、核果类果实及其制品和蔬菜以苹果酸表示；乳品、肉类、水产品及其制品以乳酸表示；酒类、调味品以乙酸表示。

2. 为什么选择用酚酞作指示剂？

食品中的有机酸均为弱酸，用强碱（NaOH）滴定时，其滴定终点偏碱，pH 一般在 8.2 左右，所以，可选用酚酞作为指示剂。

3. 当滤液颜色较深影响判断终点时该如何处理？

若滤液有颜色（如带色果汁等），会使终点颜色变化不明显，从而影响滴定终点的判断，可加入约同体积的无 CO_2 蒸馏水稀释，或用活性炭脱色，或用原样液对照，以及用外指示剂法等方法来减少干扰。对于颜色过深或浑浊的样液，可用电位滴定法进行测定。

4. 用滴定法测定挥发酸含量如何操作？

测定挥发酸的方法有直接法和间接法。直接法是通过水蒸气蒸馏或溶剂萃取把挥发酸分离出来 然后用标准碱滴定。间接法是将挥发酸蒸发排除后，用标准碱滴定不挥发酸，最后从总酸度中减去不挥发酸即为挥发酸含量。前者操作方便，较常用，适用于挥发酸含量较高的样品。

一般多用直接法。样品经适当处理后，加适量磷酸使结合态挥发酸游离出。用水蒸气蒸馏分离出总挥发酸，经冷凝收集后，以酚酞作指示剂，用标准碱液滴定。根据标准碱消耗量计算出样品中总挥发酸含量。

5. 如何减小滴定误差？

样品在稀释用水时应根据样品中酸的含量来定，为了使误差在允许的范围内，一般要求滴定时消耗 0.1 mol/L NaOH 不小于 5 mL，最好应在 10～15 mL。

[知识链接]

1.食品中常见的有机酸

(1)苹果酸　在果实中以仁果类的苹果、梨,以及核果类的桃、杏、樱桃等含量较多;蔬菜中以莴苣、番茄含量较多。

(2)柠檬酸　柑橘类果实所含的主要有机酸。

(3)酒石酸　葡萄中含有的主要有机酸故有葡萄酸之称。

(4)草酸　果蔬中普遍存在的一种有机酸。在菠菜、竹笋中含量较多,在果实中含量极少。

2.常见水果中有机酸的含量

果实中的含酸量及相对比例因种类和品种不同而异,一般为0.3%~0.5%,低的仅0.1%左右,而柠檬和黑醋栗的有机酸含量高达3%以上。果实的不同部位、成熟度和贮藏等对果实的含酸量也有影响。同一果实一般近果皮的果肉或尚未成熟的果肉含酸量较高。果实成熟时,一般总酸含量下降。在核桃中,柠檬酸下降速率快于苹果酸;而在苹果和梨中,情况相反。果实中不同部位含酸比例也不相同,如在橘子皮中以苹果酸为主,而不是以柠檬酸为主。除了柠檬酸和苹果酸外,还有一些有机酸也少量存在于不同的水果中,如酒石酸、草酸、异柠檬酸、琥珀酸、乳酸、甘油酸、乙醛酸、草酰乙酸、奎宁酸等。

3. 一些果蔬的pH

常见果蔬和食品pH见表4-3-2。

表4-3-2　常见果蔬和食品pH

果蔬名称	pH	果蔬名称	pH	果蔬名称	pH
苹果	3.0~5.0	梨	3.2~3.95	西瓜	6.0~6.4
草莓	3.8~4.4	杏	3.4~4.0	桃	3.2~3.9
橙	3.55~4.9	豌豆	6.1	辣椒(青)	5.4
番茄	4.1~4.8	菠菜	5.7	胡萝卜	5.0
南瓜	5.0	鱼肉	6.6~6.8	鸡肉	6.2~6.4
羊肉	5.4~6	猪肉	5.3~6.9	鲜蛋白	7.8~8.8
鲜蛋黄	6.0~6.3	牛乳	6.5~7.0		

4. 味觉与酸度

人的味觉只对H^+有感觉,所以,总酸度高,口感不一定酸。在一定的pH下,人类对酸味的感受强度不同,如醋酸>甲酸>乳酸>草酸>盐酸。

一般食品pH<3.0时,难以适口;pH<5为酸性食品;pH 5~6无酸味感觉。

5. 不同酸度的K值

因食品中含有多种有机酸,总酸度测定结果通常以样品中含量最多的那种酸表示。一般分析葡萄及其制品时，用酒石酸表示，其 $K=0.075$；分析柑橘类果实及其制品时，用柠檬酸表示，$K=0.064$ 或 0.070(带 1 分子水)；分析苹果、核桃类果实及其制品时，用苹果酸表示，$K=0.067$；分析乳品、肉类、水产品及其制品时，用乳酸表示，$K=0.090$；分析酒类、调味品时，用乙酸表示，$K=0.060$。

任务二 pH计法

【任务要求】

1. 掌握 pH 计法测定有效酸度的原理；
2. 学习和正确理解国标，并按国标要求制定工作流程；
3. 正确校正 pH 计并准确测量。

【参考标准】

本任务依据各型号酸度计使用说明操作。原理是将电极电位随溶液氢离子浓度变化而变化的玻璃电极(指示电极)和电极电位不变的甘汞电极(参比电极)插入被测溶液中组成一个电池，那么电池的电动势即与溶液的 pH 有关，可用于 pH 的测定。

【任务实施】

有效酸度是指溶液中 H^+ 的浓度，反映的是已解离的那部分酸的浓度，常用 pH 表示。在食品酸度中，有效酸度往往更具有实际意义，更能说明问题。pH 的测定方法有很多，如电位法(pH 计法)、比色法及化学法等，常用的方法为电位法及比色法。电位法(pH 计法)，适用于各类饮料、果蔬及其制品，以及肉、蛋类等食品中 pH 的测定。它具有准确度较高(可准确到 0.01 pH 单位)，操作简便，不受试样本身颜色的影响等优点，在食品检验中得到广泛的应用。比色法是利用不同的酸碱指示剂来显示 pH。由于各种不同酸碱指示剂在不同的 pH 范围内显示不同的颜色，因此，可以用不同指示剂的混合物显示各种不同的颜色来指示溶液的 pH。常用的 pH 试纸就属于这一类，它具有简便、经济、快速等优点，但结果不甚准确，仅能粗略地估计各类样液的 pH。本任务采用 pH 计法。

一、实验设备准备

pH 计(酸度计)、电磁搅拌器、高速组织捣碎机。

二、试剂及配制

pH 标准缓冲液。目前市面上有各种浓度的标准缓冲液试剂供应，每包试剂按其要求的方法溶解定容即可，也可按以下方法配制。

(1)pH＝1.68 标准缓冲溶液(20℃)　称取 12.71 g 优级纯草酸钾($K_2C_2O_4 \cdot H_2O$)溶于蒸馏水中，并稀释定容至 1 000 mL，混匀备用。

(2)pH＝4.01 标准缓冲溶液(20℃)　称取在(115±5)℃烘干 2～3 h，并经冷却的优级纯邻苯二钾酸氢钾($KHC_8H_4O_4$)10.12 g 溶于无 CO_2 的蒸馏水中，并稀释至 1 000 mL。

(3)pH＝6.88 标准缓冲溶液(20℃)　称取在(115±5)℃烘干 2～3 h，并经冷却的优级纯磷酸二氢钾(KH_2PO_4)3.39 g 和优级纯无水磷酸氢二钠(Na_2HPO_4)3.53 g 溶于蒸馏水中并稀释至 1 000 mL。

(4)pH＝9.22 标准缓冲溶液(20℃)　称取优级纯硼砂($Na_2B_4O_7 \cdot 10H_2O$)3.80 g，溶于无 CO_2 的蒸馏水中，并稀释至 1 000 mL。

上述 4 种标准缓冲溶液通常能稳定保存 2 个月。

三、样品处理

(1)果蔬样品　果蔬样品榨汁后，取其压榨汁直接进行测定。对于果蔬干制品，可取适量样品，加数倍的无 CO_2 蒸馏水，在水浴上加热 30 min，再捣碎、过滤，取滤液进行测定。

(2)肉类制品　称取 10 g 已除去油脂并绞碎的样品于 250 mL 锥形瓶中，加入 100 mL 无 CO_2 蒸馏水，浸泡 15 min(随时摇动)，过滤，取滤液进行测定。

(3)罐头制品(液固混合样品)　将内容物倒入组织捣碎机中，加适量水(以不改变 pH 为宜)捣碎，过滤，取滤液进行测定。

(4)液体样品　不含 CO_2 的液体样品可直接测定；对含 CO_2 的液体样品(如碳酸饮料、啤酒等)，要先去除 CO_2，其方法同总酸度测定。

四、pH 计的校正

(1)活化后的电极须进行标定，如连续使用，可每天标定一次；

(2)插上复合电极，打开电源按键按“模式”按键调到 pH 档；

(3)按仪器“温度”“↑”“↓”按键，使仪器显示值达到溶液的温度值，此时仪器的“℃”灯点亮，过几秒钟仪器自动回到 pH 测量状态；

(4)用蒸馏水清洗电极，插入已配好的 pH＝6.88 的缓冲溶液中；

(5)调节仪器“定位”“↑”“↓”按键，使仪器显示读数与该缓冲溶液当时温度下的 pH 相一致；

(6)用蒸馏水清洗电极再插入 pH＝4.01 的标准缓冲溶液中，调节仪器“斜率”“↑”“↓”按键，使仪器显示读数与缓冲液中当时温度下的 pH 相一致；

(7)重复(4)～(6)步骤进行标定，直至不用再调节定位或斜率的调节按键为止，标定完成。

各型号酸度计可能校正过程略有不同，可参照说明书进行。

五、样液有效酸度测定

(1)用蒸馏水清洗电极头部，用被测溶液清洗 2～3 次，擦干；

(2)把电极浸入被测溶液中，用玻棒搅拌溶液，使溶液均匀，在显示屏上读出溶液的 pH；

(3)如被测溶液和定位溶液温度不同时，则先用温度计测出被测溶液的温度，调节温度按键使仪器显示的温度与被测溶液的温度一致，再按步骤(2)读出溶液的 pH。

【记录与结果分析】

表 4-3-3 有效酸度测定记录

样品名称	次数	有效酸度	平均酸度
	平行 1		
	平行 2		
	平行 1		
	平行 2		
	平行 1		
	平行 2		
	平行 1		
	平行 2		

[师徒共研]

1. 如何维护酸度计？

(1)pH 计的输入端必须保持干燥清洁，防止灰尘及水汽浸入；

(2)测量时电极的引入导线应保持静止，否则会引起测量不稳定；

(3)用缓冲溶液标定仪器时，要保证缓冲溶液的可靠性，不能错配缓冲溶液，否则将使测量结果产生误差；

(4)玻璃电极使用前，要在蒸馏水中浸泡一昼夜以上；连续使用的间歇期也都应浸泡在蒸馏水中，长期不用时，可洗净吸干后装盒保存，再次使用时应浸泡 24 h 以上。

(5)定位所用标准缓冲溶液的 pH 应与被测溶液的 pH 接近(例如现成的 pH 4.01、6.88、9.18 缓冲液等)。

2. 酸度计使用的注意事项

(1)经标定后，除温度每次都测量外，“定位”与“斜率”不应再有变动。

(2)避免一些有机溶液如甲苯、二甲苯和丁酮等的侵蚀。

(3)对于油脂类，测完后用蘸有丙酮或肥皂水的原棉除去。

(4)如果电极受硫化银污染，请将电极浸入硫脲溶液中除去。

(5)电极玻璃膜部分用纸巾或滤纸吸干，不允许摩擦玻璃泡部分。

(6)pH 计不用时浸泡在饱和 KCl 溶液中。长时间干存的敏感膜可在 4% 氢氟酸溶液中浸泡 3～5 s，并用蒸馏水冲洗，用 0.1 mol/L 的盐酸溶液浸泡，使之复新，再在 3 mol/L 的 KCl 溶液中浸泡 6 h 后，方可使用。

(7)电极不允许倒置。

[知识链接]

1. pH 计示数不稳定现象的原因分析

(1)检查电极是否已损坏；

(2)可能是电极使用的时间太长了，可先校准，看一下电极是否有效；

(3)可试用 2.5 mol/L 的 KCl 溶液浸泡探头；

(4)清洗一下玻璃球，可能上面附着了一些有机物，导致反应不灵敏；

(5)在测定时，溶液吸收 CO_2，导致 pH 不断上升；

(6)接触不良；

(7)pH 计如果轻微晃动的话，读数也会发生改变。

2. 电极需要校正的几种情况

(1)溶液温度与标定时的温度有较大差异；

(2)电极干燥过久；

(3)新更换电极；

(4)“定位”或“斜率”调节器有变动，或可能有变动时；

(5)测量过浓酸(pH＜2)或浓碱(pH＞12)之后；

(6)测量过含有氟化物且 pH＜7 的溶液之后或测量过较浓的有机溶液之后。

任务三 电位滴定仪法

【任务要求】

1. 掌握电位滴定仪法测定乳和乳制品酸度的原理；

2. 学习和正确理解国标，并按国标要求制定工作流程；

3. 正确滴定并准确计算。

【参考标准】

本任务主要参考《食品安全国家标准　食品中酸度的测定》(GB 5009.239—2016)的第三法——电位滴定仪法。其原理与总酸测定相似：中和 100 g 试样至 pH 为 8.3 所消耗的 0.100 0 mol/L 氢氧化钠体积，经计算确定其酸度。本法适用于乳及乳制品酸度的测定。

【任务实施】

一、实验设备准备

分析天平(感量为 0.001 g)、电位滴定仪、碱式滴定管(分刻度为 0.1 mL)、水浴锅。

二、试剂及配制

氢氧化钠标准溶液：同总酸测定中的相关方法；氮气；中性乙酸-乙醚混合液：取等体积的乙醇、乙醚混合后加 3 滴酚酞指示液，以氢氧化钠溶液(0.1 mol/L)滴定至微红色；不含 CO_2 的蒸馏水。

三、样品分析

1. 巴氏杀菌乳、灭菌乳，生乳、发酵乳

称取 10 g(精确到 0.001 g)已混匀的试样，置于 150 mL 锥形瓶中，加 20 mL 新煮沸冷却至室温的水，混匀，用氢氧化钠标准溶液电位滴定至 pH＝8.3 为终点。记录消耗的氢氧化钠标准滴定溶液的体积。滴定过程中，向锥形瓶中吹氮气，防止溶液吸收空气中的 CO_2。

2. 奶油

称取 10 g(精确到 0.001 g)已混匀的试样，置于 250 mL。锥形瓶中，加 30 mL 中性乙醇-乙醚混合液，混匀，用氢氧化钠标准溶液电位滴定至 pH＝8.3 为终点。滴定过程中吹入氮气。

3. 炼乳

称取 10 g(精确到 0.001 g)已混匀的试样，置于 250 mL 锥形瓶中，加 60 mL 新煮沸冷却至室温的水溶解，混匀，用氢氧化钠标准溶液电位滴定至 pH＝8.3 为终点。滴定过程中吹入氮气。

4. 干酪素

称取 5 g(精确到 0.001 g)经研磨混匀的试样于锥形瓶中，加入 50 mL 不含 CO_2 的蒸馏水，于室温下(18～20℃)放置 4～5 h，或在水浴锅中加热到 45℃并在此温度下保持 30 min，再加 50 mL 同上的蒸馏水，混匀后，通过干燥的滤纸过滤。吸取滤液 50 mL 于锥形瓶中，用氢氧化钠标准溶液电位滴定至 pH＝8.3 为终点。滴定过程中吹入氮气。

5. 空白滴定

用相应体积的不含 CO_2 的蒸馏水做空白实验，读取耗用氢氧化钠标准溶液的体积(mL)，适用于 1、3、4 中的样本。用 30 mL 中性乙醇-乙醚混合液做空白实验，读取耗用氢氧化钠标准溶液的体积(mL)，适用于 2 中的样本。

空白所消耗的氢氧化钠的体积应不小于零，否则应重新制备和使用符合要求的蒸馏水或中性乙醇-乙醚混合液。

四、结果计算

(1)巴氏杀菌乳、灭菌乳、生乳、发酵乳、奶油和炼乳　试样中的酸度数值以“°T”表示，按下式计算：

$$x = \frac{c \times (v_1 - v_0) \times 100}{m \times 0.1}$$

式中：

x——试样的酸度(°T)；

c——氢氧化钠标准溶液的浓度(mol/L)；

v_1——滴定时所消耗氢氧化钠标准溶液的体积(mL)；

v_0——空白试验所消耗氢氧化钠标准溶液的体积(mL)；

100——100 g 试样；

0.1——酸度理论定义氢氧化钠的物质的量浓度(mol/L)；

m——试样的质量(g)。

(2)干酪素　试样中的酸度数值以(°T)表示，按下式计算：

$$x=\frac{c\times(v_1-v_0)\times100\times2}{m\times0.1}$$

式中：

2——试样的稀释倍数；

其他变量的含义同(1)中巴氏杀菌乳、灭菌乳、生乳等的计算公式。

【记录与结果分析】

表 4-3-4　乳或乳制品酸度测定结果

样品来源		实验室条件		检验时间	检验人员		
样品名称	$c/(\mathrm{mol\cdot L^{-1}})$	v_1/mL	v_0/mL	m/g	酸度/°T	精密度	平均酸度/°T
计算公式	$x=\frac{c\times(v_1-v_0)\times100}{m\times0.1}$ 或 $x=\frac{c\times(v_1-v_0)\times100\times2}{m\times0.1}$						
精密度公式							
实验结论							

注：1. 结果保留 3 位有效数字；

2. 精密度：在重复性条件下获得的两次独立测定结果的绝对差值不得超过算术平均值的 10%。

[师徒共研]

如果滴定结果的重现性比较差，有什么改进措施？

对于任何滴定分析，首先要了解什么样的精度要求才是有意义的和必须的。然后如果发现一些结果还是超出了允许的误差范围，需要从以下几点去找原因。

(1)待测样品是否在整个样品中具有代表性。也许在实际测量前，样品可能来自一个没有混合均匀的样本，或在取样后，样品暴露在不同的环境条件下。例如样品在滴定前放置不同的时间，就会吸收不同量的空气中的 CO_2。因此建议先将滴定容器密闭起来。

(2)用多少样品来做分析。对于极少量的样品的分析，天平的性能就至关重要。

(3)如果是滴定仪自身的问题,可从以下几个方面来做检查:

①检查馈液管的末端是否有虹吸滴定头,并且工作是否正常。该滴定头是为了防止滴定剂扩散到样品中去。如果失去滴定头,滴定剂就会流入到滴定池中,并和样品反应。但这部分的消耗量是不被计算在内的,因此就能导致比较大的标准偏差。

②应检查滴定管是否漏气。如果接头没有拧紧或阀的工作不正常,就可能出现漏液。在这种情况下,并不是所有滴定仪馈送的滴定剂都被加入样品中。由于这种影响不具有重复性,就会导致较大的标准偏差。

③滴定管中是否存在气泡。气泡通常是由滴定剂中所溶解的气体如 CO_2、SO_2 或 O_2 造成的。因此,滴定剂在使用前应有脱气过程,如放置在超声波水浴中。滴定瓶托架作为滴定仪的一个附件可以将滴定瓶提升至与滴定管一样的高度,这就能确保溶液在充满滴定管时不会出现负压而造成脱气。

[知识链接]

牛乳酸度的表示方法

牛乳有 2 种酸度:外表酸度和真实酸度,总酸为两者之和。常用的酸度表示方法有以下三种。

(1)吉涅尔度　用°T 表示,指取 10 mL 牛奶,用 20 mL 蒸馏水稀释,用酚酞作指示剂,然后用 0.1 mol/L 氢氧化钠溶液滴定,按所消耗的氢氧化钠的体积表示。消耗 0.1 mL 为 1°T,健康牛奶的酸度为 15～18°T。存放时间过长或乳牛健康状况不佳,可使牛乳酸度降低。

(2)乳酸的质量分数　乳酸(%)=$(v\times 0.009\div m)\times 100$。式中:$v$ 表示酸碱滴定中消耗 NaOH 溶液的体积,m 表示样品质量。

(3)pH　新鲜牛乳的 pH 为 6.4～6.8,酸败乳或初乳的 pH 在 6.4 以下,病牛(乳腺炎)乳或低酸度乳 pH 在 6.8 以上。

项目四
脂类测定

知识目标

1. 能够说出脂肪检验的重要性；
2. 能够准确表述脂肪的功能；
3. 明确各种脂肪测定方法的原理。

技能目标

1. 根据不同样品选择相应的脂肪含量检验方法，并依据相应标准正确进行称量、抽提、回收等操作；
2. 正确使用脂肪检验的设备和工具；
3. 根据称量结果正确计算脂肪含量，并正确对检验结果进行取舍和评价。

德育目标

1. 培养学生安全操作意识；
2. 培养学生环保意识；
3. 培养学生实事求是的职业操守。

脂肪在人体内具有重要功能。脂肪是构成身体细胞的重要成分之一，尤其是脑神经、肝脏、肾脏等重要器官中含有很多脂肪。其能为人体提供必需的脂肪酸；脂肪还富含热能营养素，是人体热能的主要来源；脂肪与蛋白质结合生成的脂蛋白，调节人体生理机能和完成体内生化反应；脂肪还具有调节生理机能的作用。因为脂肪不是良好的导热体，所以皮下的脂肪组织构成了保护身体的隔离层，能防止热量的发散，所以脂肪有保持体温的作用。同时，脂肪还有保护内脏器官，滋润皮肤和防震作用，也是脂溶性维生素的良好溶剂，有助于脂溶性维生素的吸收。

长期缺乏脂肪性成分，就容易引起人体维生素 A、维生素 D 的缺乏症，以致出现皮肤干燥，头发枯燥、脱落及患夜盲症、干眼症等疾病。但是，如果长期摄入脂肪过多的食物，能量猛增，会造成脂肪堆积，引起发胖，带来高血压、高血脂、糖尿病、冠心病、脑梗死等各种慢性疾病，给人体造成严重危害。

原料、半成品、成品中脂类含量直接影响产品外观、风味、口感、组织结构、品质等。尤其是烘焙食品，脂肪含量对面包心的柔软度、面包的体积及其结构都有直接影响。因此，脂肪含量是一项重要的控制指标，不仅可以评价食品的品质、衡量食品的营养价值，还对实现生产过程控制、实现工艺监督均具有重要意义。

食品中脂肪的存在形式有游离态的，如动物性脂肪和植物性油脂；也有结合态的，如天然存在的磷脂、糖脂、脂蛋白及某些加工食品（如焙烤食品、麦乳精等）中的脂肪与蛋白质或碳水化合物等形成结合态。对于大多数食品来说，游离态的脂肪是主要的，结合态的脂肪含量较少。

脂类不溶于水，易溶于有机溶剂。测定脂类大多采用低沸点有机溶剂萃取的方法。常用的溶剂有无水乙醚、石油醚、氯仿-甲醇的混合溶剂等。食品的种类不同，其脂肪的含量及存在形式不同，因此测定的方法也就不同。常用测定脂肪的方法有：索氏提取法、酸水解法、罗紫-哥特里法、巴布科克氏法和盖勃氏法、氯仿-甲醇提取法等。过去普遍采用索氏提取法，该法至今仍被认为是测定多种食品脂类含量的具有代表性的方法，但对某些样品其测定结果往往偏低。酸水解法能对包括结合脂在内的全部的脂类进行测定。罗紫-哥特里法、巴布科克氏法和盖勃氏法主要用于乳及乳制品中的脂类的测定。

任务一 索氏提取法

【任务要求】

1. 掌握索氏提取法检验的原理；
2. 学习和正确理解国标，并按国标要求制定工作流程；

3. 正确进行称量、抽提、回收、计算,并正确对数据取舍和评价。

【参考标准】

本任务主要参考《食品中脂肪的测定》(GB 5009.6—2016)的第一法。索氏提取法适用于水果、蔬菜及其制品、粮食及粮食制品、肉及肉制品、蛋及蛋制品、水产及其制品、焙烤食品、糖果等食品中游离态脂肪含量的测定。

【任务实施】

将经过预处理而干燥分散的样品用无水乙醚或石油醚等溶剂进行提取,使样品中的脂肪进入溶剂当中,然后从提取液中回收溶剂,最后所得到的残留物即为脂肪(或粗脂肪)。由于残留物中除了主要含游离脂肪外,还含有磷脂、色素、树脂、蜡状物、挥发油、糖脂等物质,所以用索氏提取法测得的为粗脂肪。由于索氏提取法中所使用的无水乙醚或石油醚等有机溶剂,只能提取样品中的游离脂肪,故该法测得的仅仅是游离态脂肪,而结合态脂肪未能测出来。故乙醚、石油醚适用于已烘干磨碎、潮解结块的样品且只能提取样品中游离态的脂肪。

一、实验设备准备

分析天平(感量 0.001 g 和 0.000 1 g)、电热恒温箱、电热恒温水浴锅、粉碎机、干燥器(内附干燥剂,如硅胶)、滤纸筒、蒸发皿、石英砂、脱脂线、脱脂棉、索氏抽提器。

二、试剂

无水乙醚、石油醚(沸程为 30～60℃)。

三、试样处理

(1)固体试样　称取充分混匀后的试样 2～5 g(精确至 0.001 g),全部移入滤纸筒内。

(2)液体或半固体试样　称取混匀后的试样 5～10 g,准确至 0.001 g,置于蒸发皿中,加入约 20 g 石英砂,于沸水浴上蒸干后,在电热鼓风干燥箱中于(100±5)℃干燥30 min后,取出,研细,全部移入滤纸筒内。蒸发皿及沾有试样的玻璃棒,均用沾有乙醚的脱脂棉擦净,并将棉花放入滤纸筒内。

四、抽提

将滤纸筒放入索氏抽提器的抽提筒内,连接已干燥至恒重的接收瓶,由抽提器冷凝管上端加入无水乙醚或石油醚至瓶内容积的 2/3 处,水浴加热,使无水乙醚或石油醚不断回流抽提(6～8 次/h)，一般抽提 6～10 h。提取结束时，用磨砂玻璃棒接取 1 滴提取液，磨砂玻璃棒上无油斑表明提取完毕。

五、称量

取下接收瓶，回收无水乙醚或石油醚，待接收瓶内溶剂剩余 1～2 mL 时在水浴上蒸干，再于(100±5)℃干燥 1 h，放干燥器内冷却 0.5 h 后称量。重复以上操作直至恒重(直至两次称量的差不超过 2 mg)。

六、计算

试样中脂肪的含量按下式计算：

$$x=\frac{m_1-m_0}{m_2}\times 100$$

式中：

x——试样中脂肪的含量(g/100 g)；

m_1——恒重后接收瓶和脂肪的质量(g)；

m_0——接收瓶的质量(g)；

m_2——试样的质量(g)；

100—换算系数。

【记录与结果分析】

表 4-4-1　脂肪含量测定结果表

<table>
<tr><td colspan="2">样品来源</td><td>实验室条件</td><td>检验时间</td><td colspan="3">检验人员</td></tr>
<tr><td colspan="2"></td><td></td><td></td><td colspan="3"></td></tr>
<tr><td>样品名称</td><td>m_1/g</td><td>m_0/g</td><td>m_2/g</td><td>脂肪含量
(g/100 g)</td><td>精密度</td><td>平均脂肪含量
/(g/100 g)</td></tr>
<tr><td rowspan="2"></td><td></td><td></td><td></td><td></td><td rowspan="2"></td><td rowspan="2"></td></tr>
<tr><td></td><td></td><td></td><td></td></tr>
<tr><td>计算公式</td><td colspan="6">$x=\frac{m_1-m_0}{m_2}\times 100$</td></tr>
<tr><td>精密度
公式</td><td colspan="6"></td></tr>
<tr><td>实验
结论</td><td colspan="6"></td></tr>
</table>

注：1. 计算结果保留小数点后 1 位。

2. 精密度：在重复性条件下获得的 2 次独立测定结果的绝对差值不得超过算术平均值的 10%。

[师徒共研]

1. 为保证实验结果的准确性，在实验中我们应该注意哪些事项？

(1)样品必须干燥，样品中含水分会影响溶剂提取效果，造成非脂成分的溶出。

(2)滤纸筒的高度不要超过回流弯管，否则带来测定误差。

(3)乙醚回收后，剩下的乙醚必须在水浴上彻底挥发干净，否则放入烘箱中有爆炸的危险。在使用乙醚过程中，室内应保持良好的通风状态，仪器周围不能有明火，以防止空气中有乙醚蒸气而引起着火或爆炸。

(4)脂肪接收瓶反复加热时，会因脂类氧化而增重，如增重，应以前一次测量结果为准。对富含脂肪的样品，可在真空烘箱中进行干燥，这样可避免因脂肪氧化所造成的误差。

(5)验证抽提是否完全，可将提脂管下口滴下的乙醚(或石油醚)滴在滤纸或毛玻璃上，挥发后不留下痕迹即表明已抽提完全。

(6)抽提所用的乙醚或石油醚要求无水、无醇、无过氧化物，挥发性残渣含量低。因水和醇会导致糖类及水溶性盐类等物质的溶出，使测定结果偏高。过氧化物会导致脂肪氧化，烘干时还可引发爆炸。

(7)在挥干溶剂时应避免过高的温度而造成粗脂肪氧化，使恒重困难。

(8)对于含多糖及糊精的样品，要先以冷水处理，待干燥后连同滤纸一起放入提取器内。

2. 按照国标 GB 5009.6—2016 第一法测定脂肪十分耗时，该如何改进呢？

一种方法是将样品回流 1～2 次后，放置一夜，再回流就可以减少回流次数；另一种方法是先称量样品质量 m，样品加包装干燥恒重后称量质量 m_1，抽提结束后再干燥恒重后样品加包装质量 m_2，m_1 与 m_2 两者之差即为脂肪质量，然后计算脂肪含量即可，这种方法可以一次性完成多个样品。

[知识链接]

1. 使用不同萃取剂对实验结果各有什么影响？

常用的脂肪萃取剂有无水乙醚、石油醚、氯仿-甲醇混合溶剂。前两种溶剂只能直接提取游离的脂肪，对于结合态的脂类，必须预先用酸或碱破坏脂类与非脂的结合后才能提取。因二者各有特点，故常常混合使用。

(1)乙醚沸点低(34.6℃)，溶解脂肪的能力比石油醚强。现有的食品脂肪含量的标准分析方法都是采用乙醚作为提取剂。但乙醚易燃，可饱和 2%的水分，含水乙醚会同时抽出糖分等非脂成分，所以，实际使用时必须采用无水乙醚作提取剂，被测样品也必须事先烘干。

(2)石油醚具有较高的沸点(沸程为30～60℃),吸收水分比乙醚少,但没有乙醚易燃,用它作提取剂时,允许样品含有微量的水。它没有胶溶现象,不会夹带胶态的淀粉、蛋白质等物质。石油醚抽出物比较接近真实的脂类。

(3)氯仿-甲醇是另一种有效的溶剂,它对脂蛋白、磷脂的提取效率较高,特别适用于水产品、家禽、蛋制品等食品中脂肪的提取。

2. 滤纸筒的做法

将滤纸卷筒,下端1/3处向上折,用棉线扎好,多扎几处防止松动,在纸筒里面最下方放一点脱脂棉防漏,再放提取物,最上面塞一团脱脂棉即可。

3. 脱脂棉的做法

本实验中用的棉花和线均须用脱脂棉,所谓脱脂棉即脱去了脂肪的棉花,制作流程如下:撕开,挑掉可以看见的杂质,如小石子、枯叶等。用水洗棉花至流出液清澈为止。把棉花装于搪瓷锅中,加入水至刚好能被淹没,然后向锅中加入相当于其中水重的2%～5%的NaOH,加盖煮沸后小火煮10 min。冷却,用大量水冲洗,需边洗边搓约10 min。把洗好的棉花置于洁净的纸上晾干。

要注意碱液(NaOH)有强腐蚀性,操作时必须戴手套和塑料围腰,沾于皮肤上应立即洗净。煮的时间不要太长,以免聚合度下降,影响酯化。环境干燥时须注意防尘。

4. 乙醚中过氧化物和水的检验与去除方法

(1)过氧化物　参照国标GB/T 12591—2002《化学试剂　乙醚》。

过氧化物检验:量取56 mL(40 g)样品,注入100 mL比色管中,加10 mL碘化钾溶液(100 g/L),振摇,于暗处放置30 min,沿比色管轴线方向观测,所呈黄色不得深于标准比对溶液。

标准比对溶液的制备:取过氧化氢标准溶液(分析纯0.012 mg H_2O_2;化学纯0.040 mg H_2O_2)加56 mL不含过氧化物的乙醚,与样品同时同样处理。

不含过氧化物的乙醚的制备:量取150 mL乙醚,加5 mL无水亚硫酸钠溶液(100 g/L),振摇2 min,加50 mL水,再振摇,静置,取乙醚层备用。

(2)水　用无水硫酸铜检验水,如果含有水,硫酸铜变成蓝色,即:

$$CuSO_4 + 5H_2O \longrightarrow CuSO_4 \cdot 5H_2O$$

不含水的乙醚的制备:于乙醚中加入1/10或1/20体积的200 g/L硫代硫酸钠溶液洗涤,再用水洗,然后加入少量无水氯化钙或无水硫酸钠脱水,于水浴上进行蒸馏。蒸馏时,水浴温度一般调至稍高于溶剂沸点,能达到烧瓶内沸腾即可。弃去最初及最后的1/10馏水液,收集中间馏出液备用。

任务二 酸水解法

【任务要求】

1. 掌握酸水解法的原理；
2. 学习和正确理解国标，并按国标要求制定工作流程；
3. 正确进行称量、水解、提取、计算，并正确对数据取舍和评价。

【参考标准】

本任务主要参考《食品安全国家标准　食品中脂肪的测定》(GB 5009.6—2016)第二法——酸水解法，适用于水果、蔬菜及其制品，粮食及粮食制品，肉及肉制品，蛋及蛋制品，水产及其制品，焙烤食品，糖果等食品中游离态及结合态脂肪含量的测定。对固体、半固体、黏稠状液体或液体食品，特别是加工后的混合食品，容易吸湿、结块，不易烘干的食品，其所含脂肪包含于组织内部，如面粉及其焙烤制品(面条、面包之类)；由于乙醚不能充分渗入样品颗粒内部，或由于脂类与蛋白质或碳水化合物形成结合脂，用索氏抽提法不能将其中的脂类完全提取出来，这用酸水解法效果就比较好。即在强酸、加热的条件下，使蛋白质和碳水化合物水解，使脂游离出来，然后再用有机溶剂提取。本法适用于各类食品中总脂肪含量的测定，但对含磷脂较多的一类食品，如鱼类、贝类、蛋及其制品，在盐酸溶液中加热时，磷脂几乎完全分解为脂肪酸和碱，使测定结果偏低，多糖类遇强酸易碳化，会影响测量结果。本方法测定时间短，在一定程度上可防止脂类物质的氧化。

【任务实施】

食品中的结合态脂肪必须用强酸使其游离出来，游离态的脂肪易溶于有机溶剂，试样经盐酸水解后用无水乙醚或石油醚提取，除去溶剂，即得到游离态和结合态脂肪的总含量。

一、实验设备准备

恒温水浴锅、电热板(满足 200℃高温)、锥形瓶、分析天平(感量为 0.1 g 和 0.001 g)、电热鼓风干燥箱。

材料：蓝色石蕊试纸、脱脂棉、滤纸(中速)。

二、试剂及配制

1. 试剂

无水乙醇；无水乙醚；碘；碘化钾；盐酸；石油醚。

2. 试剂配制

(1)盐酸溶液(2 mol/L)　量取 50 mL 盐酸,加水稀释至 250 mL,混匀。

(2)碘液(0.05 mol/L)　称取 6.5 g 碘和 25 g 碘化钾于少量水中溶解,稀释至 1 L。

三、试样酸水解

1. 肉制品

称取混匀后的试样 3～5 g,准确至 0.001 g,置于锥形瓶(250 mL)中,加入 50 mL 2 mol/L 盐酸溶液和数粒玻璃细珠,盖上表面皿,于电热板上加热至微沸,保持 1 h,每 10 min 旋转摇动 1 次。取下锥形瓶,加入 150 mL 热水,混匀,过滤。锥形瓶和表面皿用热水洗净,热水一并过滤。沉淀用热水洗至中性(用蓝色石蕊试纸检验,中性时试纸不变色)。将沉淀和滤纸置于大表面皿上,于 100℃干燥箱内干燥 1 h,冷却。

2. 淀粉

根据总脂肪含量的估计值,称取混匀后的试样 25～50 g,准确至 0.1 g,倒入烧杯并加入 100 mL 水。将 100 mL 盐酸缓慢加到 200 mL 水中,并将该溶液在电热板上煮沸后加入样品液中,加热此混合液至沸腾并维持 5 min,停止加热后,取几滴混合液于试管中,待冷却后加入 1 滴碘液,若无蓝色出现,可进行下一步操作。若出现蓝色,应继续煮沸混合液,并用上述方法不断地进行检查,直至确定混合液中不含淀粉为止,再进行下一步操作。

将盛有混合液的烧杯置于水浴锅(70～80℃)中 30 min,不停地搅拌,以确保温度均匀,使脂肪析出。用滤纸过滤冷却后的混合液,并用干滤纸片取出黏附于烧杯内壁的脂肪。为确保定量的准确性,应将冲洗烧杯的水进行过滤。在室温下用水冲洗沉淀和干滤纸片,直至滤液用蓝色石蕊试纸检验不变色。将含有沉淀的滤纸和干滤纸片折叠后,放置于大表面皿上,在(100±5)℃的电热恒温干燥箱内干燥 1 h。

3. 其他食品

固体试样:称取 2～5 g(精确至 0.001 g),置于 50 mL 试管内,加入 8 mL 水,混匀后再加 10 mL 盐酸。将试管放入 70～80℃水浴中,每隔 5～10 min 以玻璃棒搅拌 1 次,至试样消化完全为止,约 40～50 min。

液体试样:称取约 10 g,准确至 0.001 g,置于 50 mL 试管内,加 10 mL 盐酸。其余操作同固体试样。

四、抽提

1. 肉制品、淀粉

将干燥后的试样装入滤纸筒内,其余抽提步骤同索氏提取法。

2. 其他食品

取出试管，加入 10 mL 乙醇，混合。冷却后将混合物移入 100 mL 具塞量筒中，以25 mL 无水乙醚分数次洗试管，一并倒入量筒中。待无水乙醚全部倒入量筒后，加塞振摇 1 min，小心开塞，放出气体，再塞好，静置 12 min，小心开塞，并用乙醚冲洗塞及量筒口附着的脂肪。静置 10～20 min，待上部液体澄清，吸出上清液于已恒重的锥形瓶内，再加 5 mL 无水乙醚于具塞量筒内，振摇，静置后，仍将上层乙醚吸出，放入原锥形瓶内。

五、称量

同索氏提取法。

六、计算

同索氏提取法，只是用锥形瓶替代接收瓶。

【记录与结果分析】

表 4-4-2　脂肪含量测定结果表

<table>
<tr><td colspan="2">样品来源</td><td>实验室条件</td><td>检验时间</td><td colspan="3">检验人员</td></tr>
<tr><td colspan="2"></td><td></td><td></td><td colspan="3"></td></tr>
<tr><td rowspan="3">样品名称</td><td>m_1/g</td><td>m_2/g</td><td>m_0/g</td><td>脂肪含量/(g/100 g)</td><td>精密度</td><td>平均脂肪含量/(g/100 g)</td></tr>
<tr><td></td><td></td><td></td><td></td><td rowspan="2"></td><td rowspan="2"></td></tr>
<tr><td></td><td></td><td></td><td></td></tr>
<tr><td>计算公式</td><td colspan="6">$x=\frac{m_1-m_0}{m_2}\times 100$</td></tr>
<tr><td>精密度公式</td><td colspan="6"></td></tr>
<tr><td>实验结论</td><td colspan="6"></td></tr>
</table>

注：1. 计算结果表示到小数点后 1 位；

2. 精密度：在重复性条件下获得的 2 次独立测定结果的绝对差值不得超过算术平均值的 10%。

[师徒共研]

在本实验中,为了保证实验结果的准确性,应注意哪些事项?

(1)固体样品必须充分磨细,液体样品必须充分混匀,以使充分水解。

(2)水解时应使水分大量损失,使酸浓度升高。

(3)水解后加入乙醇可使蛋白质沉淀,降低表面张力,促进脂肪球聚合,还可以使碳水化合物、有机酸等溶解。用乙醚提取脂肪时,由于乙醇可溶于乙醚,所以需要加入石油醚,以降低乙醇在乙醚中的溶解度,使乙醇溶解物残留在水层,使分层清晰。

(4)挥干溶剂后,残留物中如有黑色焦油状杂质,是分解物与水混入所致,将使测定值增大,造成误差,可用等量乙醚及石油醚溶解后过滤,再次进行挥干溶剂的操作。

[知识链接]

酸水解法不适用的范围

不适用于含磷脂较多的鱼类、贝类、蛋及其制品;含糖高的食品。

鱼类等磷脂含量高的样品宜采用氯仿-甲醇提取法。

任务三　碱水解法

任务三　碱水解法

项目五
蛋白质和氨基酸测定

知识目标

1. 能够明确蛋白质检测的重要性；
2. 能够准确表述蛋白质的功能；
3. 明确各种蛋白质测定方法的原理。

技能目标

1. 能够根据不同样品和实验条件选择相应的蛋白质含量检测方法，并依据相应标准正确进行称量、前处理、检测等操作；
2. 能够正确使用蛋白质检测的设备和工具；
3. 能够根据称量结果正确计算脂肪含量，并正确对检测结果进行取舍和评价。

德育目标

1. 培养学生安全操作意识；
2. 培养学生环保意识；
3. 培养学生实事求是的职业操守。

蛋白质是构成机体和生命的重要物质基础，是生物体建造新组织和修补更新组织的原料，一切有生命的活体都含有不同类型的蛋白质。人体内的酸、碱及水分平衡，遗传信息的传递，物质代谢等都与蛋白质有关。

食物蛋白质最重要的作用是供给人体合成蛋白质所需要的氨基酸。由于碳水化合物和脂肪中只含有碳、氢和氧，不含氮。因此，蛋白质是人体中唯一的氮的来源。这是碳水化合物和脂肪不能代替的作用。

每克蛋白质在体内氧化供能约 16.7 kJ。蛋白质的供能作用可由碳水化合物或脂类代替，即供能是蛋白质的次要作用；碳水化合物和脂肪具有节约蛋白质的作用；蛋白质的供能是由体内旧的或已经破损的组织细胞中的蛋白质分解，以及由食物中一些不符合机体需要或者摄入量过多的蛋白质燃烧时所放出的。人体每天所需的能量有 10%～15%来自蛋白质。

儿童正在成长，或孕妇及初愈病人体内正在生长新组织，其摄入的蛋白质有一部分变成新组织。此时，其氮的摄食量必定大于排出量，这称之为氮的正平衡。至于饥饿者、食用缺乏蛋白质膳食的人，以及消耗性疾病患者，其每日的摄入氮少于排出氮而日渐消瘦，这种情况称之为氮的负平衡。

要满足蛋白质的需要，不但应进食足够的蛋白质，还应有足够的其他营养素。如果早餐光吃糖或淀粉，午餐仅吃肉，天天如此，则机体将以含氮物从尿中丢失全部食物蛋白质。只有当蛋白质与碳水化合物等其他营养素一道进食时才有可能由葡萄糖抑制分解氨基酸的脱氢酶，使氨基酸免被分解而进入大循环，作为建造和修补组织之用。

人体的酸碱平衡缓冲体系由碳酸盐缓冲对、磷酸盐缓冲对、血红蛋白缓冲对和血浆蛋白缓冲对组成。人体在正常代谢过程中，不断产生酸性物质和碱性物质，也从日常膳食中摄取酸性物质和碱性物质，酸性物质和碱性物质在人体不断变化，这种变化必须依靠机体的调节功能来保持相对平衡。那么蛋白质作为我们人体所需的 5 大营养要素，在人体内代谢产生含硫、含磷氨基酸（产生核酸分解成尿酸）的酸性物质，以此达到调节人体酸碱平衡的效果。

测定蛋白质的方法可分为两大类：一类是利用蛋白质的共有特性，即含氮量、肽键和折光率等测定蛋白质含量；另一类是利用蛋白质中特定氨基酸残基、酸性和碱性基因及芳香基团等来间接测定蛋白质含量。蛋白质含量测定最常用的方法是凯氏定氮法，它是测定总有机氮的最准确和简便的方法之一，在我国普遍使用。

任务一 凯氏定氮法

【任务要求】

1. 掌握凯氏定氮法的原理；

2. 学习和正确理解国标，并按国标要求制定工作流程；

3. 正确进行称量、消解、蒸馏、滴定、结果计算，并正确对数据取舍和评价。

【参考标准】

本任务主要参考《食品安全国家标准　食品中蛋白质的测定》(GB 5009.5—2016)的第一法——凯氏定氮法，适用于各种食品中蛋白质的测定。

【任务实施】

食品中的蛋白质在催化加热条件下被分解，产生的氨与硫酸结合生成硫酸铵。碱化蒸馏使氨游离，用硼酸吸收后以硫酸或盐酸标准滴定溶液滴定，根据酸的消耗量计算氮含量，再乘以换算系数，即为蛋白质的含量。

一、实验设备准备

天平(感量为 1 mg)、定氮蒸馏装置(图 4-5-1)、自动凯氏定氮仪。

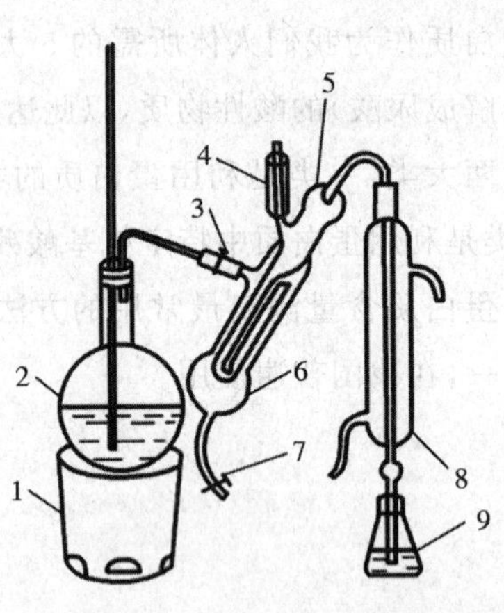

1. 电炉；2. 水蒸气发生器；3. 螺旋夹；4. 小烧杯及棒状玻塞；5. 反应室；6. 反应室外层；7. 橡皮夹及螺旋夹；8. 冷凝管；9. 蒸馏液接收瓶

图 4-5-1　凯氏定氮装置

二、试剂及配制

(1)硼酸溶液(20 g/L)　称取 20 g 硼酸,加水溶解后并稀释至 1 000 mL。

(2)氢氧化钠溶液(400 g/L)　称取 40 g 氢氧化钠加水溶解后,放冷,并稀释至 100 mL。

(3)0.050 0 mol/L 硫酸标准滴定溶液或 0.050 0 mol/L 盐酸标准滴定溶液。

(4)甲基红乙醇溶液(1 g/L)　称取 0.1 g 甲基红,溶于 95%乙醇,用 95%乙醇稀释至 100 mL。

(5)亚甲基蓝乙醇溶液(1 g/L)　称取 0.1 g 亚甲基蓝,溶于 95%乙醇,用 95%乙醇稀释至 100 mL。

(6)溴甲酚绿乙醇溶液(1 g/L)　称取 0.1 g 溴甲酚绿,溶于 95%乙醇,用 95%乙醇稀释至 100 mL。

(7)混合指示液 A　2 份甲基红乙醇溶液与 1 份亚甲基蓝乙醇溶液,临用时混合。

(8)混合指示液 B　1 份甲基红乙醇溶液与 5 份溴甲酚绿乙醇溶液,临用时混合。

三、试样称量、消解、溶液制备及测定

1. 凯氏定氮法

(1)试样处理　称取充分混匀的固体试样 0.2～2 g、半固体试样2～5 g 或液体试样 10～25 g(相当于 30～40 mg 氮),精确至 0.001 g,移入干燥的 100 mL、250 mL 或 500 mL 定氮瓶中,加入 0.4 g 硫酸铜、6 g 硫酸钾及 20 mL 硫酸,轻摇后于瓶口放一小漏斗,将瓶以 45°角斜支于有小孔的石棉网上。小心加热,待内容物全部碳化,泡沫完全停止后,加强火力,并保持瓶内液体微沸,至液体呈蓝绿色并澄清透明后,再继续加热0.5～1 h。取下放冷,小心加入 20 mL 水,放冷后,移入 100 mL 容量瓶中,并用少量水洗定氮瓶,洗液并入容量瓶中,再加水至刻度,混匀备用。同时做试剂空白试验。

如果使用消化炉消化,则需将样品和所有试剂放入定氮瓶中,加入时防止挂壁。然后放入配套定氮管架,放在消化炉中消化。根据样品不同,设置不同的温度和时间,对于易产生泡沫的样品,要先低温消化,然后转入高温消化。

(2)测定　按图 4-5-1 装好定氮蒸馏装置,向水蒸气发生器内装水至 2/3 处,加入数粒玻璃珠,加甲基红乙醇溶液数滴及数毫升硫酸,以保持水呈酸性,加热煮沸水蒸气发生器内的水并保持沸腾。

向接受瓶内加入 10.0 mL 硼酸溶液及 1～2 滴混合指示剂 A 或混合指示剂 B,并使冷凝管的下端插入液面下,根据试样中氮含量,准确吸取 2.0～10.0 mL 试样处理液由小玻杯注入反应室,以 10 mL 水洗涤小玻杯并使之流入反应室内,随后塞紧棒状玻塞。将10.0 mL 氢氧化钠溶液倒入小玻杯,提起玻塞使其缓缓流入反应室,立即将玻塞盖紧,并水封。夹紧螺

旋夹，开始蒸馏。蒸馏 10 min 后移动蒸馏液接收瓶，液面离开冷凝管下端，再蒸馏 1 min。然后用少量水冲洗冷凝管下端外部，取下蒸馏液接收瓶。尽快以硫酸或盐酸标准滴定液滴定至终点，如用混合指示液 A，终点颜色为灰蓝色；如用混合指示液 B，终点颜色为浅灰红色。同时做试剂空白。

2. 自动凯氏定氮仪法

称取充分混匀的固体试样 0.2～2 g、半固体试样 2～5 g 或液体试样 10～25 g（相当于 30～40 mg 氮），精确至 0.001 g，至消化管中，再加入 0.4 g 硫酸铜、6 g 硫酸钾及 20 mL 硫酸于消化炉进行消化。当消化炉温度达到 420℃之后，继续消化 1 h，此时消化管中的液体呈绿色透明状，取出冷却后加入 50 mL 水，于自动凯氏定氮仪（使用前加入氢氧化钠溶液，盐酸或硫酸标准溶液以及含有混合指示剂 A 或 B 的硼酸溶液）上实现自动加液、蒸馏、滴定和记录滴定数据的过程。

四、结果计算

试样中蛋白质的含量计算公式：

$$x=\frac{(v_1-v_2)\times c\times 0.0140}{m\times v_3/v_4}\times F\times 100$$

式中：

x——试样中蛋白质的含量（g/100 g）；

v_1——试液消耗硫酸或盐酸标准滴定液的体积（mL）；

v_2——试剂空白消耗硫酸或盐酸标准滴定液的体积（mL）；

c——硫酸或盐酸标准滴定溶液浓度（mol/L）；

0.014 0——1.0 mL 硫酸［$c(1/2H_2SO_4)$ = 1.000 mol/L］或盐酸［$c(HCl)$ = 1.000 mol/L］标准滴定溶液相当的氮的质量（g）；

m——试样的质量（g）；

v_3—吸取消化液的体积（mL）；

v_4—测定用消化液的定容体积（mL）；

F——氮换算为蛋白质的系数，各种食品中氮转换系数见本章任务二的知识链接；

100——换算系数。

五、精密度

在重复条件下获得的 2 次独立测定结果的绝对差值不得超过算术平均值的 10%。

【记录与结果分析】

蛋白质含量测定结果见表 4-5-1。

表 4-5-1 蛋白质检验原始记录(凯氏定氮法)

<table>
<tr><td>样品名称</td><td colspan="2"></td><td>样品编号</td><td colspan="2"></td></tr>
<tr><td>项目名称</td><td colspan="2">蛋白质检验</td><td>方法依据</td><td colspan="2">GB 5009.3—2016(第一法)</td></tr>
<tr><td>仪器设备</td><td>型号</td><td>编号</td><td>精度</td><td colspan="2">状态</td></tr>
<tr><td>天平</td><td></td><td></td><td>±0.1 mg</td><td colspan="2">□正常　　□不正常</td></tr>
<tr><td>全自动凯氏定氮仪</td><td></td><td></td><td></td><td colspan="2">□正常　　□不正常</td></tr>
<tr><td>试验环境</td><td colspan="5">温度 ______℃　湿度 ______%　气压 ______MPa</td></tr>
<tr><td colspan="3">测定参数</td><td colspan="2">平行样 1</td><td>平行样 2</td></tr>
<tr><td colspan="3">试液消耗硫酸或盐酸标准滴定液的体积 v_1/mL</td><td colspan="2"></td><td></td></tr>
<tr><td colspan="3">试剂空白消耗硫酸或盐酸标准滴定液的体积 v_2/mL</td><td colspan="2"></td><td></td></tr>
<tr><td colspan="3">硫酸或盐酸标准滴定液浓度 c/(mol/L)</td><td colspan="2"></td><td></td></tr>
<tr><td colspan="3">试样的质量 m/g</td><td colspan="2"></td><td></td></tr>
<tr><td colspan="3">吸取消化液的体积 v_3/mL</td><td colspan="2"></td><td></td></tr>
<tr><td colspan="3">消化液的定容体积 v_4/mL</td><td colspan="2"></td><td></td></tr>
<tr><td colspan="3">氮换算为蛋白质的系数 F</td><td colspan="2"></td><td></td></tr>
<tr><td colspan="3">试样中蛋白质含量 x/(g/100 g)</td><td colspan="3">$x=\frac{(v_1-v_2)\times c\times 0.0140}{m\times v_3/v_4}\times F\times 100$</td></tr>
<tr><td colspan="3">测定值/(g/100 g)</td><td colspan="2"></td><td></td></tr>
<tr><td colspan="3">平均值/(g/100 g)</td><td colspan="2"></td><td></td></tr>
<tr><td colspan="3">报出值/(g/100 g)</td><td colspan="2"></td><td></td></tr>
<tr><td>精密度公式</td><td colspan="5">精密度 Y=|测定值 x(平行样 1)−测定值 x(平行样 2)|/平均值 x×100%</td></tr>
<tr><td>备注</td><td colspan="5">F 为氮换算为蛋白质的系数。蛋白质含量≥1 g/100 g 时,结果保留 3 位有效数字;蛋白质含量<1 g/100 g 时,结果保留 2 位有效数字。</td></tr>
</table>

校核:　　　　　　　　检验员:　　　　　　　　检验日期:

[师徒共研]

1. 试样消化过程中,为什么初始阶段要小心加热?

消化初始阶段不要用强火,应保持和缓沸腾状态,以免黏附在凯氏烧瓶内壁上或消化管内壁上的含氮化合物在无硫酸存在下未消化完全而造成氮的损失。有些试样中含有脂肪或糖较多时,消化过程中易产生大量泡沫,为防止泡沫溢出瓶外,故在开始消化时小心加热,并不时地摇动烧瓶，使试样完全碳化。

2. 怎样判断试样消化是否完全？

一般试样消化至呈透明后，继续消化 30 min 即可，但对于含有特别难以消化的氮化合物样品，如含有赖氨酸、组氨酸、色氨酸、酪氨酸或脯氨酸等，要适当延长消化时间。当试样消化液不易澄清透明时，可将凯氏烧瓶先冷却，然后加入 30%过氧化氢 2～3 mL 后再继续加热消化。有机物如果分解消化完全，消化液呈蓝色或浅绿色，如含铁元素多时，消化液呈较深绿色。

3. 本实验的蒸馏过程，要求蒸馏 10 min 后移动蒸馏液接收瓶，液面离开冷凝管下端，再蒸馏 1 min，有何意义？

保证馏出液完全被吸收，防止造成吸收液倒吸，导致测定结果不准确。

[知识链接]

1. 如何配制硫酸[$c(1/2H_2SO_4)=0.0500$ mol/L]和盐酸[$c(HCl)=0.0500$ mol/L]标准滴定溶液？

标准滴定溶液就是指已知准确浓度的用于滴定分析的溶液，其制备可按照《化学试剂 标准滴定溶液的制备》(GB/T 601—2016)进行。

(1)硫酸[$c(1/2H_2SO_4)=0.0500$ mol/L]标准滴定溶液配制及标定　量取 1.5 mL 硫酸，缓缓注入 1 000 mL 蒸馏水中，冷却，摇匀完成配制；称取于 270～300℃高温炉中灼烧至恒重的工作基准试剂无水碳酸钠 0.095 g(精确至 0.01 mg)，溶于 50 mL 蒸馏水中，加 10 滴溴甲酚绿—甲基红指示液，用配制的硫酸溶液滴定至溶液由绿色变为暗红色，煮沸 2 min，加盖具钠石灰管的橡胶塞，冷却，继续滴定至溶液再呈暗红色。同时做空白试验。分别记录消耗硫酸溶液的体积，按下面公式计算得到硫酸标准滴定溶液的浓度。

$$c(1/2H_2SO_4)=\frac{m\times 1\,000}{(v_1-v_2)\times M}$$

式中：

m——无水碳酸钠质量(g)；

v_1——硫酸溶液体积(mL)；

v_2——空白试验消耗硫酸溶液体积(mL)；

M——无水碳酸钠的摩尔质量(g/mol)，$M(1/2Na_2CO_3)=52.994$ g/mol。

(2)盐酸[$c(HCl)=0.0500$ mol/L]标准滴定溶液配制标定　量取盐酸 4.5 mL，注入 1 000 mL 蒸馏水，摇匀完成配制；称取于 270～300℃高温炉中灼烧至恒重的工作基准试剂无水碳酸钠 0.095 g(精确至 0.01 mg)，溶于 50 mL 蒸馏水中，加 10 滴溴甲酚绿-甲基红指示液，用配制的盐酸溶液滴定至溶液由绿色变为暗红色，煮沸 2 min，加盖具钠石灰管的橡胶塞,冷却,继续滴定至溶液再呈暗红色。同时做空白试验。分别记录消耗盐酸溶液的体积,按下面公式计算得到盐酸标准滴定溶液的浓度。

$$c(\mathrm{HCl})=\frac{m\times 1\,000}{(v_1-v_2)\times M}$$

式中:

m——无水碳酸钠质量(g);

v_1——盐酸溶液体积(mL);

v_2——空白试验消耗盐酸溶液体积(mL);

M——无水碳酸钠的摩尔质量(g/mol),$M(1/2Na_2CO_3)=52.994$ g/mol。

2. 标准滴定溶液配制标定时,应注意哪些问题?

(1)标定和使用标准滴定溶液时,滴定速度一般应保持在6～8 mL/min。

(2)称量工作基准试剂的质量小于或等于0.5 g时,按精确至0.01 mg称量;大于0.5 g时,按精确至0.1 mg称量。

(3)制备的标准滴定溶液浓度应在规定浓度的±5%范围以内。

(4)标定标准滴定溶液的浓度时,需两人进行实验,分别做四平行,每人四平行标定结果相对极差不得大于相对重复性临界极差[$CR_{0.95}(4)_r=0.15\%$],两人共八平行标定结果相对极差不得大于相对重复性临界极差[$CR_{0.95}(8)_r=0.18\%$]。在运算过程中保留5位有效数字,取两人八平行标定结果得平均值为标定结果,报出结果取4位有效数字。

(5)标准滴定溶液的浓度小于或等于0.02 mol/L时,应于临用前将浓度高的标准滴定溶液用煮沸并冷却的蒸馏水稀释,必要时须重新标定浓度。

任务二　分光光度法

【任务要求】

1. 掌握分光光度法的原理;

2. 学习和正确理解国标,并按国标要求制定工作流程;

3. 正确进行称量、消解、溶液制备、标准曲线绘制、试样测定、结果计算,并正确对数据取舍和评价。

【参考标准】

本任务主要参考《食品安全国家标准　食品中蛋白质的测定》(GB 5009.5—2016)的第

二法——分光光度法，适用于各种食品中蛋白质的测定。

【任务实施】

食品中的蛋白质在催化加热条件下被分解，分解产生的氨与硫酸结合生成硫酸铵，在pH＝4.8 的乙酸钠-乙酸缓冲溶液中与乙酰丙酮和甲醛反应生成黄色的 3，5-二乙酰-2，6-二甲基-1，4-二氢化吡啶化合物。在波长 400 nm 下测定吸光度值，与标准系列比较定量，结果乘以换算系数，即为蛋白质含量。

一、实验设备准备

分光光度计、电热恒温水浴锅（100℃±0.5℃）、10 mL 具塞玻璃比色管、天平（感量为 1 mg）。

二、试剂及配制

1. 试剂

硫酸铜（$CuSO_4 \cdot 5H_2O$）、硫酸钾（K_2SO_4）、硫酸（H_2SO_4）、氢氧化钠（NaOH）、对硝基苯酚（$C_6H_5NO_3$）、乙酸钠（$CH_3COONa \cdot 3H_2O$）、无水乙酸钠（CH_3COONa）、乙酸（CH_3COOH）、37％甲醛（HCHO）、乙酰丙酮（$C_5H_8O_2$）。

2. 试剂配制

（1）氢氧化钠溶液（300 g/L） 称取 30 g 氢氧化钠加水溶解后，放冷，并稀释至 100 mL。

（2）对硝基苯酚指示剂溶液（1 g/L） 称取 0.1 g 对硝基苯酚指示剂溶于 20 mL 95％乙醇中，加水稀释至 100 mL。

（3）乙酸溶液（1 mol/L） 量取 5.8 mL 乙酸，加水稀释至 100 mL。

（4）乙酸钠溶液（1 mol/L） 称取 41 g 无水乙酸钠或 68 g 乙酸钠，加水溶解稀释至 500 mL。

（5）乙酸钠-乙酸缓冲溶液 量取 60 mL 乙酸钠溶液与 40 mL 乙酸溶液混合，该溶液 pH＝4.8。

（6）显色剂 15 mL 甲醛与 7.8 mL 乙酰丙酮混合，加水稀释至 100 mL，剧烈振摇混匀（室温下放置稳定 3 d）。

3. 标准溶液配制

（1）氨氮标准储备溶液（以氮计，1.0 g/L） 称取 105℃干燥 2 h 的硫酸铵 0.4720 g，加水溶解后移于 100 mL 容量瓶中，并稀释至刻度线，混匀，此溶液每毫升相当于1.0 mg 氮。

（2）氨氮标准使用溶液（0.1 g/L） 用移液管吸取 10.00 mL 氨氮标准储备液于100 mL

容量瓶内，加水定容至刻度线，混匀，此溶液每毫升相当于 0.1 mg 氮。

三、称量消解、试样溶液制备、标准曲线绘制与试样测定

1. 试样消解

称取充分混匀的固体试样 0.1～0.5 g(精确至 0.001 g)、半固体试样 0.2～1 g(精确至 0.001 g) 或液体试样 1～5 g(精确至 0.001 g)，移入干燥的 100 mL 或 250 mL 定氮瓶中，加入 0.1 g 硫酸铜、1 g 硫酸钾及 5 mL 硫酸，摇匀后于瓶口放一小漏斗，将定氮瓶以 45°角斜支于有小孔的石棉网上。缓慢加热，待内容物全部碳化，泡沫完全停止后，加强火力，并保持瓶内液体微沸，至液体呈蓝绿色澄清透明后，再继续加热 0.5 h。取下放冷，慢慢加入 20 mL 水，放冷后移入 50 mL 或 100 mL 容量瓶中，并用少量水洗定氮瓶，洗液并入容量瓶中，再加水至刻度线，混匀备用。按同一方法做试剂空白试验。

2. 试样溶液的制备

吸取 2.00～5.00 mL 试样或试剂空白消化液于 50 mL 或 100 mL 容量瓶内，加 1～2 滴对硝基苯酚指示剂溶液，摇匀后滴加氢氧化钠溶液中和至黄色，再滴加乙酸溶液至溶液无色，用水稀释至刻度线，混匀。

3. 标准曲线的绘制

吸取 0.00 mL、0.05 mL、0.10 mL、0.20 mL、0.40 mL、0.60 mL、0.80 mL 和1.00 mL 氨氮标准使用溶液(相当于 0.00 μg、5.00 μg、10.0 μg、20.0 μg、40.0 μg、60.0 μg、80.0 μg 和 100.0 μg 氮)，分别置于 10 mL 比色管中。加 4.0 mL 乙酸钠-乙酸缓冲溶液及 4.0 mL 显色剂，加水稀释至刻度线，混匀。置于 100℃水浴中加热 15 min。取出用水冷却至室温后，移入 1 cm 比色杯内，以零管为参比，于波长 400 nm 处测量整组溶液吸光度值，根据吸光度值绘制标准曲线或计算线性回归方程。

4. 试样测定

吸取 0.50～2.00 mL(约相当于氮＜100 μg)试样溶液和同量的试剂空白溶液，分别于 10 mL 比色管中。加 4.0 mL 乙酸钠－乙酸缓冲溶液及 4.0 mL 显色剂，加水稀释至刻度，混匀。置于 100℃水浴中加热 15 min。取出用水冷却至室温后，移入 1 cm 比色杯内，以零管为参比，于波长 400 nm 处测量吸光度值，试样吸光度值与标准曲线比较定量或代入线性回归方程求出含量。

四、结果计算

试样中蛋白质的含量 x 计算公式：

$$x = \frac{(c - c_0) \times v_1 \times v_3}{m \times v_2 \times v_4 \times 1\,000 \times 1\,000} \times 100 \times F$$

式中：

x——试样中蛋白质的含量(g/100 g)；

c——试样测定液中氮的含量(μg)；

c_0——试剂空白测定液中氮的含量(μg)；

v_1——试样消化液定容体积(mL)；

v_3——试样溶液总体积(mL)；

m——试样质量(g)；

v_2——制备试样溶液的消化液体积(mL)；

v_4——测定用试样溶液体积(mL)；

1 000——换算系数；

100——换算系数；

F——氮换算为蛋白质的系数。

五、精密度

在重复性条件下获得的 2 次独立测定结果的绝对差值不得超过算术平均值的 10%。

【记录与结果分析】

蛋白质检验原始记录见表 4-5-2。

表 4-5-2 蛋白质检验原始记录(分光光度法)

样品名称			样品编号	
项目名称	蛋白质检验		方法依据	GB 5009.5—2016(第二法)
仪器设备	型号	编号	精度	状态
天平			±0.1 mg	□正常　□不正常
分光光度计			±1 nm	□正常　□不正常
试验环境	温度 ____ ℃　湿度 ____ %　气压 ____ MPa			

测定参数	平行样 1	平行样 2
试样测定液中氮的含量 c/μg		
试剂空白测定液中氮的含量 c_0/μg		
试样消化液定容体积 v_1/mL		
试样溶液总体积 v_3/mL		
试样质量 m/g		
制备试样溶液的消化液体积 v_2/mL		

续表 4-5-2

测定用试样溶液体积 v_4/mL		
试样中蛋白质含量 x/(g/100 g)	$x=\frac{(c-c_0)\times v_1\times v_3}{m\times v_2\times v_4\times 1\,000\times 1\,000}\times 100\times F$	
测定值 x/(g/100 g)		
平均值 x/(g/100 g)		
报出值 x/(g/100 g)		
精密度公式	精密度 Y=|测定值 x(平行样 1)－测定值 x(平行样 2)|/平均值 x×100%	
备注	公式中 1 000 和 100 为单位换算系数;F 为氮换算为蛋白质的系数。蛋白质含量≥1 g/100 g 时,结果保留 3 位有效数字;蛋白质含量<1 g/100 g 时,结果保留两位有效数字。	

校核：　　　　　　　检验员：　　　　　　　检验日期：

[师徒共研]

1. 实验结束后,比色皿如何清洗?

本实验测定有色溶液,应先用相应的溶剂或硝酸(1+3)进行浸泡,浸泡时间不宜过长,再用蒸馏水冲洗干净。并用干净柔软的纱布将水迹擦去,以防止表面光洁度被破坏,影响比色皿的透光率。

2. 测定过程中,盛样比色皿怎样正确放置于设备中?

应保证比色皿不倾斜。因为稍许倾斜就会使参比样品与待测样品的吸收光径长度不一致,还可能使入射光不能全部通过样品池,导致测试准确度不符合要求。

3. 比色皿的使用应注意哪些问题?

同组使用的比色皿必须配套(规格、新旧程度一致);比色皿有两光面与两糙面,光学表面对准光路,不能有任何污染损坏,否则会引起光吸收的增加;比色皿所盛溶液不能太少,也不能太多,一般所盛液体约占全部容积的 2/3;腐蚀性溶液不得长期盛放在比色皿中。

4. 标准曲线应如何选择?

标准曲线范围在测定浓度的 1/2 到 2 倍之间;吸光度在 0.05～1.0 范围内;所作标准曲线仅供短期使用;标准曲线制作与试样测定应在同一台仪器上进行,避免误差产生。

5. 做同步空白试验(即空白管)的意义是什么?

测量过程中,因比色皿本身和溶剂也会产生一定的光吸收,故设置一个空白管,即其中除了待测溶质以外,其他的成分与待测样品完全相同。测量时,首先以空白管对准光路对仪器调零，既消除比色皿本身对光的吸收，又消除了非待测物对光的吸收。

6. 应如何规范操作分光光度计？

依据检验方法规程选择正确波长，仪器要开机预热，不能把盛有腐蚀性液体的比色皿放在仪器表面，不测量时，应使样品室盖处于开启状态，否则会使光电管疲劳。

[知识链接]

1. 常见食物的参考蛋白质含量？

以每100 g食物含蛋白质的质量计：燕麦15.6 g、莲子16.6 g、黄豆36.3 g、蚕豆28.2 g、猪肉(瘦)16.7 g、猪心19.1 g、猪肝21.3 g、豆腐皮50.5 g、猪肾15.5 g、猪皮26.4 g、花生26.2 g、猪血18.9 g、核桃15.4 g、牛肉(瘦)20.3 g、羊肉(瘦)17.3 g、鲢鱼17.0 g、兔肉212 g、鸡肉21.5 g、鸡肝18.2 g、鸭肉16.5 g、海参(干)76.5 g、鸡蛋14.7 g、龙虾16.4 g、大米7 g、面粉9 g、黄豆36 g、绿豆24 g、豆腐7.4 g、白菜2 g、茄子2.3 g、苹果0.4 g、人乳1.5 g、牛乳3.3 g、鲤鱼17 g、对虾21 g。

2. 分光光度法及其基本原理

分光光度法是通过测定被测物质在特定波长处或一定波长范围内光的吸收度，对该物质进行定性和定量分析的方法。它具有灵敏度高、操作简便、快速等优点，是生物化学实验中最常用的实验方法。

基本原理：物质与光作用，具有选择吸收的特性。有色物质的颜色是该物质与光作用产生的，即有色溶液所呈现的颜色是由于溶液中的物质对光的选择性吸收所致。由于不同的物质其分子结构不同，对不同波长光的吸收能力也不同，因此具有特征结构的结构集团，存在选择吸收的最大吸收波长，形成最大吸收峰，而产生特有的吸收光谱。即使是相同的物质由于其含量不同，对光的吸收程度也不同。分光光度法即是利用物质所特有的吸收光谱来鉴别物质的存在(定性分析)，或利用物质对一定波长光的吸收程度来测定物质含量(定量分析)的方法。定量分析依据是朗伯-比尔(Lambert-Beer)定律。

3. 线性相关系数的定义和计算方法

相关关系是一种非确定性的关系，相关系数是表示变量之间线性相关程度的量。

简单相关系数又叫相关系数或线性相关系数，一般用字母 r 表示，用来度量两个变量间的线性关系，可用下式定义：

$$r(X,Y)=\frac{Cov(X,Y)}{\sqrt{Var[X]Var[Y]}}$$

其中：$Cov(X,Y)$ 为 X 与 Y 的协方差，$Var[X]$ 为 X 的方差，$Var[Y]$ 为 Y 的方差。

4. 实验室检验过程中对标准曲线和相关系数有哪些要求？

按照GB/T 27404—2008《实验室质量控制规范　食品理化检测》中要求，应描述标准曲线的数学方程以及校准曲线的工作范围，浓度范围尽可能覆盖一个数量级，至少作 5 个点(不包括空白)。对于筛选方法，线性回归方程的相关系数应不低于 0.98，对于确证方法，相关系数应不低于 0.99。测试溶液中被测组分浓度应在校准曲线的线性范围内。

5. 常见食物中的氮折算成蛋白质的折算系数

表 4-5-3　常见食物中的氮折算成蛋白质的折算系数表

食品类别		折算系数
小麦	全小麦粉	5.83
	麦糠麸皮	6.31
	麦胚芽	5.80
	麦胚粉、黑麦、普通小麦、面粉	5.70
燕麦、大麦、黑麦粉		5.83
小米、裸麦		5.83
玉米、黑小麦、饲料小麦、高粱		6.25
油料	芝麻、棉籽、葵花籽、蓖麻、红花籽	5.30
	其他油料	6.25
	菜籽	5.53
坚果、种子类	巴西果	5.46
	花生	5.46
	杏仁	5.18
	核桃、榛子、椰果等	5.30

食品类别		折算系数
大米及米粉		5.95
鸡蛋	鸡蛋(全)	6.25
	蛋黄	6.12
	蛋白	6.32
肉与肉制品		6.25
动物明胶		5.55
纯乳与纯乳制品		6.38
复合配方食品		6.25
酪蛋白		6.40
胶原蛋白		5.79
豆类	大豆及其粗加工制品	5.71
	大豆蛋白制品	6.25
其他食品		6.25

任务三　氨基酸分析仪测定法

任务三　氨基酸分析仪测定法

项目六

碳水化合物的测定

知识目标

1. 能够说出碳水化合物的重要性；

2. 能够正确表述碳水化合物的存在形式。

技能目标

1. 根据不同样品选择相应的碳水化合物检测方法，并依据相应标准正确进行称量、水解、测定等操作；

2. 正确使用碳水化合物检测的设备和工具；

3. 根据检测结果正确计算碳水化合物含量，并正确对检测结果进行取舍和评价。

德育目标

1. 培养学生团结协作能力；

2. 培养学生求实认真的工作态度；

3. 培养学生实事求是的职业操守。

碳水化合物(carbohydrate)是由碳、氢和氧 3 种元素组成，由于它所含的氢氧的比例为 2∶1，和水一样，故称为碳水化合物。它是为人体提供热能的 3 种主要的营养素中最廉价的营养素。食物中的碳水化合物分成两类：人可以吸收利用的有效碳水化合物如单糖、双糖、多糖和人不能消化的无效碳水化合物，如纤维素，是人体必需的物质。碳水化合物是自然界存在最多、具有广谱化学结构和生物功能的有机化合物。可用通式 $C_x(H_2O)_y$ 来表示，有单糖、寡糖、淀粉、半纤维素、纤维素、复合多糖，以及糖的衍生物。主要由绿色植物经光合作用而形成，是光合作用的初期产物。从化学结构特征来说，它是含有多羟基的醛类或酮类的化合物或经水解转化成为多羟基醛类或酮类的化合物。例如葡萄糖，含有 1 个醛基、6 个碳原子，叫己醛糖。果糖则含有 1 个酮基、6 个碳原子，叫己酮糖。它与蛋白质、脂肪同为生物界三大基础物质，为生物的生长、运动、繁殖提供主要能源。是人类生存发展必不可少的重要物质之一。

碳水化合物是一切生物体维持生命活动所需能量的主要来源。它不仅是营养物质，而且有些还具有特殊的生理活性。例如：肝脏中的肝素有抗凝血作用；血型中的糖与免疫活性有关。此外，核酸的组成成分中也含有糖类化合物——核糖和脱氧核糖。此外还有节约蛋白质、抗生酮、解毒和增强肠道功能的作用。因此，糖类化合物对医学来说，具有更重要的意义。

膳食中缺乏碳水化合物将导致全身无力，疲乏、血糖含量降低，产生头晕、心悸、脑功能障碍等。严重者会导致低血糖昏迷。当膳食中碳水化合物过多时，就会转化成脂肪贮存于身体内，使人过于肥胖而导致各类疾病如高血脂、糖尿病等。

目前食品营养标签中的碳水化合物是指每克产生能量为 17 kJ 的部分，数值可由减法或加法获得。减法是食品总质量分别减去蛋白质、脂肪、水分、灰分和膳食纤维的质量，即是碳水化合物的量。加法指淀粉和糖的总和即为碳水化合物。

任务一 淀粉的测定

【任务要求】

1. 掌握酸水解法的原理；
2. 学习和正确理解国标，并按国标要求制定工作流程；
3. 正确进行称量、水解、测定、计算，并正确对数据取舍和评价。

【参考标准】

本任务主要参考 GB 5009.9—2016《食品安全国家标准　食品中淀粉的测定》的第二

法——酸水解法，适用于食品（肉制品除外）中淀粉的测定。

【任务实施】

试样经除去脂肪及可溶性糖类后，其中淀粉用酸水解成具有还原性的单糖，然后按还原糖测定，并折算成淀粉。

一、实验设备准备

天平（感量为 1 mg 和 0.1 mg）；恒温水浴锅（可加热至 100℃）；回流装置，并附 250 mL 锥形瓶；高速组织捣碎机；电炉。

二、试剂及配制

1. 试剂

盐酸（HCl）、氢氧化钠（NaOH）、乙酸铅（$PbC_4H_6O_4 \cdot 3H_2O$）、硫酸钠（Na_2SO_4）、石油醚（沸点范围为 60～90℃）、乙醚（$C_4H_{10}O$）、无水乙醇（C_2H_5OH）或 95%乙醇、甲基红（$C_{15}H_{15}N_3O_2$）指示剂、精密 pH 试纸（6.8～7.2）。

2. 试剂配制

（1）甲基红指示液（2 g/L）　称取甲基红 0.20 g，用少量乙醇溶解后，加水定容至 100 mL。

（2）氢氧化钠溶液（400 g/L）　称取 40 g 氢氧化钠加水溶解后，冷却至室温，稀释至 100 mL。

（3）乙酸铅溶液（200 g/L）　称取 20 g 乙酸铅，加水溶解并稀释至 100 mL。

（4）硫酸钠溶液（100 g/L）　称取 10 g 硫酸钠，加水溶解并稀释至 100 mL。

（5）盐酸溶液（1＋1）　量取 50 mL 盐酸与 50 mL 水混合。

（6）乙醇（85%，体积比）　取 85 mL 无水乙醇，加水定容至 100 mL 混匀。也可用 95%乙醇配制。

3. 标准品

D-无水葡萄糖（$C_6H_{12}O_6$）　纯度：≥98%。

4. 标准溶液配制

葡萄糖标准溶液　准确称取 1 g（精确至 0.000 1 g）经过 98～100℃干燥 2 h 的 *D*-无水葡萄糖，加水溶解后加入 5 mL 盐酸，并以水定容至 1 000 mL。此溶液每毫升相当于 1.0 mg 葡萄糖。

三、试样制备称量、水解

1. 易于粉碎的试样

磨碎过 0.425 mm 筛(相当于 40 目),称取 2～5 g(精确到 0.001 g),置于放有慢速滤纸的漏斗中,用 50 mL 石油醚或乙醚分 5 次洗去试样中脂肪,弃去石油醚或乙醚。用150 mL 乙醇(85%,体积比)分数次洗涤残渣,以充分除去可溶性糖类物质。根据样品的实际情况,可适当增加洗涤液的用量和洗涤次数,以保证干扰检测的可溶性糖类物质洗涤完全。滤干乙醇溶液,以 100 mL 水洗涤漏斗中残渣并转移至 250 mL 锥形瓶中,加入 30 mL 盐酸(1+1),接好冷凝管,置沸水浴中回流 2 h。回流完毕后,立即冷却。待试样水解液冷却后,加入 2 滴甲基红指示液,先以氢氧化钠溶液(400 g/L)调至黄色,再以盐酸(1+1)校正至试样水解液刚变成红色。若试样水解液颜色较深,可用精密 pH 试纸测试,使试样水解液的 pH 约为 7。然后加 20 mL 乙酸铅溶液(200 g/L),摇匀,放置10 min。再加 20 mL 硫酸钠溶液(100 g/L),以除去过多的铅。摇匀后将全部溶液及残渣转入 500 mL 容量瓶中,用水洗涤锥形瓶,洗液合并入容量瓶中,加水稀释至刻度线。过滤,弃去初滤液 20 mL,滤液供测定用。

2. 其他样品

称取一定量样品,准确加入适量水在组织捣碎机中捣成匀浆(蔬菜、水果需先洗净晾干取可食部分)。称取相当于原样质量 2.5～5 g(精确到 0.001 g)的匀浆于 250 mL 锥形瓶中,用 50 mL 石油醚或乙醚分 5 次洗去试样中脂肪,弃去石油醚或乙醚。后续步骤按上述方法操作。

四、测定

1. 标定碱性酒石酸铜溶液

吸取 5.00 mL 碱性酒石酸铜甲液及 5.00 mL 碱性酒石酸铜乙液,置于 150 mL 锥形瓶中,加水 10 mL,加入玻璃珠 2 粒,从滴定管滴加约 9 mL 葡萄糖标准溶液,控制在 2 min 内加热至沸,保持溶液呈沸腾状态,以 0.5 滴/s 的速度继续滴加葡萄糖,直至溶液蓝色刚好褪去为终点,记录消耗葡萄糖标准溶液的总体积,同时做 3 份平行,取其平均值,计算每 10 mL(甲、乙液各 5 mL)碱性酒石酸铜溶液相当于葡萄糖的质量 m_1(mg)。

2. 试样溶液预测

吸取 5.00 mL 碱性酒石酸铜甲液及 5.00 mL 碱性酒石酸铜乙液,置于 150 mL 锥形瓶中,加水 10 mL,加入玻璃珠 2 粒,控制在 2 min 内加热至沸,保持沸腾以先快后慢的速度,从滴定管中滴加试样溶液,并保持溶液沸腾状态,待溶液颜色变浅时,以 0.5 滴/s 的速度滴定,直至溶液蓝色刚好褪去为终点。记录试样溶液的消耗体积。

3. 试样溶液测定

吸取 5.00 mL 碱性酒石酸铜甲液及 5.00 mL 碱性酒石酸铜乙液，置于 150 mL 锥形瓶中，加水 10 mL，加入玻璃珠 2 粒，从滴定管滴加比预测体积少 1 mL 的试样溶液至锥形瓶中，使在 2 min 内加热至沸，保持沸腾状态继续以 0.5 滴/s 的速度滴定，直至蓝色刚好褪去为终点，记录样液消耗体积。同法平行操作 3 份，得出平均消耗体积。

4. 试剂空白测定

量取 100.00 mL 水和 30 mL 盐酸(1+1)于 250 mL 锥形瓶中，按试样水解方法操作，得试剂空白液。测定同上述试样溶液测定方法，得出平均消耗体积。

5. 结果计算

试样中淀粉的含量计算公式：

$$x=\frac{(A_1-A_2)\times 0.9}{m\times\frac{v}{500}\times 1\,000}\times 100$$

式中：

x——试样中淀粉的含量(g/100 g)；

A_1——测定用试样中水解葡萄糖质量(mg)；

A_2——试剂空白中水解葡萄糖质量(mg)；

m——试样的质量(g)；

v——测定用试样水解液的体积(mL)；

0.9——葡萄糖折算成淀粉的换算系数。

6. 精密度

在重复性条件下获得的 2 次独立测定结果的绝对差值不得超过算术平均值的 10%。

【记录与结果分析】

淀粉检验原始记录见表 4-6-1。

表 4-6-1　淀粉检验原始记录

<table>
<tr><td>样品名称</td><td colspan="2"></td><td>样品编号</td><td colspan="2"></td></tr>
<tr><td>项目名称</td><td colspan="2">淀粉检验</td><td>检验方法标准</td><td colspan="2">GB 5009.9—2016(第二法)</td></tr>
<tr><td>仪器设备</td><td>型号</td><td>编号</td><td>精度</td><td colspan="2">状态</td></tr>
<tr><td>电子天平</td><td></td><td></td><td>0.1 mg</td><td colspan="2">□正常　□不正常</td></tr>
<tr><td>试验环境</td><td colspan="5">温度____℃　湿度____%　气压____MPa</td></tr>
<tr><td colspan="3">测定参数</td><td colspan="2">平行样 1</td><td>平行样 2</td></tr>
<tr><td colspan="3">10 mL 碱性酒石酸铜溶液相当的葡萄糖质量 m_1/mg</td><td colspan="2"></td><td></td></tr>
</table>

续表 4-6-1

试样的质量 m_2/g		
葡萄糖折算成淀粉的换算系数	0.9	
测定用试样水解液的体积 v/mL		
测定用试剂空白水解液的体积 v_0/mL		
试样中淀粉的含量 x/(g/100 g)	$x=\frac{m_1\times 500\times 0.9}{m_2\times 1\,000}(1/v-1/v_0)\times 100$	
测定值 x/(g/100 g)		
平均值 x/(g/100 g)		
报出值 x/(g/100 g)		
精密度公式	精密度 Y=|测定值 x(平行样 1)－测定值 x(平行样 2)|/平均值 x×100%	
备注	结果保留 3 位有效数字。	

校核：　　　　　　　　检验员：　　　　　　　　年　月　日

[师徒共研]

1. 测定过程中,若试样溶液中葡萄糖浓度过高或者过低时,应如何解决?

当浓度过高时,应适当稀释后再进行正式测定,使每次滴定消耗试样溶液的体积控制在与标定碱性酒石酸铜溶液时所消耗的葡萄糖标准溶液的体积相近,约 10 mL。

当浓度过低时,则采取直接加入 10.00 mL 试样溶液,免去加水 10 mL,再用葡萄糖标准溶液滴定至终点,记录消耗的体积与标定时消耗的葡萄糖标准溶液体积之差,相当于 10 mL 样液中所含葡萄糖的量。

2. 为什么碱性酒石酸铜甲液、乙液要分别配制贮存,用时才混合?

因酒石酸钾钠铜络合物长期在碱性条件下会慢慢分解析出氧化亚铜沉淀,使试剂有效浓度降低。

3. 滴定过程中的预测有什么意义?

第一,对试样溶液中还原糖浓度有一定要求(0.1%左右),测定时要求试样溶液的消耗体积应与标定葡萄糖标准溶液时消耗的体积相近,通过预测可了解试样溶液浓度是否合适,浓度过大或过小应加以调整,使预测时消耗试样溶液量在 10 mL 左右。

第二,通过预测可以知道试样溶液大概消耗量,以便在正式测定时,预先加入比实际用量少 1 mL 左右的试样溶液,只留下 1 mL 左右试样溶液在继续滴定时加入,以保证在 1 min 之内完成继续滴定工作,提高测定的准确度。

4. 为什么要设置溶液在2 min内加热至沸，并保持溶液呈沸腾状态，且以0.5滴/s的速度滴定的操作条件？

为了降低因加热沸腾引起蒸发量不同，使反应液碱度发生变化而引入误差。沸腾时间和滴定速度对结果影响较大，一般沸腾时间短，消耗试样溶液多，反之，消耗少。滴定速度过快，消耗试样溶液多，反之，消耗量少。因此，测定时应严格控制上述条件，力求一致。平行试验的样液消耗量相差不应超过0.1 mL。

[知识链接]

淀粉主要来源和存在形式有哪些？

淀粉广泛存在于植物的根、茎、叶、种子等组织中，是人类食物的重要组成部分，也是提供人体热能的主要来源。淀粉是葡萄糖分子聚合而成的，它是细胞中碳水化合物最普遍的贮藏形式。淀粉有直链淀粉和支链淀粉两类。直链淀粉含几百个葡萄糖单元，支链淀粉含几千个葡萄糖单元。在天然淀粉中直链的占20%～26%，它是可溶性的，其余的则为支链淀粉。当用碘溶液进行检测时，直链淀粉液呈蓝色，而支链淀粉与碘接触时则变为红棕色。淀粉是植物体中贮存的养分，各类植物中的淀粉含量都较高，大米中含淀粉62%～86%，麦子中含淀粉57%～75%，玉蜀黍中含淀粉65%～72%，马铃薯中则含淀粉不到20%。淀粉是食物的重要组成部分，咀嚼米饭等时感到有些甜味，这是因为唾液中的唾液淀粉酶将淀粉水解成了二糖——麦芽糖。食物进入小肠后，还能被胰腺分泌出来的唾液淀粉酶和肠液水解，形成的葡萄糖(单糖)被小肠绒毛吸收，成为人体组织器官的营养物。支链淀粉部分水解可产生称为糊精的混合物。糊精主要用作食品添加剂、胶水、糨糊，并用于纸张和纺织品的制造等。

任务二 还原糖的测定

【任务要求】

1. 掌握直接滴定法的原理；
2. 学习和正确理解国标，并按国标要求制定工作流程；
3. 正确进行称量、滴定、计算，并正确对数据取舍和评价。

【参考标准】

本任务主要参考《食品安全国家标准　食品中还原糖的测定》(GB 5009.7—2016)的第一法——直接滴定法,适用于食品中还原糖含量的测定。

【任务实施】

试样经除去蛋白质后,以亚甲基蓝作为指示剂,在加热条件下滴定标定过的碱性酒石酸铜溶液(用还原糖标准溶液标定),根据样品液消耗体积计算还原糖含量。

一、实验设备准备

天平(感量为 0.1 mg)、水浴锅、可调温电炉、酸式滴定管(25 mL)。

二、试剂及配制

1. 试剂配制

(1)盐酸溶液(1+1,体积比)　量取盐酸 50 mL,加水 50 mL 混匀。

(2)碱性酒石酸铜甲液　称取硫酸铜 15 g 和亚甲基蓝 0.05 g,溶于水中,并稀释至 1 000 mL。

(3)碱性酒石酸铜乙液　称取酒石酸钾钠 50 g 和氢氧化钠 75 g,溶解于水中,再加入亚铁氰化钾 4 g,完全溶解后,用水定容至 1 000 mL,贮存于橡胶塞玻璃瓶中。

(4)乙酸锌溶液　称取乙酸锌 21.9 g,加冰乙酸 3 mL,加水溶解并定容至 100 mL。

(5)亚铁氰化钾溶液(106 g/L)　称取亚铁氰化钾 10.6 g,加水溶解并定容至 100 mL。

(6)氢氧化钠溶液(40 g/L)　称取氢氧化钠 4 g,加水溶解后,放冷,并定容至 100 mL。

2. 标准品

(1)葡萄糖($C_6H_{12}O_6$)　纯度≥99%;

(2)果糖($C_6H_{12}O_6$)　纯度≥99%;

(3)乳糖($C_6H_{12}O_6 \cdot H_2O$)　含水,纯度≥99%;

(4)蔗糖($C_{12}H_{22}O_{11}$)　纯度≥99%。

3. 标准溶液配制

(1)葡萄糖标准溶液(1.0 mg/mL)　准确称取经过 98～100℃烘箱中干燥 2 h 后的葡萄糖 1 g,加水溶解后加入盐酸溶液 5 mL,并用水定容至 1 000 mL。此溶液每毫升相当于 1.0 mg 葡萄糖。

(2)果糖标准溶液(1.0 mg/mL)　准确称取经过 98～100℃干燥 2 h 的果糖 1 g,加水溶解后加入盐酸溶液 5 mL,并用水定容至 1 000 mL。此溶液每毫升相当于 1.0 mg 果糖。

(3)乳糖标准溶液(1.0 mg/mL)　准确称取经过94～98℃干燥2 h的乳糖(含水)1 g,加水溶解后加入盐酸溶液5 mL,并用水定容至1 000 mL。此溶液每毫升相当于1.0 mg乳糖。

(4)转化糖标准溶液(1.0 mg/mL)　准确称取1.052 6 g蔗糖,用100 mL水溶解,置具塞锥形瓶中,加盐酸溶液5 mL,在68～70℃水浴中加热15 min,放置至室温,转移至1 000 mL容量瓶中并加水定容至1 000 mL,每毫升标准溶液相当于1.0 mg转化糖。

三、样品制备、碱性酒石酸铜溶液标定与试样溶液滴定

1. 试样制备

(1)含淀粉的食品　称取粉碎或混匀后的试样10～20 g(精确至0.001 g),置于250 mL容量瓶中,加水200 mL,在45℃水浴中加热1 h,并不时振摇,冷却后加水至刻度线,混匀,静置,沉淀。吸取200.0 mL上清液置于另一250 mL容量瓶中,缓慢加入乙酸锌溶液5 mL和亚铁氰化钾溶液5 mL,加水至刻度线,混匀,静置30 min,用干燥滤纸过滤,弃去初滤液,取后续滤液备用。

(2)酒精饮料　称取混匀后的试样100 g(精确至0.01 g),置于蒸发皿中,用氢氧化钠溶液中和至中性,在水浴上蒸发至原体积的1/4后,移入250 mL容量瓶中,缓慢加入乙酸锌溶液5 mL和亚铁氰化钾溶液5 mL,加水至刻度线,混匀,静置30 min,用干燥滤纸过滤,弃去初滤液,取后续滤液备用。

(3)碳酸饮料　称取混匀后的试样100 g(精确至0.01 g)于蒸发皿中,在水浴上微热搅拌除去二氧化碳后,移入250 mL容量瓶中,用水洗涤蒸发皿,洗液并入容量瓶,加水至刻度线,混匀后备用。

(4)其他食品　称取粉碎后的固体试样2.5～5 g(精确至0.001 g)或混匀后的液体试样5～25 g(精确至0.001 g),置250 mL容量瓶中,加50 mL水,缓慢加入乙酸锌溶液5 mL和亚铁氰化钾溶液5 mL,加水至刻度线,混匀,静置30 min,用干燥滤纸过滤,弃去初滤液,取后续滤液备用。

2. 碱性酒石酸铜溶液的标定

吸取碱性酒石酸铜甲液5.0 mL和碱性酒石酸铜乙液5.0 mL,于150 mL锥形瓶中,加水10 mL,加入玻璃珠2～4颗,从滴定管中加葡萄糖或其他还原糖标准溶液约9 mL,控制在2 min中内加热至沸,趁热以0.5/s的速度继续滴加葡萄糖或其他还原糖标准溶液,直至溶液蓝色刚好褪去为终点,记录消耗葡萄糖或其他还原糖标准溶液的总体积,同时平行操作3份,取其平均值,计算每10 mL(碱性酒石酸甲液、乙液各5 mL)碱性酒石酸铜溶液相当于葡萄糖或其他还原糖的质量。

3. 试样溶液预测

吸取碱性酒石酸铜甲液5.0 mL和碱性酒石酸铜乙液5.0 mL于150 mL锥形瓶中,加

水 10 mL，加入玻璃珠 2～4 颗，控制在 2 min 内加热至沸，保持沸腾以先快后慢的速度，从滴定管中滴加试样溶液，并保持沸腾状态，待溶液颜色变浅时，以 0.5 滴/s 的速度滴定，直至溶液蓝色刚好褪去为终点，记录样品溶液消耗体积。

4. 试样溶液测定

吸取碱性酒石酸铜甲液 5.0 mL 和碱性酒石酸铜乙液 5.0 mL，置于 150 mL 锥形瓶中，加水 10 mL，加入玻璃珠 2～4 颗，从滴定管滴加比预测体积少 1 mL 的试样溶液至锥形瓶中，控制在 2 min 内加热至沸，保持沸腾继续以 0.5 滴/s 的速度滴定，直至蓝色刚好褪去为终点，记录样液消耗体积，同法平行操作 3 份，得出平均消耗体积。

5. 结果计算

试样中还原糖的含量(以某种还原糖计)计算公式：

$$x = \frac{m_1}{m \times F \times v/250 \times 1\,000} \times 100$$

式中：

x——试样中还原糖的含量(g/100 g)；

m_1——碱性酒石酸铜溶液(甲、乙液各半)相当于某种还原糖的质量(mg)；

m——试样质量(g)；

F——系数，对葡萄糖为 0.8，其余为 1；

v——测定时平均消耗试样溶液体积(mL)；

250——定容体积(mL)；

1 000——换算系数。

6. 精密度

在重复性条件下获得的 2 次独立测定结果的绝对差值不得超过算术平均值的 5%。

【记录与结果分析】

还原糖含量测定结果见表 4-6-2。

表 4-6-2　还原糖检验原始记录

<table>
<tr><td>样品名称</td><td colspan="2"></td><td>样品编号</td><td></td></tr>
<tr><td>项目名称</td><td colspan="2">还原糖检验</td><td>检验方法标准</td><td>GB 5009.7—2016(第一法)</td></tr>
<tr><td>仪器设备</td><td>型号</td><td>编号</td><td>精度</td><td>状态</td></tr>
<tr><td>分析天平</td><td></td><td></td><td>0.1 mg</td><td>□正常　□不正常</td></tr>
<tr><td>试验环境</td><td colspan="4">温度 ______℃　湿度 ______%　气压 ______MPa</td></tr>
<tr><td colspan="3">测定参数</td><td>平行样 1</td><td>平行样 2</td></tr>
<tr><td colspan="3">测定时平均消耗试样溶液体积 v/mL</td><td></td><td></td></tr>
</table>

续表 4-6-2

试样质量 m/g		
碱性酒石酸铜溶液(甲、乙液各半)相当于某种还原糖的质量 m_1/mg		
试样中还原糖的含量(以某种还原糖计)x/(g/100 g)	$x=\dfrac{m_1}{m\times F\times v/250\times 1\,000}\times 100$	
测定值 x/(g/100 g)		
平均值 x/(g/100 g)		
报出值 x/(g/100 g)		
精密度公式	精密度 Y=|测定值 x(平行样 1)−测定值 x(平行样 2)|/平均值 x×100%	
备注	还原糖含量≥10 g/100 g 时,计算结果保留 3 位有效数字;还原糖含量<10 g/100 g 时,计算结果保留 2 位有效数字。	

校核:　　　　　　　　检验员:　　　　　　　　年　月　日

[师徒共研]

1. 为什么要在沸腾状态下进行滴定操作?

第一,加快还原糖与二价铜离子的反应速度。

第二,亚甲基蓝的变色反应是可逆的,还原型的亚甲基蓝遇空气中的氧时会再被氧化为氧化型。氧化亚铜也极不稳定,易被空气中的氧所氧化。保持反应液沸腾可防止空气进入,避免亚甲基蓝和氧化亚铜被氧化而增加消耗量。故滴定时不要随意摇动锥形瓶,更不能把锥形瓶从热源上取下来滴定,以防止空气进入反应溶液中。

2. 还原糖测定的常用方法有哪些?基本原理是什么?

(1)直接滴定法　原理是试样经除去蛋白质以后,在加热条件下,以亚甲基蓝为指示剂,直接滴定已标定过的碱性酒石酸铜溶液(甲、乙液),试样溶液中的还原糖与碱性酒石酸铜溶液(甲、乙液)中的酒石酸钾钠铜络合物反应,生成红色的氧化亚铜沉淀,氧化亚铜再与试剂中的亚铁氰化钾反应,生成可溶性化合物,到达终点时,稍过量的还原糖立即将亚甲基蓝还原,使蓝色褪色,呈现出原试样溶液的颜色,即为终点。根据试样溶液消耗体积,计算还原糖含量。

(2)高锰酸钾滴定法　原理是试样经除去蛋白质后,其中还原糖在碱性环境下将铜盐还原为氧化亚铜,加入硫酸铁后,氧化亚铜被氧化为铜盐,以高锰酸钾溶液滴定氧化作用后生成的亚铁盐,根据高锰酸钾消耗量计算氧化亚铜含量,再查表得还原糖含量。

(3)萨氏法　原理是将一定量的试样溶液与过量的碱性铜盐溶液共热，试样溶液中的还原糖定量地将二价铜还原为氧化亚铜，生成的氧化亚铜在酸性条件下溶解为一价铜离子，并能定量地消耗游离碘，碘被还原为碘化物，而一价铜被氧化为二价铜。剩余的碘用硫代硫酸钠标准溶液滴定，同时做空白试验，根据硫代硫酸钠标准溶液消耗量可求出与一价铜反应的碘量，从而计算出样品中还原糖含量。

(4)铁氰化钾法　原理是还原糖在碱性溶液中将铁氰化钾还原为亚铁氰化钾，还原糖本身被氧化为相应的糖酸。过量的铁氰化钾在乙酸的存在下，与碘化钾作用下析出碘，析出的碘以硫代硫酸钠标准溶液滴定。通过计算氧化还原糖时所用的铁氰化钾的量，查表(0.1 mol/L 铁氰化钾与还原糖含量对照表)得试样中还原糖的含量。

第一种和第二种方法适用于食品中还原糖的测定，第三种适用于小麦粉中还原糖测定，第四种适用于甜菜根种还原糖测定。4 种方法使用范围有很大区别。第一种和第二种方法对比来看，有色溶液尽量选择高锰酸钾法，不会受到溶液颜色干扰而影响结果，准确度和重现性优于直接滴定法，但其操作复杂，耗时长。

3. 乙酸锌和氰化钾在实验中起什么作用？

去除蛋白质、鞣质、树脂等，使它们形成沉淀，进而过滤去除。

[知识链接]

如何正确认识人们生活中的无糖食品或低糖食品？

无糖食品作为健康产品已经越来越被人们所认知与接受，所谓无糖就是用不易被人体吸收的木糖醇或多元糖醇，替代易造成蛀牙、肥胖、高血糖等疾病的蔗糖、果糖、葡萄糖和麦芽糖等。其作用就是使食物有糖的味感，却没有糖的能量，同时又有益健康。通过对无糖食品的了解使得人们认识到无糖食品不仅仅只是糖尿病人专用的，无糖食品还有着防蛀牙、防止肥胖的功效，更多的年轻人为自己、家长为孩子选用无糖食品，充分说明了无糖是健康的趋势。

低糖食品一般是指糖分含量低，在国家标准允许的范围内而已，所以大家在进行选购时也要特别注意，特别是糖尿病患者更应该注意。随着大家健康意识的提高，很多人开始注重糖的摄入量，尽量避免甜食。因此，低糖食品也就有了一定的市场，于是很多企业也就拿“低糖”来做文章。

现在很多人都是喜欢选择无糖或者低糖的食物，有的人是为了避免肥胖，有的是担心自己的血糖升高，甚至连水果都拒绝，认为水果的含糖量很高。其实，人们的生活离不开水果，水果中有很多身体必需的营养物质，下面介绍一些含糖量比较低的水果。

平时生活中适当多吃些柚子，不仅不会导致肥胖以及血糖升高，同时还具有降血糖的功效。我国中医指出，柚子性寒味甘、酸，适当食用具有下气消痰、健胃消食的作用，除此之外，对各种原因所引起的水肿疼痛、咽喉红肿等症状都具有很好的治疗功效。柚子的食用方法有很多，除了可以直接食用之外，还可以将柚子榨汁饮用。尤其是糖尿病患者更适合吃柚子，因为在其中含有大量丰富的胰岛素样成分，适当食用不仅可以降血糖，还对心脑血管有很好的保护作用。

樱桃同样属于低糖水果，因此害怕肥胖的人群在平时生活中可以用樱桃去代替其他的高糖水果。我国中医指出，樱桃性温味甘，具有非常明显的益气补虚、发汗、祛风透疹、解毒以及滋肤美颜等功效，除此之外，对脾胃功能失调等症状同样具有很好的治疗以及调理功效。尤其是女性，平时更应该多吃些樱桃，可谓健康美容两不误。樱桃中还含有丰富的果胶，这种物质有利于增加胰岛素的分泌量，从而让血糖平稳快速地下降。因此，建议高血糖以及糖尿病患者，在平时不妨多吃些樱桃。

苹果可以说是人们日常生活中极为常见的一种水果，同时也是大家极为熟悉的，但很多人都不知道其实苹果也是低糖水果中的一种。苹果性凉味甘，不管是什么品种的苹果，适当食用后都具有明显的补心益气、生津止咳、健胃和脾、除烦、解暑功效，尤其是一些经常醉酒的人群更应该多吃些苹果，因为它还具有极为有效的醒酒功效。由于苹果中糖的吸收缓慢而均匀，因此具有很好的降血糖功效，尤其是餐后血糖。可以说经常吃苹果对糖尿病患者是非常有好处的。

这 3 种水果都是生活中极为常见的低糖水果，在生活中就算不小心多吃也不用担心会肥胖或者是血糖升高。同时低糖水果还具有降火的功效，因此经常上火的人群也可以多吃些低糖水果。

项目七
维生素测定

知识目标

1. 能够说出维生素的重要性；

2. 能够正确表述维生素的存在形式。

技能目标

1. 根据不同样品选择相应的维生素检验方法，并依据相应标准正确进行称量、氧化处理、测定等操作；

2. 正确使用维生素检验的设备和工具；

3. 根据检验结果正确计算维生素含量，并正确对检验结果进行取舍和评价。

德育目标

1. 培养学生团结协作能力；

2. 培养学生求实认真的工作态度；

3. 培养学生实事求是的职业操守。

维生素旧称维他命，通俗来讲，即维持生命的物质，是维持人体生命活动必需的一类有机物质，也是保持人体健康的重要活性物质。维生素在体内的含量很少，但不可或缺。这类物质在体内既不是构成身体组织的原料，也不是能量的来源，而是一类调节物质，是人体代谢过程中必不可少的微量元素。人体犹如一座极为复杂的化工厂，不断地进行着各种生化反应。其反应与酶的催化作用有密切关系。酶要产生活性，必须有辅酶参加。已知许多维生素是酶的辅酶或者是辅酶的组成分子。因此，维生素是维持和调节机体正常代谢的重要物质。可以认为，最好的维生素是以“生物活性物质”的形式，存在于人体组织中。

维生素是人和动物营养、生长所必需的某些少量有机化合物，对机体的新陈代谢、生长、发育、健康有极重要作用。如果长期缺乏某种维生素，就会引起生理机能障碍而发生某种疾病。现阶段发现的有几十种，如维生素 A、B 族维生素、维生素 C 等。

必需维生素的定义中要求维生素满足 4 个特点，才可以称之为必需维生素。

(1)外源性　人体自身不可合成，需要通过食物补充。

(2)微量性　人体所需量很少，但可以发挥巨大作用。

(3)调节性　必需能够调节人体新陈代谢或能量转变。

(4)特异性　缺乏了某种维生素后，人将呈现特有的病态。

根据这 4 个特点，人体一共需要 13 种维生素，也就是通常所说的必需维生素：分别是维生素 A，B 族维生素，维生素 C，维生素 D，维生素 E，维生素 K，维生素 H，维生素 P，维生素 PP，维生素 M，维生素 T，维生素 U，水溶性维生素。

食品中维生素的含量测定是食品营养成分分析的主要项目之一，特别是对于维生素强化食品意义重大。测定结果可以评价食品的营养价值；寻找富含维生素的食品资源；指导人们合理调整膳食结构，防止维生素缺乏症或维生素中毒；研究维生素在食品加工、贮存等过程中的稳定性，指导人们制定合理的工艺及贮存条件；监督维生素强化食品的强化剂量，防止因摄入过多而引起维生素中毒。

任务一　抗坏血酸（维生素C）的测定

【任务要求】

1. 掌握荧光法的原理；

2. 学习和正确理解国标，并按国标要求制定工作流程；

3. 正确进行称量、试样制备、标准曲线制作，测定及计算结果，并正确对数据进行取舍和评价。

【参考标准】

本任务主要参考《食品安全国家标准　食品中抗坏血酸的测定》(GB 5009.86—2016)的第二法——荧光法,适用于乳粉、蔬菜、水果及其制品中 L(+)-抗坏血酸总量的测定。

【任务实施】

试样中 L(+)-抗坏血酸经活性炭氧化为 L(+)-脱氢抗坏血酸后,与邻苯二胺反应生成有荧光的喹喔啉(quinoxaline),其荧光强度与 L(+)-抗坏血酸的浓度在一定条件下成正比,以此测定试样中 L(+)-抗坏血酸总量。

一、实验设备准备

荧光分光光度计:具有激发波长 338 nm 及发射波长 420 nm,配有 1 cm 比色皿;天平(感量分别为 0.01 mg、0.01 g);捣碎机。

二、试剂及配制

1. 试剂

偏磷酸$(HPO_3)_n$:含量(以 HPO_3计)≥38%;冰乙酸(CH_3COOH):浓度约为 30%;硫酸(H_2SO_4):浓度约为 98%;乙酸钠(CH_3COONa);硼酸(H_3BO_3);邻苯二胺($C_6H_8N_2$);百里酚蓝($C_{27}H_{30}O_5S$);活性炭粉。

2. 试剂配制

(1)偏磷酸-乙酸溶液:称取 15 g 偏磷酸,加入 40 mL 冰乙酸及 250 mL 水,加温,搅拌,使之逐渐溶解,冷却后加水至 500 mL。于 4℃冰箱可保存 7~10 d。

(2)硫酸溶液(0.15 mol/L)　取 8.3 mL 硫酸,小心加入水中,再加水稀释至1 000 mL。

(3)偏磷酸-乙酸-硫酸溶液　称取 15 g 偏磷酸,加入 40 mL 冰乙酸,滴加 0.15 mol/L 硫酸溶液至溶解,并稀释至 500 mL。

(4)乙酸钠溶液(500 g/L)　称取 500 g 乙酸钠,加水至 1 000 mL。

(5)硼酸-乙酸钠溶液　称取 3 g 硼酸,用 500 g/L 乙酸钠溶液溶解并稀释至 100 mL,临用时配制。

(6)邻苯二胺溶液(200 mg/L)　称取 20 mg 邻苯二胺,用水溶解并稀释至 100 mL,临用时配制。

(7)酸性活性炭　称取约 200 g 活性炭粉(75~177 μm),加入 1 L 盐酸(1+9),加热回流 1~2 h,过滤,用水洗至滤液中无铁离子为止,置于 110~120℃烘箱中干燥 10 h,备用。

(8)百里酚蓝指示剂溶液(0.4 mg/mL)　称取 0.1 g 百里酚蓝,加入 0.02 mol/L 氢氧化钠溶液约 10.75 mL，在玻璃研钵中研磨至溶解，用水稀释至 250 mL。

3. 标准品

L(＋)-抗坏血酸标准品($C_6H_8O_6$)　纯度≥99%。

4. 标准溶液配制

(1)*L*(＋)-抗坏血酸标准溶液(1.000 mg/mL)　称取 *L*(＋)-抗坏血酸 0.05 g(精确至 0.01 mg)，用偏磷酸-乙酸溶液溶解并稀释至 50 mL，该贮备液在 2～8℃避光条件下可保存 1 周。

(2)*L*(＋)-抗坏血酸标准工作液(100.0 μg/mL)　准确吸取 *L*(＋)-抗坏血酸标准液 10 mL，用偏磷酸-乙酸溶液稀释至 100 mL，临用时配制。

三、试样液的制备

(1)称取约 100 g(精确至 0.1 g)试样，加 100 g 偏磷酸-乙酸溶液，倒入捣碎机内打成匀浆，用百里酚蓝指示剂测试匀浆的酸碱度。如呈红色，即称取适量匀浆用偏磷酸-乙酸溶液稀释；若呈黄色或蓝色，则称取适量匀浆用偏磷酸-乙酸-硫酸溶液稀释，使其 pH 为 1.2。匀浆的取用量根据试样中抗坏血酸的含量而定。当试样液中抗坏血酸含量为 40～100 μg/mL，一般称取 20 g(精确至 0.01 g)匀浆，用相应溶液稀释至 100 mL，过滤，滤液备用。

(2)进行氧化处理，分别准确吸取 50 mL 试样滤液及抗坏血酸标准工作液于 200 mL 具塞锥形瓶中，加入 2 g 活性炭，用力振摇 1 min，过滤，弃去最初数毫升滤液，收集其余全部滤液，即为试样氧化液和标准氧化液，待测定。

(3)分别准确吸取 10 mL 试样氧化液于两个 100 mL 容量瓶中，作为“试样液”和“试样空白液”。

(4)分别准确吸取 10 mL 标准氧化液于两个 100 mL 容量瓶中，作为“标准液”和“标准空白液”。

(5)于“试样空白液”和“标准空白液”中各加 5 mL 硼酸-乙酸钠溶液，混合摇动15 min，用水稀释至 100 mL，在 4℃冰箱中放置 2～3 h，取出待测。

(6)于“试样液”和“标准液”中各加 5 mL 500 g/L 乙酸钠溶液，用水稀释至100 mL，待测。

四、标准曲线的制备

准确吸取上述“标准液”[*L*(＋)-抗坏血酸含量 10 μg/mL]0.5 mL、1.0 mL、1.5 mL、2.0 mL，分别置于 10 mL 具塞刻度试管中，用水补充至 2.0 mL。另准确吸取“标准空白液”2 mL 于 10 mL 带盖刻度试管中。在暗室迅速向各管中加入 5 mL 邻苯二胺溶液，振摇混合，在室温下反应 35 min，于激发波长 338 nm、发射波长 420 nm 处测定荧光强度。以“标准液”

系列荧光强度分别减去“标准空白液”荧光强度的差值为纵坐标，对应的 $L(+)$-抗坏血酸含量为横坐标，绘制标准曲线或计算线性回归方程。

五、试样测定

分别准确吸取 2 mL“试样液”和“试样空白液”于 10 mL 具塞刻度试管中，在暗室迅速向各管中加入 5 mL 邻苯二胺溶液，振摇混合，在室温下反应 35 min，于激发波长 338 nm、发射波长 420 nm 处测定荧光强度。以“试样液”荧光强度减去“试样空白液”的荧光强度的差值于标准曲线上查得或回归方程计算测定试样溶液中 $L(+)$-抗坏血酸总量。

六、结果计算

试样中 $L(+)$-抗坏血酸总量，结果以 mg/100 g 表示，计算公式：

$$x=\frac{c\times v}{m}\times F\times\frac{100}{1\,000}$$

式中：

x——试样中 $L(+)$－抗坏血酸的总量(mg/100 g)；

c——由标准曲线查得或回归方程计算的进样液中 $L(+)$-抗坏血酸的质量浓度(μg/mL)；

v——荧光反应所用试样溶液体积(mL)；

m——实际检测试样质量(g)；

F——试样溶液的稀释倍数；

100——换算系数；

1 000—换算系数。

七、精密度和检出限

在重复性条件下获得的 2 次独立测定结果的绝对差值不得超过算术平均值的 10%。

当样品取样量为 10 g 时，$L(+)$-抗坏血酸总量的检出限为 0.044 mg/100 g，定量限为 0.7 mg/100 g。

【记录与结果分析】

抗坏血酸检验原始记录见表 4-7-1。

表 4-7-1 抗坏血酸检验原始记录

样品名称			样品编号	
项目名称	抗坏血酸检验		检验方法标准	GB 5009.86—2016(第二法)
仪器设备	型号	编号	精度	状态
天平				□正常 □不正常
荧光分光光度计				□正常 □不正常
试验环境	温度 ______℃ 湿度 ______% 气压 ______MPa			
测定参数		平行样 1		平行样 2
荧光反应所用试样溶液体积 v/mL				
实际检测试样质量 m/g				
由标准曲线查得或回归方程计算的进样液中 $L(+)$-抗坏血酸的质量浓度 $c/(\mu g/mL)$				
试样溶液的稀释倍数 F				
试样中 $L(+)$-抗坏血酸的总量 $x/(mg/100\ g)$		$x=\frac{c\times v}{m}\times F\times\frac{100}{1\,000}$		
测定值 $x/(mg/100\ g)$				
平均值 $x/(mg/100\ g)$				
报出值 $x/(mg/100\ g)$				
精密度公式	精密度 $Y=\lvert$测定值 x(平行样 1)－测定值 x(平行样 2)$\rvert$/平均值 $x\times100\%$			
备注	计算结果保留 3 位有效数字。			

校核： 检验员： 年 月 日

[师徒共研]

1. 本实验在制取酸性活性炭过程中，如何验证滤液中已无铁离子存在？

验证铁离子是否存在，可以利用普鲁士蓝反应。将 20 g/L 亚铁氰化钾与 1% 盐酸等量混合，将制取活性炭过程中洗出的滤液滴入，如有铁离子则产生蓝色沉淀。

2. 本实验中百里酚蓝指示剂溶液(0.4 mg/mL)的变色范围

变色范围：pH 等于 1.2 时呈红色；pH 等于 2.8 时呈黄色；pH 为 8～9.6 时呈蓝色。

3. 本实验在检测过程中对环境条件有什么特殊要求？

整个检测过程应在避光条件下进行。

4. 测定植物类试样(如蔬菜、水果)中的抗坏血酸，应如何正确操作？

大多数植物的组织内含有一种能破坏抗坏血酸的氧化酶，因此应选择新鲜样品并尽快用偏磷酸-乙酸提取液将样品制成匀浆以保存抗坏血酸(即维生素C)。对于某些果胶含量较高的样品不易过滤，可采用抽滤的方式，也可采用离心的方法，再取上清液进行过滤，力求检测结果准确。

5. 本实验在氧化处理时，对加入酸性活性炭的质量有什么要求？

活性炭可将抗坏血酸氧化为脱氢抗坏血酸，但它也有吸附抗坏血酸的作用，故活性炭用量应适当与准确，实验结果证明，用2 g活性炭即能使测定样品中还原型抗坏血酸完全氧化为脱氢型，同时其吸附影响不明显。

[知识链接]

1. 怎么理解方法的检测限(检出限)和定量限？

(1)检测限(LOD，limit of detection)　又称为检出限，指由基质空白所产生的仪器背景信号的3倍值的相应量，或者以基质空白产生的背景信号平均值加上3倍的均数标准差。检出限是体现方法(方法检测限MDL)和仪器(仪器检测限IDL)灵敏度的重要指标之一。

检测限的测定方法有：①非仪器分析目视法，用已知浓度的被测物，试验出能被可靠地检测出的最低浓度或量。②信噪比法，用于能显示基线噪音的分析方法(仪器分析方法)，将已知低浓度试样测出的信号与空白样品测出的信号进行比较，算出能被可靠检测出的最低浓度或量。一般以信噪比3∶1或2∶1时的相应浓度或注入仪器的量确定检测限。③标准差法，空白值=0时，定背景10次以上，求出标准差σ，将σ乘以3倍，在工作曲线上求出3σ相对应的浓度，即为方法的检出值。

(2)定量限　指样品中被测物能被定量测定的最低量，其测定结果应具有一定的准确度。定量限体现了分析方法是否具备灵敏的定量检测能力。

定量限常用信噪比法确定，一般以信噪比(S/N)为10∶1时相应的浓度或注入仪器的量进行确定，也可用仪器所测空白背景响应标准差(SD)的10倍为估计值，再经试验确定方法的实际测定下限。

2. 哪些食物中含有丰富的维生素C？维生素C有哪些作用和功效？

水果中的橙子、猕猴桃、樱桃、苹果等都含有维生素C，而蔬菜中含有维生素C较多的是西兰花、椰菜花、西红柿等。

作用与功效：

(1)预防及治疗维生素C缺乏症　维生素C又称为抗坏血酸，是治疗维生素C缺乏症

(俗称坏血病)最有效的维生素。

(2)抗感冒、预防感冒　维生素C被誉为天然的抗生素,是因为维生素C可以对抗自由基,一个维生素C的分子可以对抗两个自由基分子,而当我们抵抗力免疫力下降的时候,自由基就会更加的活跃,容易被细菌和病毒侵入,导致感冒,因此如果在感冒初期可以摄入适量维生素C,有利于提升身体的抵抗力,让感冒更快好起来;如果在平时多摄入一些维生素C,还能够预防感冒。

(3)增加身体的免疫力,抗氧化、抗炎、抗癌。维生素C可以提升免疫细胞的能力,可以治疗炎症,而炎症是癌症的前期,远离炎症就可以远离癌症,平时多摄入维生素C可以抗癌。

(4)养颜美容功效　“多C多漂亮”这并不是一句简单的广告词,这是维生素C的一个比较突出的功效,维生素C有让皮肤更加白皙、更加有弹性,因为维生素C有淡斑的作用,维生素C与蛋白质结合能够生成胶原蛋白,让皮肤更有弹性,这两项功能会让你的皮肤更美。

(5)防止牙龈出血　牙龈出血在生活中常见,其实是因为缺乏维生素C造成的,摄入适量的维生素C就可以缓解牙龈出血。

(6)减少皮肤紫癜的发生　紫癜是皮肤真皮层的毛细血管破裂导致出血留下表面紫色斑点,多摄入维生素C可以预防紫癜。

(7)贫血可以得到改善　许多妇女特别容易患缺铁性贫血,如果她们能够摄入更多的维生素C,就可以改善贫血的症状,因为维生素C可以促进食物中铁的吸收。

任务二　维生素B_2的测定

【任务要求】

1. 掌握高效液相色谱法的原理;

2. 学习和正确理解国标,并按国标要求制定工作流程;

3. 正确进行称量、试剂配制、试样制备、上机测定、标准曲线制作、结果计算,并正确对数据进行取舍和评价。

【参考标准】

本任务依据标准《食品安全国家标准　食品中维生素B_2的测定》(GB 5009.85—2016)的第一法——高效液相色谱法,适用于各类食品中维生素B_2的测定。

【任务实施】

试样在稀盐酸环境中恒温水解,调pH至6.0~6.5,用木瓜蛋白酶和高峰淀粉酶酶解,过滤定容后，滤液经反相色谱柱分离，高效液相色谱荧光检测器检测，外标法定量。

一、实验设备准备

高效液相色谱仪：带荧光检测器；天平（感量为 1 mg 和 0.01 mg）；高压灭菌锅；pH 计（精度 0.01）；涡旋振荡器；组织捣碎机；恒温水浴锅；干燥器。

二、试剂及配制

1. 试剂

盐酸（HCl）；冰乙酸（CH_3COOH）；氢氧化钠（NaOH）；三水乙酸钠（$CH_3COONa \cdot 3H_2O$）；甲醇（CH_3OH）：色谱纯；木瓜蛋白酶：活力单位≥10 U/mg；高峰淀粉酶：活力单位≥100 U/mg，或性能相当者。

2. 试剂配制

（1）盐酸溶液（0.1 mol/L）　吸取 9 mL 盐酸，用水稀释并定容至 1 000 mL。

（2）盐酸溶液（1+1）　量取 100 mL 盐酸，缓慢倒入 100 mL 水中，混匀。

（3）氢氧化钠溶液（1 mol/L）　准确称取 4 g 氢氧化钠，加 90 mL 水溶解，冷却后定容至 100 mL。

（4）乙酸钠溶液（0.1 mol/L）　准确称取 13.60 g 三水乙酸钠，加 900 mL 水溶解，用水定容至 1 000 mL。

（5）乙酸钠溶液（0.05 mol/L）　准确称取 6.80 g 三水乙酸钠，加 900 mL 水溶解，用冰乙酸调 pH 至 4.0～5.0，用水定容至 1 000 mL。

（6）混合酶溶液　准确称取 2.345 g 木瓜蛋白酶和 1.175 g 高峰淀粉酶，加水溶解后定容至 50 mL。临用前配制。

（7）盐酸溶液（0.012 mol/L）　吸取 1 mL 盐酸，用水稀释并定容至 1 000 mL。

3. 标准品

维生素 B_2（$C_{17}H_{20}N_4O_6$）：纯度≥98%。

4. 标准溶液配制

（1）维生素 B_2 标准储备液（100 μg/mL）　将维生素 B_2 标准品置于真空干燥器或装有五氧化二磷的干燥器中干燥处理 24 h 后，准确称取 10 mg（精确至 0.1 mg）维生素 B_2 标准品，加入 2 mL 盐酸溶液（1+1）超声溶解后，立即用水转移并定容至 100 mL。混匀后转移入棕色玻璃容器中，在 4℃ 冰箱中贮存，保存期 2 个月。标准储备液在使用前需要进行浓度校正，校正方法参见附录 4。

（2）维生素 B_2 标准中间液（2.00 μg/mL）　准确吸取 2.00 mL 维生素 B_2 标准储备液，用水稀释并定容至 100 mL。临用前配制。

(3)维生素 B_2标准系列工作液　分别吸取维生素 B_2标准中间液 0.25 mL、0.50 mL、1.00 mL、2.50 mL、5.00 mL，用水定容至 10 mL，该标准系列浓度分别为 0.05 μg/mL、0.10 μg/mL、0.20 μg/mL、0.50 μg/mL、1.00 μg/mL。临用前配制。

三、试样制备及测定

1. 试样制备

(1)取样品约 500 g，用组织捣碎机充分均匀，分装入洁净棕色磨口瓶中，密封，并做好标记，避光存放备用。

(2)称取 2～10 g(精确至 0.01 g)均质后的试样(试样中维生素 B_2的含量大于 5 μg)于 100 mL 具塞锥形瓶中，加入 60 mL 0.1 mol/L 盐酸溶液，充分摇匀，塞好瓶塞。将锥形瓶放入高压灭菌锅内，在 121℃下保持 30 min，冷却至室温后取出。用 1 mol/L 氢氧化钠溶液调 pH 至 6.0～6.5，加入 2 mL 混合酶溶液，摇匀后，置于 37℃培养箱或恒温水浴锅中过夜酶解。将酶解液转移至 100 mL 容量瓶中，加水定容至刻度线，用滤纸过滤或离心，取滤液或上清液，过 0.45 μm 水相滤膜，即为待测液。不加试样，按同一操作方法做空白试验。

注意：操作过程应避免强光照射。

2. 仪器参考条件

(1)色谱柱　C_{18}柱，柱长 150 mm，内径 4.6 mm，填料粒径 5 μm，或相当者；

(2)流动相　乙酸钠溶液(0.05 mol/L)-甲醇(65∶35)；

(3)流速　1 mL/min；

(4)柱温　30℃；

(5)检测波长　激发波长 462 nm，发射波长 522 nm；

(6)进样体积　20 μL。

3. 标准曲线的制作

将标准系列工作液分别注入高效液相色谱仪中，测定相应的峰面积，以标准工作液的浓度为横坐标，以峰面积为纵坐标，绘制标准曲线。

4. 试样溶液的测定

将试样溶液注入高效液相色谱仪中，得到相应的峰面积，根据标准曲线得到待测液中维生素 B_2的浓度。

5. 空白试验要求

空白试验溶液色谱图中应不含待测组分峰或其他干扰峰。

四、结果计算

试样中维生素 B_2(以核黄素计)的含量计算公式：

$$x=\frac{\rho\times v}{m}\times\frac{100}{1\,000}$$

式中：

x——试样中维生素 B_2(以核黄素计)的含量(mg/100 g)；

ρ——根据标准曲线计算得到的试样中维生素 B_2 的浓度(μg/mL)；

v——试样溶液的体积(mL)；

m——实际检测试样质量(g)；

100——换算系数；

1 000——换算系数。

五、精密度和检出限

在重复性条件下获得的 2 次独立测定结果的绝对差值不得超过算术平均值的 10%。当取样量为 10.00 g 时，方法检出限为 0.02 mg/100 g，定量限为 0.05 mg/100 g。

【记录与结果分析】

维生素 B_2 检验原始记录见表 4-7-2。

表 4-7-2　维生素 B_2 检验原始记录

样品名称			样品编号	
项目名称	维生素 B_2 检验		检验方法标准	GB 5009.85—2016(第一法)
仪器设备	型号	编号	精度	状态
天平				□正常　□不正常
高效液相色谱				□正常　□不正常
试验环境	温度 ______℃　湿度 ______%　气压 ______MPa			
测定参数			平行样 1	平行样 2
试样溶液的最终定容体积 v/mL				
试样质量 m/g				
根据标准曲线计算得到的试样中维生素 B_2 ρ/(μg/mL)				
试样中维生素 B_2(以核黄素计)的含量 x/(mg/100 g)			$x=\frac{\rho\times v}{m}\times\frac{100}{1\,000}$	
测定值 x/(mg/100 g)				
平均值 x/(mg/100 g)				
报出值 x/(mg/100 g)				
精密度公式	精密度 Y=|测定值 x(平行样 1)－测定值 x(平行样 2)|/平均值 x×100%			
备注	结果保留 3 位有效数字。			

校核：　　　　检验员：　　　　年　月　日

[师徒共研]

1. 本实验中酶解的目的是什么?

为了使结合型的维生素 B_2 转化成为游离型的维生素 B_2。

2. 本实验为什么要求在避光条件下进行?

由于维生素 B_2 在碱性溶液中经光线照射会发生光分解而转化为光黄素,后者的荧光比核黄素的荧光强得多。因此,测量维生素 B_2 的荧光时,溶液要控制在酸性范围内,且须在避光条件下进行。

[知识链接]

1. 维生素 B_2 的作用及功能

维生素 B_2(化学式:$C_{17}H_{20}N_4O_6$,式量 376.37)又叫核黄素,微溶于水,在中性或酸性溶液中受热是稳定的。为体内黄酶类辅基的组成部分(黄酶在生物氧化还原中发挥递氢作用),当缺乏时,就影响机体的生物氧化,使代谢发生障碍。其病变多表现为口、眼和外生殖器部位的炎症,如口角炎、唇炎、舌炎、眼结膜炎和阴囊炎等,故本品可用于上述疾病的防治。人体内维生素 B_2 的储存是很有限的,因此每天都要由饮食提供。

2. 补充维生素 B_2 的来源

食物来源:富含维生素 B_2 的食物,如牛奶、动物肝脏与肾脏、酿造酵母、奶酪、绿叶蔬菜、鱼、蛋类。

营养补品:有低效和高效两种不同的摄取方法,一般用量是 100 mg。维生素 B_2 也和其他 B 族维生素一样,与其他 B 族维生素一起服用的话,效果最佳。每天摄取量 100~300 mg 为最适当。

维生素 B_2 是水溶性维生素,容易消化和吸收,被排出的量随体内的需要以及可能随蛋白质的流失程度而有所增减;它不会蓄积在体内,所以时常要以食物或营养补品来补充。

任务三　维生素A和维生素E的测定

任务三　维生素 A 和维生素 E 的测定

项目八 微量元素测定

知识目标

1. 能够说出微量元素的重要性；

2. 能够正确表述微量元素的存在形式。

技能目标

1. 根据不同微量元素选择相应的检测方法，并依据相应标准正确进行试样制备、称量、消解、转移定容、测定等操作；

2. 正确使用微量元素检测的设备和工具；

3. 根据检测结果正确计算微量元素含量，并正确对检测结果进行取舍和评价。

德育目标

1. 培养学生团结协作能力；

2. 培养学生求实认真的工作态度；

3. 培养学生实事求是的职业操守。

人体由 40 多种元素构成，根据元素在体内含量不同，可将体内元素分为两类：其一为常量元素，占体重的 99.9%，包括碳、氢、氧、磷、硫、钙、钾、镁、钠、氯等 10 种元素，它们构成机体组织，并在体内起电解质作用；其二为微量元素，占体重的 0.01%以下，包括铁、铜、锌、铬、钴、锰、镍、锡、硅、硒、钼、碘、氟、钒等 14 种。虽然微量元素在人体中含量比较少，仅占人体总质量万分之一以下，不能大于 100 mg，但是，一旦缺少就可能造成一种以上的重要生理功能损伤。此外，如果某种微量元素摄入过多，也可发生中毒。

任务一　铁和钙的测定（火焰原子吸收光谱法）

【任务要求】

1. 掌握火焰原子吸收光谱法的原理；
2. 学习和正确理解国标，并按国标要求制定工作流程；
3. 正确进行试样制备、称量、消解、转移定容、测定、计算，并正确对数据取舍和评价。

【参考标准】

本任务主要参考《食品安全国家标准　食品中铁的测定》(GB 5009.90—2016)的第一法和《食品安全国家标准　食品中钙的测定》(GB 5009.92—2016)的第一法，即火焰原子吸收光谱法，适用于各种食品中铁和钙含量的测定。

【任务实施】

铁的测定：试样消解后，经原子吸收火焰原子化，在 248.3 nm 处测定吸光度值。在一定浓度范围内铁的吸光度值与铁含量成正比，可与标准系列比较定量。

钙的测定：试样经消解处理后，加入镧溶液作为释放剂，经原子吸收火焰原子化，在 422.7 nm 处测定的吸光度值在一定浓度范围内与钙含量成正比，与标准系列比较定量。

一、实验设备准备

原子吸收光谱仪(配火焰原子化器，铁空心阴极灯、钙空心阴极灯)、分析天平(感量 0.1 mg 和 1 mg)、微波消解系统(配聚四氟乙烯消解内罐)、可调式电热炉、可调式电热板、压力消解罐(配聚四氟乙烯消解内罐)、恒温干燥箱、马弗炉。

二、试剂及配制

1. 试剂

硝酸(HNO_3)、高氯酸($HClO_4$)、硫酸(H_2SO_4)、盐酸(HCl)、氧化镧(La_2O_3)。

2. 试剂配制

(1)硝酸溶液(5+95)　量取 50 mL 硝酸,倒入 950 mL 水中,混匀。

(2)硝酸溶液(1+1)　量取 500 mL 硝酸,倒入 500 mL 水中,混匀。

(3)硫酸溶液(1+3)　量取 50 mL 硫酸,缓慢倒入 150 mL 水中,混匀。

(4)盐酸溶液(1+1)　量取 500 mL 盐酸,与 500 mL 水混合均匀。

(5)镧溶液(20 g/L)　称取 23.45 g 氧化镧,先用少量水湿润后再加入 75 mL 盐酸溶液(1+1)溶解,转入 1 000 mL 容量瓶中,加水定容至刻度线,混匀。

3. 标准品

(1)硫酸铁铵[$NH_4Fe(SO4)_2 \cdot 12H_2O$]标准品　纯度>99.99%。或一定浓度的经国家认证并授予标准物质证书的铁标准溶液。

(2)碳酸钙($CaCO_3$)标准品　纯度>99.99%。或经国家认证并授予标准物质证书的一定浓度的钙标准溶液。

4. 标准溶液配制

(1)铁标准溶液配制

①铁标准储备液(1 000 mg/L):准确称取 0.863 1 g(精确至 0.000 1 g)硫酸铁铵,加水溶解,加 1.00 mL 硫酸溶液(1+3),移入 100 mL 容量瓶,加水定容至刻度线,混匀。此铁溶液质量浓度为 1 000 mg/L。

②铁标准中间液(100 mg/L)　准确吸取铁标准储备液(1 000 mg/L)10 mL 于 100 mL 容量瓶中,加硝酸溶液(5+95)定容至刻度线,混匀。此铁溶液质量浓度为 100 mg/L。

③铁标准系列溶液　分别准确吸取铁标准中间液(100 mg/L)0 mL、0.500 mL、1.00 mL、2.00 mL、4.00 mL、6.00 mL 于 100 mL 容量瓶中,加硝酸溶液(5+95)定容至刻度线,混匀。此铁标准系列溶液中铁的质量浓度分别为 0 mg/L、0.500 mg/L、1.00 mg/L、2.00 mg/L、4.00 mg/L、6.00 mg/L。

(2)钙标准溶液的配制

①钙标准储备液(1 000 mg/L)　准确称取 2.496 3 g(精确至 0.000 1 g)碳酸钙,加盐酸溶液(1+1)溶解,移入 1 000 mL 容量瓶中,加水定容至刻度线,混匀。

②钙标准中间液(100 mg/L)　准确吸取钙标准储备液(1 000 mg/L)10 mL 于 100 mL 容量瓶中,加硝酸溶液(5+95)至刻度线,混匀。

③钙标准系列溶液　分别吸取钙标准中间液(100 mg/L)0 mL,0.500 mL,1.00 mL,

2.00 mL,4.00 mL,6.00 mL 于 100 mL 容量瓶中,另在各容量瓶中加入 5 mL 镧溶液(20 g/L),最后加硝酸溶液(5＋95)定容至刻度线,混匀。此钙标准系列溶液中钙的质量浓度分别为 0 mg/L、0.500 mg/L、1.00 mg/L、2.00 mg/L、4.00 mg/L 和 6.00 mg/L。

三、试样制备

(1)粮食、豆类样品　去除杂物后,粉碎,储于塑料瓶中。

(2)蔬菜、水果、鱼类、肉类等样品　用水洗净,晾干,取可食部分,制成匀浆,储于塑料瓶中。

(3)饮料、酒、醋、酱油、食用植物油、液态乳等液体样品　将样品摇匀。

四、试样测定铁含量的消解方法

1. 湿法消解

准确称取固体试样 0.5～3 g(精确至 0.001 g)或准确移取液体试样 1.00～5.00 mL 于带刻度的消化管中,加入 10 mL 硝酸和 0.5 mL 高氯酸,在可调式电热炉上消解,参考条件:120℃/(0.5～1 h)、升至 180℃/(2～4 h)、升至 200～220℃。若消化液呈棕褐色,再加硝酸,消解至冒白烟,消化液呈无色透明或略带黄色,取出消化管,冷却后将消化液转移至 25 mL 容量瓶中,用少量水洗涤 2～3 次,合并洗涤液于容量瓶中并用水定容至刻度线,混匀备用。同时做试样空白试验。亦可采用锥形瓶,于可调式电热板上,按上述操作方法进行湿法消解。

2. 微波消解

准确称取固体试样 0.2～0.8 g(精确至 0.001 g)或准确移取液体试样 1.00～3.00 mL 于微波消解罐中,加入 5 mL 硝酸,按照微波消解的操作步骤消解试样,消解升温程序条件参考表 4-8-1。冷却后取出消解罐,在电热板上于 140～160℃赶酸至 1.0 mL 左右。冷却后将消化液转移至 25 mL 容量瓶中,用少量水洗涤内罐和内盖 2～3 次,合并洗涤液于容量瓶中并用水定容至刻度线,混匀备用。同时做试样空白试验。

表 4-8-1　微波消解升温程序参考条件

步骤	设定温度/℃	升温时间/min	恒温时间/min
1	120	5	5
2	160	5	10
3	180	5	10

3. 压力罐消解

准确称取固体试样 0.3～2 g(精确至 0.001 g)或准确移取液体试样 2.00～5.00 mL 于消解内罐中,加入 5 mL 硝酸。盖好内盖,旋紧不锈钢外套,放入恒温干燥箱,于140～160℃

下保持 4～5 h。冷却后缓慢旋松外罐，取出消解内罐，放在可调式电热板上于 140～160℃赶酸至 1.0 mL 左右。冷却后将消化液转移至 25 mL 容量瓶中，用少量水洗涤内罐和内盖 2～3 次，合并洗涤液于容量瓶中并用水定容至刻度线，混匀备用。同时做试样空白试验。

4. 干法消解

准确称取固体试样 0.5～3 g(精确至 0.001 g)或准确移取液体试样 2.00～5.00 mL 于坩埚中，小火加热，碳化至无烟，转移至马弗炉中，于 550℃碳化 3～4 h。冷却，取出，对于灰化不彻底的试样，加数滴硝酸，小火加热，小心蒸干，再转入 550℃马弗炉中，继续灰化 1～2 h，至试样呈白灰状，冷却，取出，用适量硝酸溶液(1＋1)溶解，转移至25 mL 容量瓶中，用少量水洗涤内罐和内盖 2～3 次，合并洗涤液于容量瓶中并用水定容至刻度线。同时做试样空白试验。

五、试样测定钙含量的消解方法

1. 湿法消解

准确称取固体试样 0.2～3 g(精确至 0.001 g)或准确移取液体试样 0.500～5.00 mL 于带刻度的消化管中，加入 10 mL 硝酸、0.5 mL 高氯酸，在可调式电热炉上消解，参考条件：120℃/0.5 h～120℃/1 h、升至 180℃/2 h～180℃/4 h、升至 200～220℃。若消化液呈棕褐色，再加硝酸，消解至冒白烟，消化液呈无色透明或略带黄色。取出消化管，冷却后用水定容至 25 mL，再根据实际测定需要稀释，并在稀释液中加入一定体积的镧溶液(20 g/L)，使其在最终稀释液中的浓度为 1 g/L，混匀备用，此为试样待测液。同时做试剂空白试验。也可采用锥形瓶，于可调式电热板上，按上述操作方法进行湿法消解。

2. 微波消解

准确称取固体试样 0.2～0.8 g(精确至 0.001 g)或准确移取液体试样 0.500～3.00 mL 于微波消解罐中，加入 5 mL 硝酸，按照微波消解的操作步骤消解试样，消解升温程序参考条件表 4-8-1。冷却后取出消解罐，在电热板上于 140～160℃赶酸至 1 mL 左右。消解罐放冷后，将消化液转移至 25 mL 容量瓶中，用少量水洗涤消解罐 2～3 次，合并洗涤液于容量瓶中并用水定容至刻度线。根据实际测定需要稀释，并在稀释液中加入一定体积镧溶液(20 g/L)使其在最终稀释液中的浓度为 1 g/L，混匀备用，此为试样待测液。同时做试剂空白试验。

3. 压力罐消解

准确称取固体试样 0.2～1 g(精确至 0.001 g)或准确移取液体试样 0.500～5.00 mL 于消解内罐中，加入 5 mL 硝酸。盖好内盖，旋紧不锈钢外套，放入恒温干燥箱，于 140～160℃下保持 4～5 h。冷却后缓慢旋松外罐，取出消解内罐，放在可调式电热板上于 140～160℃赶酸至 1 mL 左右。冷却后将消化液转移至 25 mL 容量瓶中，用少量水洗涤内罐和内盖 2～3 次，合并洗涤液于容量瓶中并用水定容至刻度线，混匀备用。根据实际测定需要稀释，并在稀释液中加入一定体积的镧溶液(20 g/L)，使其在最终稀释液中的浓度为 1 g/L，混匀备用，此为试样待测液。同时做试剂空白试验。

4. 干法灰化

准确称取固体试样 0.5～5 g(精确至 0.001 g)或准确移取液体试样 0.500～10.0 mL 于坩埚中，小火加热，碳化至无烟，转移至马弗炉中，于 550℃灰化 3～4 h。冷却，取出。对于灰化不彻底的试样，加数滴硝酸，小火加热，小心蒸干，再转入 550℃马弗炉中，继续碳化 1～2 h，至试样呈白灰状，冷却，取出，用适量硝酸溶液(1＋1)溶解转移至刻度管中，用水定容至 25 mL。根据实际测定需要稀释，并在稀释液中加入一定体积的镧溶液，使其在最终稀释液中的浓度为 1 g/L，混匀备用，此为试样待测液。同时做试剂空白试验。

六、测定

仪器参考条件设置见表 4-8-2。

表 4-8-2　仪器参考条件

待测元素	波长/nm	狭缝/nm	灯电流/mA	燃烧头高度/mm	空气流量/(L/min)	乙炔流量/(L/min)
铁	248.3	0.2	5～15	3	9	2
钙	422.7	1.3	5～15	3	9	2

1. 标准曲线的制作

将标准系列工作液按质量浓度由低到高的顺序分别导入火焰原子化器，测定其吸光度值。以铁、钙标准系列溶液中铁、钙的质量浓度为横坐标，以相应的吸光度值为纵坐标，制作标准曲线。

2. 试样测定

在与测定标准溶液相同的实验条件下，将空白溶液和样品溶液分别导入原子化器，测定吸光度值，与标准系列比较定量。

七、结果计算

试样中铁或钙的含量按下面公式分别计算：

$$x=\frac{(\rho-\rho_0)\times f\times v}{m}$$

式中：

x——试样中铁、钙的含量(mg/kg 或 mg/L)；

ρ——试样待测液中铁、钙的质量浓度(mg/L)；

ρ_0——空白溶液中铁、钙的质量浓度(mg/L)；

f——试样消化液的稀释倍数；

v——试样消化液的定容体积(mL)；

m——试样质量或移取体积(g 或 mL)。

八、精密度

在重复性条件下获得的 2 次独立测定结果的绝对差值不得超过算术平均值的 10%。

【记录与结果分析】

铁和钙检验原始记录见表 4-8-3。

表 4-8-3 铁和钙检验原始记录

样品名称			样品编号	
项目名称	铁和钙检验		检验方法标准	GB 5009. 90—2016， GB 5009. 92—2016
仪器设备	型号	编号	精度	状态
天平				□正常 □不正常
原子吸收光谱仪				□正常 □不正常
试验环境	温度____℃ 湿度____% 气压____MPa			

测定参数	平行样 1	平行样 2
试样消化液的定容体积 v/mL		
试样质量 m 或移取体积/(g 或 mL)		
试样待测液中铁或钙的质量浓度 ρ/(mg/L)		
空白溶液中钙的质量浓度 ρ_0/(mg/L)		
试样消化液的稀释倍数 f		
试样中铁或钙的含量 x/(mg/kg、mg/L)	$x=\frac{(\rho-\rho_0)\times f\times v}{m}$	
测定值 x/(mg/kg、mg/L)		
平均值 x/(mg/kg、mg/L)		
报出值 x/(mg/kg、mg/L)		

精密度公式	精密度 Y=|测定值 x(平行样 1)－测定值 x(平行样 2)|/平均值 x×100%
备注	当铁、钙含量≥10.0 mg/kg 或 10.0 mg/L 时，计算结果保留 3 位有效数字，当铁、钙含量<10.0 mg/kg 或 10.0 mg/L 时，计算结果保留 2 位有效数字。

校核：　　　　检验员：　　　　年　月　日

[师徒共研]

1. 实验中所用玻璃器皿及消解罐需要怎样处理？

所有玻璃器皿及聚四氟乙烯消解内罐均需硝酸溶液（1＋5）浸泡过夜，用自来水反复冲洗，最后用蒸馏水冲洗干净。

2. 实验中用的铁、钙标准溶液系列的浓度怎样选择？

可根据仪器的灵敏度及样品中铁、钙的实际含量确定标准溶液系列中元素的具体浓度。确保试样待测液的检测浓度能够在标准溶液系列浓度的线性范围内，以提高检测的准确度。

3. 试样制备过程如何正确操作？

首先在采样和制备过程中，应避免试样二次污染，其次试样的采样制备要有代表性，要均匀一致。

4. 原子吸收光谱仪的工作原理和基本构成

原子吸收是指呈气态的原子对由同类原子辐射出的特征谱线所具有的吸收现象。当辐射投射到原子蒸气上时，如果辐射波长相应的能量等于原子由基态跃迁到激发态所需要的能量时，则会引起原子对辐射的吸收，产生吸收光谱。基态原子吸收了能量，最外层的电子产生跃迁，从低能态跃迁到激发态。

原子吸收光谱仪由光源、原子化系统、分光系统和检测系统组成。

(1)光源　作为光源要求发射的待测元素的锐线光谱有足够的强度、背景小、稳定性。一般采用空心阴极灯、无极放电灯。

(2)原子化器　可分为预混合型火焰原子化器，石墨炉原子化器，石英炉原子化器，阴极溅射原子化器。

(3)分光系统(单色器)　由凹面反射镜、狭缝或色散元件组成。

(4)检测系统　由检测器(光电倍增管)、放大器、对数转换器和电脑组成。

5. 湿法消解和干法消解的优缺点有哪些？

(1)湿法消解

优点：

①酸较易提纯，消解时不致引入除氢以外的阳离子。

②除磷酸外，过量的酸较易加热除去。

③湿法消解的温度较低，对容器腐蚀小，操作简单。

缺点：

①湿法消解的能力有限，对有些试样分解不完全。

②消化初期,易产生大量泡沫外溢,常产生大量有害气体。

③试剂用量较大,空白值偏高。

(2)干法消解

优点:

①只要溶剂及处理方法选择适当,许多难分解的试样均可完全消解。

②基本不加或加入很少的试剂,故空白值低。

③因多数食品经灼烧后灰分体积很少,因而能处理较多的样品,可富集被测组分,降低检出限。

缺点:

①操作不如湿法方便,所用时间长。

②熔融温度高,可能会腐蚀器皿,同时造成易挥发元素的损失。

③坩埚对被测组分有一定吸留作用,致使测定结果和回收率降低。

6.针对不同样品,湿法消解中所用的酸应怎样选择?

湿法消解的样品可分为3大类:有机物含量高的样品、有机物含量低的样品、简单易消解的样品。针对不同样品选择的酸体系也不一样,盐酸适合80℃以下的消解体系,硝酸适合80~120℃的消解体系,硫酸适合340℃左右的消解体系,盐酸+硝酸的混酸适合在95~110℃的消解体系,硝酸+高氯酸的混酸适合140~200℃的消解体系,硝酸+硫酸的混酸适合120~200℃的消解体系,硝酸+过氧化氢适合95~130℃的消解体系。选择合适的酸体系对加快破坏有机物是非常重要的,同时要进行准确的温度控制,才能够达到理想的消解效果。

7.测定钙时,为什么要加入镧溶液作为释放剂?

由于铝、硫酸盐、磷酸盐和硅酸盐等能抑制钙的原子化,对实验结果产生干扰,为了消除这些化学干扰,尤其是磷酸根的干扰,才加入镧溶液的。

8.本实验用试剂和蒸馏水有何要求?

本方法所用试剂均为优级纯,蒸馏水为GB/T 6682规定的二级水。

[知识链接]

微量元素的存在形式

目前较受关注的微量元素主要是两类,一种是生物体中的微量元素,另一种是非生物体中(如岩石中)的微量元素。

植物体微量元素:植物体除需要钾、磷、氮等元素作为养料外,还需要吸收极少量的铁、硼、砷、锰、铜、钴、钼等元素作为养料，这些需要量极少的，但是又是生命活动所必需的元素，叫作微量元素。

人体微量元素：根据元素在人体内的含量不同，可分为常量元素和微量元素两大类。凡是占人体总质量的万分之一以上的元素，如碳、氢、氧、氮、磷、硫、钙、镁、钠、钾等，称为常量元素；凡是占人体总质量的万分之一以下的元素，如铁、锌、铜、锰、铬、硒、钼、钴、氟等，称为微量元素(铁又称半微量元素)。微量元素在人体内的含量微乎其微，如锌只占人体总质量的百万分之三十三。铁也只有百万分之六十。

微量元素虽然在人体内的含量不多，但与人的生存和健康息息相关，对人的生命起至关重要的作用。摄入过量、不足、不平衡或缺乏都会不同程度地引起人体生理的异常或发生疾病。微量元素最突出的作用是与生命活力密切相关，仅仅像火柴头那样大小或更少的量就能发挥巨大的生理作用。值得注意的是，这些微量元素通常情况下必须直接或间接由土壤供给，但大部分人往往不能通过饮食获得足够的微量元素。根据科学研究，到目前为止，已被确认与人体健康和生命有关的必需微量元素有 18 种，即铁、铜、锌、钴、锰、铬、硒、碘、镍、氟、钼、钒、锡、硅、锶、硼、铷、砷。每种微量元素都有其特殊的生理功能，尽管它们在人体内含量极小，但它们对维持人体中的一些决定性的新陈代谢却是十分必要的。一旦缺少了这些必需的微量元素，人体就会出现疾病，甚至危及生命。比较明确的是约 30% 的疾病直接是微量元素缺乏或不平衡所致。如缺锌可引起口、眼、肛门或外阴部红肿、丘疹、湿疹。又如铁是构成血红蛋白的主要成分之一，缺铁可引起缺铁性贫血。国外曾有报道，机体内含铁、铜、锌总量减少，均可减弱免疫机制，降低抗病能力，助长细菌感染，而且感染后的死亡率亦较高。微量元素在抗病、防癌、延年益寿等方面都还起着非常重要的作用。

非生物体，岩石中微量元素基于地球化学行为可分为：

稀土元素(REE)：原子序数 57～71 的镧系元素以及与镧系相关密切的钪和钇等 17 种元素在地球化学上又称之为稀土元素，包括 La、Ce、Pr、Nd、Pm、Sm、Eu、Gd、Tb、Dy、Ho、Er、Tm、Yb、Lu、Sc、Y。

铂族元素(PGE)：原子序数从 44～46 以及 76～78，包括 Ru、Rh、Pd、Os、Ir、Pt，如果包括金也称之为贵金属元素。

过渡金属元素：原子序数从 21～30，包括 Sc、Ti、V、Cr、Mn、Fe、Co、Ni、Cu、Zn。

高场强元素(HFSE)：包括镧系元素，Sc 和 Y，以及 Th、U、Pb、Zr、Hf、Ti、Nb、Ta。

低场强元素(LFSE)：又称大离子亲石元素(LILE)，包括 Cs、Rb、K、Ba、Sr，二价 Eu 和二价 Pb。

任务二 碘的测定（氧化还原滴定法）

【任务要求】

1. 掌握氧化还原滴定法的原理；

2. 学习和正确理解国标，并按国标要求制定工作流程；

3. 正确进行试样制备、称量、碳化并灰化、氧化、滴定、计算，并正确对数据取舍和评价。

【参考标准】

本任务主要参考《食品安全国家标准　食品中碘的测定》(GB 5009.267—2016)的第一法——氧化还原滴定法，适用于海带、紫菜、裙带菜等藻类及其制品中碘的测定。

【任务实施】

样品经碳化、灰化后，将有机碘转化为无机碘离子，在酸性介质中，用溴水将碘离子氧化成碘酸根离子，生成的碘酸根离子在碘化钾的酸性溶液中被还原析出碘，用硫代硫酸钠溶液滴定反应中析出的碘。其反应式如下：

$$I^- + 3Br_2 + 3H_2O \longrightarrow IO_3^- + 6H^+ + 6Br^-$$

$$IO_3^- + 5I^- + 6H^+ \longrightarrow 3I_2 + 3H_2O$$

$$I_2 + 2S_2O_3^{2-} \longrightarrow 2I^- + S_4O_6^{2-}$$

一、实验设备准备

组织捣碎机、高速粉碎机、分析天平（感量为 0.1 mg）、电热恒温干燥箱、马弗炉（≥600℃）、瓷坩埚(50 mL)、可调电炉(1 000 W)、碘量瓶(250 mL)、棕色酸式滴定管(25 mL，最小刻度为 0.1 mL)、微量酸式滴定管(1 mL，最小刻度为 0.01 mL)。

二、试剂及其配制

1. 试剂

无水碳酸钠（Na_2CO_3）、液溴（Br_2）、硫酸（H_2SO_4）、甲酸钠（$CHNaO_2$）、硫代硫酸钠（$Na_2S_2O_3$）、碘化钾（KI）、甲基橙（$C_{14}H_{14}N_3SO_3Na$）、可溶性淀粉。

2. 试剂配制

(1)碳酸钠溶液(50 g/L)　称取5 g无水碳酸钠,溶于100 mL水中。

(2)饱和溴水　量取5 mL液溴置于涂有凡士林的塞子的棕色玻璃瓶中,加水100 mL,充分振荡,使其成为饱和溶液。

(3)硫酸溶液(3 mol/L)　量取180 mL硫酸,缓缓注入盛有700 mL水的烧杯中,其间不断搅拌,冷却至室温,用水稀释至1 000 mL,混匀。

(4)硫酸溶液(1 mol/L)　量取57 mL硫酸,配制方法同上。

(5)碘化钾溶液(150 g/L)　称取15.0 g碘化钾,用水溶解并稀释至100 mL,贮存于棕色瓶中,现用现配。

(6)甲酸钠溶液(200 g/L)　称取20.0 g甲酸钠,用水溶解并稀释至100 mL。

(7)硫代硫酸钠标准溶液(0.01 mol/L)　按GB/T 601中的规定进行配制及标定。

(8)甲基橙溶液(1 g/L)　称取0.1 g甲基橙粉末,溶于100 mL水中。

(9)淀粉溶液(5 g/L)　称取0.5 g淀粉于200 mL烧杯中,加入5 mL水调成糊状,再倒入100 mL沸水,搅拌后再煮沸0.5 min,冷却备用,现用现配。

三、试样制备、称量

1. 试样制备

(1)干样品　经高速粉碎机粉碎,通过孔径为425 μm的标准筛,避光密闭保存或低温冷藏。

(2)鲜、冻样品　取可食部分匀浆后,密闭冷藏或冷冻保存。

(3)海藻浓缩汁或海藻饮料等液态样品　混匀后取样。

2. 试样称量

称取试样2～5 g(精确至0.1 mg),置于50 mL瓷坩埚中,加入5～10 mL碳酸钠溶液,充分浸润试样,静置5 min,置于101～105℃电热恒温干燥箱中干燥3 h,将样品烘干,取出。

四、碳化

(1)在通风橱内用电炉加热,使试样充分碳化至无烟,置于(550±25)℃马弗炉中灼烧40 min,冷却至180～200℃,取出。在坩埚中加入少量水研磨,将溶液及残渣全部转入250 mL烧杯中,坩埚用水冲洗数次并入烧杯中,烧杯中溶液总量为150～200 mL,煮沸5 min。

(2)对于碘含量较高的样品(海带及其制品等),将得到的溶液及残渣趁热用滤纸过滤至250 mL容量瓶中,烧杯及漏斗内残渣用热水反复冲洗,冷却,定容。然后准确移取适量滤液于 250 mL 碘量瓶中，备用。

(3)对于其他样品，将得到的溶液及残渣趁热用滤纸过滤至 250 mL 碘量瓶中，备用。

五、测定

在碘量瓶中加入 2～3 滴甲基橙溶液，用 1 mol/L 硫酸溶液调至红色，在通风橱内加入 5 mL 饱和溴水，加热煮沸至黄色消失。稍冷后加入 5 mL 甲酸钠溶液，在电炉上加热煮沸 2 min，取下，用水浴冷却至 30℃以下，再加入 5 mL 硫酸溶液，5 mL 碘化钾溶液，盖上瓶盖，放置 10 min，用硫代硫酸钠标准溶液滴定至溶液呈浅黄色，加入 1 mL 淀粉溶液，继续滴定至蓝色恰好消失。同时做空白试验，分别记录消耗的硫代硫酸钠标准溶液体积。

六、结果计算

试样中碘的含量按公式计算：

$$x=\frac{(v-v_0)\times c\times 21.15\times v_1}{v_2\times m_1}\times 1\,000$$

式中：

x_1——试样中碘的含量(mg/kg)；

v——滴定样液消耗硫代硫酸钠标准溶液的体积(mL)；

v_0——滴定试剂空白消耗硫代硫酸钠标准溶液的体积(mL)；

c——硫代硫酸钠标准溶液的浓度(mol/L)；

v_1——碘含量较高样液的定容体积(mL)；

v_2——移取碘含量较高滤液的体积(mL)；

m_1——样品的质量(g)；

21.15——与 1.00 mL 硫代硫酸钠标准溶液[$c(Na_2S_2O_3)=1.000$ mol/L]相当的碘的质量(mg)；

1 000——单位换算系数。

七、精密度

在重复性条件下获得的 2 次独立测定结果的绝对差值不得超过算术平均值的 10%。

【记录与结果分析】

碘检验原始记录见表 4-8-4。

表 4-8-4 碘检验原始记录

样品名称			样品编号	
项目名称	碘检验		检验方法标准	GB 5009.267—2016
仪器设备	型号	编号	精度	状态
天平				□正常 □不正常
电热恒温干燥箱				□正常 □不正常
试验环境	温度____℃ 湿度____% 气压____MPa			
测定参数			平行样 1	平行样 2
滴定样液消耗硫代硫酸钠标准溶液的体积 v/mL				
滴定试剂空白消耗硫代硫酸钠标准溶液的体积 v_0/mL				
硫代硫酸钠标准溶液的浓度 c/(mol/L)				
碘含量较高样液的定容体积 v_1/mL				
移取碘含量较高滤液的体积 v_2/mL				
样品的质量 m_1/g				
试样中碘的含量 x_1/(mg/kg)			$x=\frac{(v-v_0)\times c\times 21.15\times v_1}{v_2\times m_1}\times 1\,000$	
测定值 x/(mg/kg)				
平均值 x/(mg/kg)				
报出值 x/(mg/kg)				
精密度公式	精密度 Y=|测定值 x(平行样 1)－测定值 x(平行样 2)|/平均值 x×100%			
备注	结果保留至小数点后 1 位。			

校核： 检验员： 年 月 日

[师徒共研]

1. 本实验要求配制饱和溴水溶液，怎样判断其是不是饱和溶液？

按本实验要求配制完成后，如溶液底部留有少量溴液，证明此溴水为饱和溶液。

2. 配制饱和溴水溶液过程中应如何规范操作？

溴对皮肤、黏膜有强烈刺激作用和腐蚀作用。吸入较低浓度时，很快发生眼和呼吸道黏膜的刺激症状，并有头疼、眩晕、全身无力、胸部发紧、干咳、恶心和呕吐等症状；吸入高浓度时引发剧咳、呼吸困难、哮喘；严重时可发生窒息、肺炎、肺水肿。长期吸入，除黏膜刺激症状外，还伴有神经衰弱综合征。故操作人员需穿戴好防护服，做好防护措施，并保证操作在通风橱内进行。

3. 如在配制饱和溴水过程中出现意外，伤及操作人员，应采取哪些急救方法？

(1)皮肤接触：立即脱去污染的衣着，用流动清水冲洗 10 min 或用 2%碳酸氢钠溶液冲洗。若有灼伤，应尽快就医治疗。

(2)眼睛接触：立即提起眼睑，用流动清水或生理盐水冲洗至少 15 min，就医。

(3)吸入：迅速脱离现场至空气新鲜处。呼吸困难时立刻输氧，呼吸停止时立即进行人工呼吸，就医。

(4)食入：立即漱口，饮牛奶或蛋清，然后就医。

[知识链接]

1. 碘的作用有哪些？

碘是人体必需的元素之一，是人体内甲状腺素、甲状腺球蛋白的重要组成成分。碘的主要作用都是通过参与甲状腺激素合成来实现的，它的生理作用也就表现为甲状腺激素的生理作用，主要有三个方面：第一是对生长发育方面的调节，主要是对中枢神经系统；第二是对骨骼的；第三是对能量代谢平衡的调节。身体缺碘时，会发生甲状腺肿大、甲状腺素的合成减少甚至缺乏，会产生呆小症。但需注意的是，如长期服用或注射含碘药物，或长期食用高碘食物，会因人体摄入碘过多而造成碘中毒，患“高碘甲状腺肿”。因此，测定食品中碘含量具有非常重要的营养学意义。

2. 目前食品中碘含量的测定有哪些方法，都分别适用于哪类食品？

(1)氧化还原滴定法，适用于海带、紫菜、裙带菜等藻类及其制品中碘的测定。

(2)砷铈催化分光光度法，适用于粮食、蔬菜、水果、豆类及其制品、乳及其制品、肉类、鱼类、蛋类等食品中碘的测定。

(3)气相色谱法，适用于婴幼儿食品和乳品中碘的测定。

任务三　铜的测定（石墨炉法）

任务三　铜的测定(石墨炉法)

任务四　电感耦合等离子体质谱（ICP-MS）多元素测定

任务四　电感耦合等离子体质谱(ICP-MS)多元素测定

任务五　硒的氢化物检测（原子荧光光谱法）

任务五　硒的氢化物检测(原子荧光光谱法)

学习笔记

模块五 5

有毒有害物质测定

学习笔记

项目一
农药残留测定

知识目标

1. 能够说出农药残留检验的重要性；
2. 能够正确掌握农药残留检验方法的种类和特点。

技能目标

1. 掌握农药残留检验方法，并依据相应标准正确进行称量、提取、计算等操作；
2. 正确使用农药残留检验的设备和工具；
3. 根据检验结果正确计算农药残留的含量，并正确计算检验结果的精密度和回收率。

德育目标

1. 培养学生团结协作能力；
2. 培养学生求实认真的工作态度；
3. 培养学生实事求是的职业操守。

农产品是人们生活的必需品，但农药的不合理使用，经常导致农产品中的农药残留超标，不仅影响消费者食用安全，造成消费者致病甚至直接导致中毒死亡，而且也会影响农产品的出口贸易。出于保障消费者合法权益、增强农产品市场竞争力的需要，农药残留问题受到了社会的广泛关注。

因此农作物农药残留检测工作变得尤为重要。农产品质量安全必须根据我国食品安全规定进行科学检测，对检测数据进行深入分析，判断食品的品质。因此，农药残留检测在我国农产品安全管理中发挥着巨大作用。

农药残留的检测方法主要分为快速检测法和色谱法。其中快速检测法具有速度快、成本低、操作简便、针对性强等特点，尤其适合于现场检测，但适用范围小，仅限于果蔬的有机磷农药残留检测。快速检测法主要包括分光光度法，免疫分析法、卡片法。其中分光光度法使用最为广泛。色谱法虽然不具备快速检测的特点，但是可以精确定量，可测出多种农药，是目前比较权威的方法，但检测成本高，仪器操作须专业人员，前处理要求较高，检测时间长。色谱法主要包括气相色谱法、液相色谱法和色谱-质谱联用法。

任务一 酶抑制法

【任务要求】

1. 掌握酶抑制法的原理；
2. 学习和正确理解国标，并按国标要求制定工作流程；
3. 正确进行称量、提取、测量、记录，并正确对结果进行判定。

【参考标准】

本任务主要参考《蔬菜中有机磷和氨基甲酸酯类农药残留量的快速检测》（GB/T 5009.199—2003）中的酶抑制率法（分光光度法），适用于蔬菜中有机磷和氨基甲酸酯类农药残留量的快速筛选测定，但葱、姜、蒜、韭菜、辣椒等含有对酶有影响的植物次生物质，不适用此方法。

【任务实施】

一、实验设备准备

农残速测仪、天平(感量为0.1 g)、恒温水浴锅或恒温培养箱。

二、试剂及配制

(1)pH 8.0缓冲溶液　分别取11.9 g无水磷酸氢二钾与3.2 g磷酸二氢钾溶解于1 000 mL蒸馏水中。

(2)显色剂　分别称取160 mg二硫代二硝基苯甲酸(DTNB)和15.6 mg碳酸氢钠,用20 mL缓冲溶液溶解,4℃冰箱保存。

(3)底物　称取25.0 mg硫代乙酰胆碱,用3.0 mL蒸馏水溶解,摇匀后置于4℃冰箱中保存备用,保存期不超过2周。

(4)乙酰胆碱酯酶　根据酶的活性情况,用缓冲液溶解,3 min的吸光度变化ΔA_0值应控制在0.3以上。摇匀后置4℃冰箱中保存备用,保存期不超过4 d。

也可选用由以上试剂配置的试剂盒。乙酰胆碱酯酶的ΔA_0值应控制在0.3以上。

三、实验步骤

1. 样品处理

选取有代表性的蔬菜样品,去掉表面泥土,剪成1 cm左右的碎片。取样品1 g,放入烧杯或提取瓶中,加入5 mL缓冲液,振荡1～2 min,倒出提取液,静置3～5 min,待用。

2. 对照溶液测试

先于试管中加入2.5 mL缓冲液,再加入0.1 mL酶液、0.1 mL显色剂,摇匀后于37℃放置15 min以上(每批样品的反应时间应一致)。加入0.1 mL底物摇匀,此时检液开始显色反应,应立即放入仪器比色皿中,记录反应3 min的吸光度变化值ΔA_0。

3. 样品溶液测试

先于试管中加入2.5 mL样品提取液,其他操作与对照溶液测试相同,记录反应3 min的吸光度的变化值ΔA_t。

四、结果计算

酶抑制率可依下式计算:

$$抑制率(\%)=[(\Delta A_0-\Delta A_t)/\Delta A_0]\times 100$$

ΔA_0——对照溶液反应 3 min 吸光度的变化值；

ΔA_t——样品溶液反应 3 min 吸光度的变化值。

五、结果判断

结果以酶被抑制的程度(抑制率)表示。当蔬菜样品提取液对酶的抑制率大于 50%时，表示样品中有高剂量的有机磷或氨基甲酸酯类农药残留，可判定样品为阳性结果，对检验结果阳性的样品需重复检验 2 次以上。

【记录与结果分析】

表 5-1-1　农药残留快速分析原始记录

检测依据	GB/T 5009.199—2003	天平编号		环境条件	室温	℃
仪器编号		检测项目	农药残留检验		湿度	%
样品编号说明	SC—蔬菜； SG—水果； SJ—食用菌；[K]—空白样；[A、B]—平行样；[J]—加标样；[D]—对照样；[Z]—质控样					

样品编号	样品名称	分析编号	取样量 m 或 v_1	抑制率/%

分析人：　　　　　　　　校核人：　　　　　　　　分析日期：

[师徒共研]

1. 当环境温度低时如何处理？

当温度条件低于37℃，酶的反应速度随之放慢，加入酶液和显色剂后放置反应的时间也应相对延长，反应至胆碱酯酶空白对照测试3 min的吸光度变化ΔA_0值在0.3以上，即可往下操作。注意样品放置时间应与空白对照溶液放置时间一致，结果才有可比性。

2. 胆碱酯酶空白对照液3 min的吸光度变化ΔA_0值<0.3的原因分析？

原因：一是酶的活性不够，二是温度太低。

解决方法：一是适当增加酶的使用量，二是可提高环境温度或将试样放入烘箱中。

3. 酶抑制法的关键是什么？

酶是决定酶抑制法灵敏度和可靠性的最关键因子。可用于农药残留检测的酶有羧酸酯酶(CaE)，丁酰胆碱酯酶(BuchE)、乙酰胆碱酯酶(AchE)，前两种受干扰的因素多、假阳性率高(常把无农药的样品误测为有农药残留)、专一性低；乙酰胆碱酯酶是有机磷和氨基甲酸酯类农药最适反应物专一性高、可靠性比丁酰胆碱酯酶高、假阳性率低。

4. 酶抑制法的优点是什么？

酶抑制法就是根据酶的活性受有机磷和氨基甲酸酯类农药的抑制而降低的原理进行检测的。酶抑制法具有操作简便、快速、不需要昂贵的仪器设备、测定方法易于掌握等优点，特别适于现场检测及大批量样品的筛选。

5. 酶抑制法的缺点是什么？

众多农残速测仪都采用比色法，根据吸光值变化计算胆碱酯酶的抑制率，但是，植物体内的内容物如氧化酶、次生物质、叶绿素、花青素等必然会对酶反应产生干扰，检测液的颜色会有变化，检测结果的可靠性、正确性难以保证。

[知识链接]

1. 酶抑制法检测农药残留的原理

在一定条件下，有机磷和氨基甲酸酯类农药对胆碱酯酶正常功能有抑制作用，其抑制率与农药的浓度成正比。正常情况下，酶催化神经传导代谢产物(乙酰胆碱)水解，其水解产物与显色剂反应，产生黄色物质，用分光光度计在412 nm处测定吸光度随时间的变化值，计算出抑制率，通过抑制率可以判断出样品中是否有高剂量有机磷或氨基甲酸酯类农药的存在。

2. 酶的基质有哪些？

酶抑制剂显色反应可使用的基质(底物)和显色剂很多，包括各种乙酰胆碱(ACh)、乙酰萘酯以及其他羧酸酯、乙酸羟基吲哚及其衍生物。

3. 酶的来源有哪些？

酶源的种类：分为来自动物的胆碱酯酶和从植物提取的植物酯酶。

来自动物的主要包括来源于动物肝脏和血液，如猪肝、鸡血、马血清；来源于蚯蚓和海洋鱼类、甲壳类动物神经组织和脑组织；昆虫，如家蝇、麦二叉蚜、烟草蚕蛾等。这类酶的特点是保存时间短，需冷冻低温保存。

从植物中提取的植物酯酶来源丰富，提取和保存比较方便，－4℃保存即可。

酶源选择是生物酶技术应用的基础，其性质的好坏、特异性大小、稳定与否直接关系到检测的结果。各种农药对一些酶的活性均有不同程度的抑制作用。

4. 酶抑制法对几种常用农药的检测限

敌敌畏0.1，氧化乐果0.8，对硫磷1.0，甲基异柳磷5.0，辛硫磷0.3，灭多威0.1，甲胺磷2.0，丁硫克百威0.05，马拉硫磷4.0，敌百虫0.2，乐果3.0，呋喃丹0.05(以上数据单位均为mg/kg)。

任务二 速测卡法

【任务要求】

1. 掌握速测卡法的原理；
2. 学习和正确理解国标，并按国标要求制定工作流程；
3. 掌握速测卡法的两种方法，并正确对结果进行判定。

【参考标准】

本任务主要参考《蔬菜中有机磷和氨基甲酸酯类农药残留量的快速检测》(GB/T 5009.199—2003)中的速测卡法(纸片法)，适用于蔬菜中有机磷和氨基甲酸酯类农药残留量的快速筛选测定，但葱、姜、蒜、韭菜、辣椒等含有对酶有影响的植物次生物质，容易产生假阳性，不适用此方法。

【任务实施】

一、实验设备准备

天平(感量为0.1 g)、恒温培养箱。

二、试剂及配制

(1)固化有胆碱酯酶和靛酚乙酸酯试剂的纸片(速测卡)。

(2)pH 7.5 磷酸盐缓冲液　分别称取 15.0 g 磷酸氢二钠($Na_2HPO_4 \cdot 12H_2O$)与 1.59 g 无水磷酸二氢钾(KH_2PO_4),用 500 mL 蒸馏水溶解。

三、实验步骤

1. 整体测定法

(1)选取具有代表性的蔬菜样品,擦去表面泥土,剪成 1 cm 左右方形碎片,取 5 g 放入带盖瓶中,加入 10 mL 缓冲溶液,振摇 50 次,静置 2 min 以上。

(2)取一片速测卡,用白色药片蘸取提取液,放 10 min 以上进行预反应,有条件时在 37℃恒温装置中放置 10 min。预反应后的药片表面必须保持湿润。

(3)将速测卡对折,用手捏 3 min 或用恒温装置恒温 3 min,使红色药片与白色药片叠合发生反应。

每批测定应设一个缓冲液的空白对照卡。

2. 表面测定法(粗筛法)

(1)擦去蔬菜表面泥土,滴 2～3 滴缓冲液在蔬菜表面,用另一片蔬菜在滴液处轻轻摩擦。

(2)取一片速测卡,将蔬菜上的液滴滴在白色药片上。

(3)放置 10 min 以上进行预反应,有条件时在 37℃恒温装置中放置 10 min。预反应后的药片表面必须保持湿润。

(4)将速测卡对折,用手捏 3 min 或用恒温装置恒温 3 min,使红色药片与白色药片叠合发生反应。

每批测定应设一个缓冲液的空白对照卡。

四、结果判断

结果以酶被有机磷或氨基甲酸酯类农药抑制(为阳性)或未抑制(阴性)表示。

与空白对照卡比较,白色药片不变色或略有浅蓝色均为阳性结果。白色药片变为天蓝色或与空白对照卡相同,为阴性结果。

对阳性结果的样品,可用其他方法进一步确定具体农药品种和含量。

[师徒共研]

1. 速测卡使用时的注意事项?

(1)由于菜叶含有大量的叶绿素,若菜叶剪得太碎,叶绿素颜色会对阴性反应的蓝色的观察有影响,农药速测卡的初次使用者易产生错误的判断。

(2)可疑阳性试样是根据显色反应的蓝色比空白浅、比阳性深而判定的。蓝色变浅程度存在差异,且有部分叶绿素的影响,

(3)农药速测卡使用的最佳 pH 是 7.5,若样液的 pH 偏离太大,会产生错误的结果。

(4)应用农药速测卡时,反应的温度和时间对显色有影响,必须同时进行空白对照。

(5)农残速测卡对农药非常敏感,附近有农药喷洒或使用卫生杀虫剂,以及操作者手上或器具上沾有微量农药,都会造成误差。

(6)当温度低于 37℃,酶反应的速度随之放慢,药品加液后放置反应的时间应相对延长,如空白对照卡用手指(体温)捏 3 min 后可以变蓝,即可往下操作(注:若检测量大,可配置恒温水箱或使用农药残留快速检测仪)。注意样品放置的时间应与空白对照卡放置的时间一致才有可比性。空白对照卡不变色的原因 :一是药片表面缓冲液加的少,预反应后的药片表面不够湿润,二是温度太低,需进行适当的保温。

(7)红色药片与白色药片叠合反应的时间以 3 min 为准,3 min 后蓝色会逐渐加深,24 h 后颜色会逐渐褪去。

(8)葱、蒜、萝卜、韭菜、芹菜、香菜、茭白、蘑菇及番茄汁中含有对酶有影响的植物次生物质,容易产生假阳性。处理这类样品时,可利用整株浸提或表面测定法,叶绿素含量较高的蔬菜也可整株浸提。

2. 农药残留速测卡的保存条件

阴凉、干燥、避光保存,有条件者放于 4℃冰箱中最佳。农药残留快速检测卡开封后最好在 3 d 内用完,如一次用不完可存放在干燥器中,一周内用完。产品保质期 1 年。

[知识链接]

1. 速测卡法检测农药残留的原理

胆碱酯酶可催化靛酚乙酸脂(红色)水解为乙酸与靛酚(蓝色),有机磷或氨基甲酸酯类农药对胆碱酯酶有抑制作用,使催化、水解、变色的过程发生改变,由此可判断出样品中是否有高剂量有机磷或氨基甲酸酯类农药的存在。

2. 农药速测卡对几种常用农药的检出限

甲胺磷 1.7,马拉硫磷 2.0,水胺硫磷 3.1,对硫磷 1.7,久效磷 2.5,乙酰甲胺磷 3.5,敌敌畏 0.3,乐果 1.3,敌百虫 0.3,呋喃丹 0.5(以上数据单位均为 mg/kg)。

任务三　有机磷类农药残留检测（气相色谱法）

【任务要求】

1. 掌握气相色谱法测定有机磷类农药残留的原理；
2. 学习和正确理解行标，并按行标要求制定工作流程；
3. 正确进行称量、提取、净化、测定，并正确对结果进行判定。

【参考标准】

本任务主要参考《蔬菜和水果中有机磷、有机氯、拟除虫菊酯和氨基甲酸酯类农药多残留的测定》(NY/T 761—2008)的第1部分：蔬菜和水果中有机磷农药多残留的测定。

【任务实施】

一、实验设备准备

气相色谱仪，带有火焰光度检测器(FPD磷滤光片)；食品加工器；天平(感量为0.1 g)；匀浆机；氮吹仪；水浴锅；旋涡混合器。

二、试剂与材料

1. 试剂

丙酮、乙腈、氯化钠。

2. 材料

滤膜(0.2 μm，有机溶剂膜)、铝箔。

3. 标准溶液的配制

分别称取农药标准品，以丙酮为溶剂配制成1 000 μg/mL的标准储备液，贮存在−18℃冰箱中，使用时根据各农药品种的仪器响应情况，吸取不同量的标准储备液，用丙酮稀释成混合标准工作液。

三、实验步骤

1. 试样制备

取蔬菜、水果样品，取可食部分，经缩分后，将其切碎，充分混匀放入食品加工器粉碎，制成待测样。放入分装容器中，于-18℃冰箱中保存，备用。

2. 提取

准确称取 25.0 g 试样放入匀浆机中，加入 50.0 mL 乙腈，在匀浆机中高速匀浆 2 min 后，用滤纸过滤，滤液收集到装有 5～7 g 氯化钠的 100 mL 具塞量筒中，收集滤液 40～50 mL，盖上盖子，剧烈振荡 1 min，在室温下静置 30 min，使乙腈相和水相分层。

3. 净化

从具塞量筒中吸取 10.00 mL 乙腈溶液，放入 50 mL 烧杯中，将烧杯放在 80℃水浴锅上加热，杯内缓缓通入氮气或空气流，蒸发近干，加入 2.0 mL 丙酮，盖上铝箔，备用。

将上述备用液完全转移至 10 mL 刻度离心管中，再用约 3 mL 丙酮分 3 次冲洗烧杯，并转移至离心管，最后定容至 5.0 mL，在漩涡混合器上混匀，分别移至两个自动进样器样品瓶中，供气相色谱仪测定。如定容后的样品溶液过于混浊，应用 0.2 μm 滤膜过滤后再进行测定。

4. 色谱参考条件

(1)色谱柱

①A 柱　50%聚苯基甲基硅氧烷(DB-17)柱，30 m×0.53 mm×1.0 μm，或相当者。

②B 柱　100%聚甲基硅氧烷(DB-1)柱，30 m×0.53 mm×1.5 μm，或相当者。

(2)温度

①进样口温度　220℃。

②检测器温度　250℃。

③柱温　150℃保持 2 min，以 8℃/min 的升温速率升至 250℃，保持 12 min。

(3)气体及流量

①载气　氮气，纯度≥99.999%，流速为 10 mL/min。

②燃气　氢气，纯度≥99.999%，流速为 75 mL/min。

③助燃气　空气，流速为 100 mL/min。

(4)进样方式　不分流进样，样品溶液一式两份，由双自动进样器同时进样。

(5)色谱分析　由自动进样器分别吸取 1.0 μL 标准混合溶液和净化后的样品溶液注气相色谱仪中，由双柱保留时间定性，以 A 柱获得的样品溶液峰面积与标准溶液峰面积比较定量。

四、定性分析

双柱测得样品溶液中未知组分的保留时间(RT)分别与标准溶液在同一色谱柱上的保留时间(RT)相比较，如果样品溶液中某组分的两组保留时间与标准溶液中某一农药的两组保留时间相差都在±3 s内的可认定为该农药。

五、定量结果计算

试样中被测农药残留量以质量分数 ω 计，单位 mg/kg，按下式计算

$$\omega=\frac{v_1\times A\times v_3}{v_2\times A_s\times m}\times\rho$$

式中：

ρ——标准溶液中农药的质量浓度(mg/L)；

A——样品溶液中被测农药的峰面积；

A_S——农药标准溶液中被测农药的峰面积；

v_1——提取溶剂总体积(mL)；

v_2——吸取出用于检测的提取溶液的体积(mL)；

v_3——样品溶液定容体积(mL)；

m——试样的质量(g)；

计算结果保留2位有效数字，当结果大于1 mg/kg时保留3位有效数字。结果的精密度用相对标准偏差表示，要求精密度≤10%。

【记录与结果分析】

表 5-1-2　有机磷类农药残留检测原始记录

<table>
<tr><td>样品名称</td><td colspan="2"></td><td colspan="3">样品编号</td><td colspan="3"></td></tr>
<tr><td>检测依据</td><td colspan="8"></td></tr>
<tr><td>仪器编号</td><td></td><td>色谱柱型号</td><td colspan="3"></td><td colspan="2">天平编号</td><td></td></tr>
<tr><td>取样量/g</td><td colspan="2"></td><td colspan="3">定容体积/mL</td><td colspan="3"></td></tr>
<tr><td>提取溶剂体积/mL</td><td colspan="2"></td><td colspan="3">吸取溶剂体积/mL</td><td colspan="3"></td></tr>
<tr><td>试液介质</td><td colspan="2" rowspan="2"></td><td colspan="2" rowspan="2">环境条件</td><td>室温/℃</td><td colspan="3"></td></tr>
<tr><td>定量方法</td><td>湿度/%</td><td colspan="3"></td></tr>
<tr><td>样品编号说明</td><td colspan="8">SC—蔬菜；SG—水果；SJ—食用菌；[K]—空白样；[A、B]—平行样；[J]—加标样；[D]—对照样；[Z]—质控样</td></tr>
<tr><td>计算公式</td><td colspan="3">$\omega=\frac{v_1\times A\times v_3}{v_2\times A_s\times m}\times\rho$</td><td colspan="3">质控样添加水平/(mg/kg)</td><td colspan="2"></td></tr>
</table>

续表 5-1-2

检测项目								
检测结果	质控样品	项目 编号						
		回收率/%						
		精密度/%						
		项目 编号						
		回收率/%						
		精密度/%						
	样品	编号	项目	结果	编号	项目	结果	备注
		______号样品大于限量值待复检;其余样品所有检测项目均小于方法检出限。						

分析人：　　　　　　　校核人：　　　　　　　分析日期：

[师徒共研]

1. 环境对实验室的影响有哪些?

实验室的温度、湿度、空气中的悬浮微粒含量等不符合要求,将影响实验条件及仪器性能,从而影响样品的分析结果。

2. 实验对试剂的要求有哪些?

对所使用的每批次试剂,都需要进行纯度验证,要求使用色谱纯的试剂。前处理所用的玻璃仪器要确定对被检测样品无污染。

3. 称样时应注意哪些问题?

(1)称量前注意调节天平平衡。

(2)称量样品要搅拌,均匀取样。

(3)使用天平后要清零,并保持天平清洁。

(4)正确填写仪器使用记录。

4. 样品提取时应注意哪些问题?

(1)大部分有机氯和菊酯类农药都比较稳定,提取时采用振荡和匀浆的操作对回收率结果影响不明显,做具体单一品种农药残留时可以根据该农药的特点选择合适的提取方法。

(2)溶剂要分取使用,防止污染,加完乙腈后立即匀浆。

(3)样品匀浆捣碎 2 min 提取时,间歇匀浆(预防过热),匀浆时注意要轻轻摇动烧杯,使样品匀浆的更充分,注意不要让液体溅出,可避免检测农药组分的损失,以保证检测结果的准确性。

(4)匀浆的时间要充分,匀浆机转数适当。激烈振荡 1 min,振荡后将量筒塞打开一下,使气压内外气压平衡后静置,静置时间 30 min。静置时间一定要保证,使有机相与水相充分分层,否则会造成水分存留在有机乙腈相中,致使氮吹时吹不干,农药水解,直接影响回收率;在加入提取溶剂后,要尽快处理样品,特别是在夏天温度较高时,放置时间过长,溶剂挥发会导致结果偏高。

(5)在盐析过程中如发现乳化层现象,可加入少量蒸馏水或电解质(氯化钠)溶液破坏水相有机相杂质间平衡,从而破坏乳化层,使分层明显。

5. 样品净化与浓缩时应注意哪些问题?

(1)用氮吹仪直接氮吹省气省时。用水浴锅和传统的滴管进行氮吹时,消耗氮气量大,且每次只能氮吹几个样品,不好掌握吹干程度。改用 24 针氮吹仪直接进行氮吹,每次可同时吹 24 个样品,氮气用量少,好控制氮气流速,样品重现性也好。

(2)过小柱时用的洗脱液必须是正己烷∶丙酮=9∶1比例的混合液,丙酮少了农药会留在小柱里洗不出来,回收率明显降低;丙酮多了溶液极性大大增强,会把样品中的杂质也洗脱出来,虽然对回收率影响不大,但没有达到除杂的效果,也容易对衬管和色谱柱产生污染。

(3)使用氮吹浓缩时,氮气流量不能过大,绝对不能将样品吹干,应将样品吹成湿盐状时(小烧杯的底部应是平的),快速取离水浴锅,立即加丙酮、正己烷等溶解、定容,否则会导致某些农药回收率偏低(如甲胺磷、氧乐果、甲拌磷、百菌清等)。

(4)用国产的弗罗里硅土柱代替进口的弗罗里硅土柱,发现净化得不够干净,杂质峰较大,但对回收率影响较小。在工作中曾经研究过 500 mg、1 000 mg 固相萃取柱的净化效果,发现用刻度管接收 12 mL 时,二者回收率较高。

(5)针对某些农药回收率偏低的现象,在样品前处理时应尽可能注意。当样品浓缩后,立即进行定容,尽量减少农药的损失,有助于提高回收率。

(6)对于经过浓缩后仍杂质较多的样品,应用滤膜进行进一步过滤,方可上机检测。

[知识链接]

1. 气相色谱法测定有机磷类农药的原理

试样中有机磷类农药用乙腈提取,提取液经过过滤、浓缩后,用丙酮定容,用双自动进样器同时注入气相色谱仪的两个进样口,农药组分经不同极性的两根毛细管柱分离,火焰光度检测器(FPD 磷滤光片)检测。用双柱保留时间定性,外标法定量。

2. 什么是农药残留?

农药残留(pesticide residue):农药使用后残存在生物体、农副产品和环境中的微量农药原体、有毒代谢物、降解物和杂质的总称。

3. 农药残留分析是分析化学中最复杂的领域,其原因主要有哪些?

(1)需分离和测定的残留农药量往往是在 ng(10^{-9} g)、pg(10^{-12} g)甚至在 fg(10^{-15} g)级,一次成功的分析需要有许多操作条件的正确选择和结合,尤其是萃取和净化方法的成功应用;

(2)分析样品用药历史的未知性,即污染源的未知性和样品种类的多样性;

(3)一次样品测定需分析多种农药残留,即多组分残留分析的要求。

4. 农药残留的萃取、净化技术有哪些?

(1)固相萃取(SPE)技术;

(2)超临界流体萃取技术(SFE);

(3)固相微萃取技术(SPME);

(4)凝胶萃取技术(GPC:凝胶渗透色谱);

(5)快速溶剂萃取(PSE)。

5. 农药残留分析的特点是什么?

(1)目标物种类多,结构差异大;

(2)目标物含量低,样品中目标物仅以 μg、ng 甚至 pg、fg 存在;

(3)样品种类多,干扰物成分各异;

(4)方法要求灵敏、准确、快速、简便、成本低;

(5)对样品的前处理和仪器分析提出更高要求。

6. 农药残留样品的提取方法有哪些?

(1)振荡法;

(2)索氏提取法;

(3)匀浆捣碎法;

(4)超声波提取法;

(5)微波辅助提取法;

(6)加速溶剂萃取法。

7. 现在新的前处理方法有哪些？

(1)固相微萃取(SPME)；

(2)基质固相分散萃取(MSPDE)；

(3)超临界液体萃取(SFE)；

(4)免疫亲和色谱技术(IAC)；

(5)分子印记技术(MIT)；

(6)凝胶渗透色谱(GPC)。

8. 色谱法检测的特点是什么？

(1)高选择性，分离单组分定性定量；

(2)高效能；

(3)高灵敏度，能够检测检出限量低至 10^{-11} g 量级的物质，适于微量和痕量分析。

9. 气相色谱分析法的系统构成、工作原理及适用范围？

(1)系统构成　气路系统，进样系统，分离系统，检测系统。

(2)工作原理　样品高温瞬间汽化—色谱柱分离—检测。

(3)适用范围　易挥发的小分子有机物，难挥发性成分经衍生化检测。

10. 气相色谱法的检测器有哪些？

(1)氢火焰离子化检测器(FID)　破坏型，主要检测含碳的有机物；

(2)电子捕获检测器(ECD)　非破坏型，选择性，主要检测电负性强的化合物；

(3)火焰光度检测器(FPD)　破坏型，选择性，主要检测含硫、磷的化合物；

(4)热导池检测器(TCD)　非破坏型，选择性，主要检测永久性气体。

11. 我国常用的有机磷类农药有哪些？

敌敌畏、甲拌磷、乐果、对氧磷、对硫磷、喹硫磷、伏杀硫磷、敌百虫、氧化乐果、磷胺、甲基嘧啶磷、马拉硫磷、辛硫磷、亚胺硫磷、甲胺磷、地亚农、甲基毒死蜱、毒死蜱、倍硫磷、杀扑磷、乙酰甲胺磷、巴胺磷、甲基对硫磷、杀螟硫磷、异柳磷、乙硫磷等。

12. 什么是最大残留限量？

最大残留限量(maximum residue limit，MRL)：在农畜产品中农药残留的法定最高允许浓度，又称最高残留限量，以每千克农畜产品中农药残留的质量(mg/kg)表示。

制订目的：控制食品中过量农药残留以保障食用者安全，对超标的产品采取措施，即禁止食用。推行和指导合理用药，农产品监测超标时，表明未按规定用药。为减少国际贸易纠纷，各国均制订本国的 MRL。

制订方法：按照农药标签上规定的施药剂量和方法使用农药后，在农产品中的最大残留浓度，其数值必须是毒理学上可以接受的，由各国政府部门按法规公布。

国家标准作为一项加强农药管理的措施，GB 2763 规定了 136 种农药最高残留限量。

13. 什么是添加回收率？

添加回收率(fortified recovery)：空白样品中加入一定浓度某一农药(C_1)后，其样品中此农药浓度测定值(C_2)对加入值的百分率。$F=C_2/C_1\times100\%$。

添加回收率旨在衡量测定值与真值之间的误差,是制定农残分析方法准确度和可行性的指标。一般以 MRL 值水平高一个数量级至低一个数量级作为 3 个浓度水平进行添加实验,测定添加回收率。可以对单个农药添加测定单残留添加回收率,也可多个农药同时添加,为多残留添加回收率。单残留回收率为 80%~120%,多残留回收率一般在70%~130%。

14. 农药合理使用准则的目的和内容是什么?

目的:用以指导合理、科学、安全使用农药,达到既能有效防治农作物病虫害又使产品中农残低于规定限量标准(MRL)的目标。

内容:适用作物、农药制剂、每亩每次最高施药量或施药浓度(稀释倍数)、每季作物最多使用次数、最后一次施药距收获的天数、最高残留限量(MRL)参考值。

15. 什么是检出限?

检出限是衡量仪器或方法灵敏度的指标,要低于测定目标物的 MRL 值(最好低一个数量级),分为仪器检出限和方法检出限。

16. 什么是仪器检出限?

仪器检出限:在与样品测定完全相同的条件下,某种分析仪器能够检出分析目标物的最小量(在无基质存在下)。

最低检出限(LOD):在色谱图上可清楚确认的分析目标物色谱峰的下限。通常为噪声的 3 倍($S/N=3$)。

最低定量限(LOQ):在色谱图上可清楚定量分析目标物色谱峰值的下限。通常为噪声的 10 倍($S/N=10$)。安捷伦仪器化学工作站可以测定 S/N。如 α-666 为 0.01 mg/kg,$S/N=30$,则 LOD=0.001 mg/kg、LOQ=0.003 mg/kg。

17. 什么是方法检出限?

方法检出限:在与样品测定完全相同的条件下,某种方法能够检出分析目标物的最低量或浓度(在有基质存在下)。

用添加某分析目标物最低浓度水平的样品,经过该方法的全部操作程序测定 S/N。如 α-666 在韭菜中,CDFA 方法添加物浓度为 0.01 mg/kg 水平,6890-ECD 进仪器浓度为 0.01 mg/kg,$S/N=12$,则 LOD=0.002 5 mg/kg、LOQ=0.008 mg/kg。

18. 气相色谱法中常用的专业术语如何理解?

色谱图:色谱柱流出的组分通过检测器所产生的响应信号对时间或载气流出体积的曲线图。

基线:正常操作条件下,仅有载气通过时检测器所产生的响应信号曲线。

色谱峰:色谱柱流出组分通过检测器时所产生的响应信号曲线。

峰底:峰的起点与终点之间连接的直线。

峰高:色谱峰最高点到峰底的距离。

峰宽(W_b):在峰两侧拐点处所作切线与峰底相交两点间的距离。

半高峰宽(W_h)：峰高的中点作平行于峰底的直线，此直线与峰两侧相交两点之间的距离。

峰面积(A)：峰与峰底之间的面积。

死时间(t_r^0)：不被固定相吸附或溶解的组分从进样到出现峰最大值之间的时间。

保留时间(t_r)：组分从进样到出现峰最大值时所经过的时间。

19. 气相色谱法的特点

(1)分析速度快　分析一个农药样品通常仅需数分钟，即使复杂的样品也只要几十分钟，并且分析所需样品量很少，通常只需 1～2 μL 甚至更少。

(2)分离效率高　高效色谱柱(特别是毛细管柱)可以分离非常复杂的多组分样品，为农药多残留分析提供了有效的途径。

(3)灵敏度高　高灵敏的检测器可以检出 10^{-12}～10^{-10} g 量级的组分，适合于农药残留的微量和痕量分析。

(4)选择性高　气相色谱柱固定相对性质相似的组分具有较强的分辨能力。通过选用高选择性的固定液，使各组分间的分配系数有较大的差异而实现分离。此外，不同类型的检测器对某类农药有较高的响应，如电子捕获检测器适合对有机氯农药的分析、火焰光度检测器适合对有机磷和含硫农药的分析。

(5)适用范围广　大多数农药的分子量在 400 以内，其沸点在气相色谱工作温度范围内，大多数农药可用气相色谱法测定。

任务四　有机氯、拟除虫菊酯类农药残留检测（气相色谱法）

任务四　有机氯、拟除虫菊酯类农药残留检测(气相色谱法)

任务五 氨基甲酸酯类农药残留检测（液相色谱法）

任务五 氨基甲酸酯类农药残留检测(液相色谱法)

项目二

兽药残留测定

知识目标

1. 能够说出兽药残留的危害及产生原因；

2. 能够正确表述常用兽药残留检验方法的原理及步骤。

技能目标

1. 根据不同检验项目选择相应的检验方法，并依据相应检验方法正确进行试剂配制、试验操作等步骤，并能独立完成检验过程；

2. 正确和安全使用兽药残留检验的设备和仪器；

3. 根据试验数据正确应用公式进行计算和表述，依据结果正确判定兽药残留是否超标，并能对试验过程中出现的问题予以归纳、提出解决方案。

德育目标

1. 培养学生团结协作、同心合力的思想意识；

2. 培养学生求真创新的工作态度；

3. 培养学生严谨务实、精益求精的职业操守。

在现代化畜牧业养殖过程中，用于预防、治疗动物疾病的兽药普遍应用，用于提高经济动物畜产品产量的兽药也广泛使用。但是由于很多养殖户不规范使用兽药，常常在使用过程中出现滥用、违禁使用兽药等问题，造成兽药残留超标。兽药残留对人体健康、环境、畜牧业健康发展等方面影响极大。近年来，我国政府及相关部门对兽药的科学用药和残留检测极为重视。本项目主要对当今国内外常见兽药残留物质及检测方法予以讲述，包括：酶联免疫法、气相色谱-质谱法、高效液相色谱法、液相色谱-串联质谱法等。本项目的检测方法均为当今我国兽药残留检测的常用技术手段，具有实用性强、准确性高的特点。

任务一 尿液中克伦特罗残留量的测定（酶联免疫法）

【任务要求】

1. 掌握尿液中克伦特罗残留量的测定原理；
2. 学习和正确理解检验标准，并按标准要求制定实验流程；
3. 正确配制试剂、安全操作仪器设备，并准确判断试验结果。

【参考标准】

本任务主要参考《动物性食品中克伦特罗残留量的测定》(GB/T 5009.192—2003)中的第三法——酶联免疫法进行。

【任务实施】

一、仪器设备

酶标仪(配备 450 nm 滤光片)；离心机；可调式移液器：50 μL、250 μL、1 000 μL；八道移液器；移液器吸头：50 μL、250 μL、1 000 μL；吸水纸。

二、试剂及配制

1. 克伦特罗酶联免疫试剂盒

(1)96 孔板(12 条×8 孔)包被有针对克伦特罗 IgG 的包被抗抗体；

(2)克伦特罗系列标准液(至少有 5 个倍比稀释浓度水平，外加 1 个空白)；

(3)过氧化物酶标记物(浓缩液)；

(4)克伦特罗抗体(浓缩液)；

(5)酶底物：过氧化尿素；

(6)发色剂：四甲基联苯胺；

(7)反应停止液，1 mol/L 硫酸；

(8)缓冲液：酶标记物及抗体浓缩液稀释用。

2. 竞争酶标记物的稀释

提供的竞争酶标记物为浓缩液。由于稀释的酶标记物稳定性不好，仅稀释实际需用量的酶标记物。在吸取浓缩液之前，要仔细振摇。用缓冲液以 1∶10 的比例稀释酶标记物浓缩液(如 400 μL 浓缩液＋4.0 mL 缓冲液，足够 4 个微孔板条 32 孔用)。

3. 克伦特罗抗体的稀释

提供的克伦特罗抗体为浓缩液，由于稀释的克伦特罗抗体稳定性变差，仅稀释实际需用量的克伦特罗抗体。在吸取浓缩液之前，要仔细振摇。用缓冲液以 1∶10 的比例稀释抗体浓缩液(如 400 μL 浓缩液＋4.0 mL 缓冲液，足够 4 个微孔板条 32 孔用)。

4. 包被有抗抗体的微孔板条的使用

将锡箔袋沿横向边压皱外沿剪开，取出需用数量的微孔板及框架，将不用的微孔板放进原锡箔袋中并且与提供的干燥剂一起重新密封，保存于 2～8℃。

三、试验步骤

(1)若尿液浑浊，应先离心 10 min(3 000 r/min)，将上清液适当稀释后上酶标板进行酶联免疫法筛选实验。

(2)使用前将试剂盒在室温(19～25℃)下放置 1～2 h。

(3)将标准和试样(至少按双平行实验计算)所用数量的孔条插入微孔架，记录标准和试样的位置。

(4)加入 100 μL 稀释后的抗体溶液到每一个微孔中，充分混合并在室温孵育 15 min。

(5)倒出孔中的液体，将微孔架倒置在吸水纸上拍打(每行拍打 3 次)以保证完全除去孔中的液体。用 250 μL 蒸馏水充入孔中，再次倒掉微孔中液体，再重复操作 2 遍以上。

(6)加入 20 μL 的标准或处理好的尿液到各自的微孔中。标准和试样至少做 2 个平行实验。

(7)加入 100 μL 稀释的酶标记物,室温孵育 30 min。

(8)倒出孔中的液体,将微孔架倒置在吸水纸上拍打(每行拍打 3 次)以保证完全除去孔中的液体。用 250 μL 蒸馏水充入孔中,再次倒掉微孔中液体,再重复操作 2 次以上。

(9)加入 50 μL 酶底物和 50 μL 发色试剂到微孔中,充分混合并在室温暗处孵育 15 min。

(10)加入 100 μL 反应停止液到微孔中,混合好后尽快在 450 nm 波长处测量吸光度值。

四、结果计算

用所获得的标准溶液和试样溶液吸光度值与空白溶液的比值按下式计算。

$$\text{相对吸光度值}(\%)=B/B_0\times100$$

式中 :

B——标准(或试样)溶液的吸光度值;

B_0——空白(浓度为 0 的标准溶液)的吸光度值。

将计算的相对吸光度值(%)对应克伦特罗浓度(ng/L)的自然对数作半对数坐标系统曲线图,校正曲线在 0.004~0.054 ng(200 ~2 000 ng/L)范围内呈线性,对应的试样浓度可从校正曲线算出。

$$x=\frac{A\times f}{m\times1\,000}$$

式中:

x——试样中克伦特罗的含量(μg/kg 或 μg/L);

A——试样的相对吸光度值对应的克伦特罗含量(ng/L);

f——试样稀释倍数;

m——试样的取样量(g 或 mL)。

【记录与结果分析】

表 5-2-1　尿液中克伦特罗含量检验记录

酶联免疫法检验尿液中克伦特罗含量记录表		
室温:____℃	湿度:____%	检验日期:____年____月____日
试剂盒厂家:	试剂盒批号:	
检验仪器/编号:	检验波长:450 nm	
一、样品的处理:应用移液器量取______样品,按照试剂盒提供的处理程序对样品进行处理,详见第____页~第____页。		

续表 5-2-1

二、阳性对照样品的制备		
标准品名称：　　　　　　来源：		
纯度：____% 　　　　　　批号：		
阳性对照样品：应用移液器精密量取标准工作液______μL，置于______空白样品中，使之成为阳性对照，则添加浓度为____ ng/mL。		
三、ELISA 检验步骤：按照试剂盒提供的检验步骤进行检验。		
四、检验结果：用______________数据分析软件对结果进行分析，绘出标准曲线，并得出样品中克伦特罗的含量。		
添加浓度(ng/mL)	实测浓度(ng/mL)	回收率(%)
阳性对照		
阴性对照		
回收率(%)＝(阳性对照实测浓度－阴性对照实测浓度)/阳性对照添加浓度×100		
样品编号：	含量________(ng/mL)	
检验人：	校核人：	审核人：

注：计算结果表示到小数点后 2 位；在重复性条件下获得的 2 次独立测定结果的绝对差值不得超过算术平均值的 20%。

[师徒共研]

1. 使用酶联免疫试剂盒的注意事项有哪些？

(1)当今酶联免疫试剂盒生产厂家很多，应加以考察和品质验证，使用质量符合要求的产品。

(2)每次实验都应同时做空白对照和阳性添加对照，做好质量控制。

(3)使用试剂盒前一定仔细阅读说明书，完全按照其步骤操作，不可省略、颠倒步骤。

(4)试剂盒使用前，将试剂盒内各组分置于室温，待其恢复至室温(25±2)℃，方可使用。使用后请立即将试剂及包被有抗抗体的微孔板条放回 2～8℃保存，但也不要反复恢复室温再冷藏，否则会引起吸光度值下降。

(5)应避免使用金属类物质盛装和搅拌试剂，各试剂在使用前需摇匀，浓缩液一定注意稀释后使用。

(6)检测时，应尽量减少板孔上方空气流动，加入试剂应迅速且准确。

(7)不同标准品、样品所用吸头不得混用，防止污染及反应。

(8)混合试剂时应避免出现气泡，否则影响试剂加入量。

(9)终止液中含有硫酸，使用时注意防止灼伤皮肤及腐蚀衣物。

2. 什么是“瘦肉精”？

“瘦肉精”学名盐酸克伦特罗，其化学性质稳定，一般烧煮加热方法不能将其破坏。医学研究表明“瘦肉精”吸收快，人食用了含“瘦肉精”的肉或内脏，会造成群体性的恶性食物中毒事故。人食用后15～20 min起作用，2～3 h血浆浓度达峰值，作用维持时间持久。一般摄入20 μg就可以出现心慌、头痛、恶心、呕吐、震颤等症状，中毒严重时可致人死亡。盐酸克伦特罗既不是兽药，也不是饲料添加剂，而是肾上腺类受体激动剂，没有被批准作为合法的动物生长调节剂，但一些年来，由于人们已经知道其在畜牧生产中，能改进脂肪型动物的肉与脂肪的比例（据有关报道可增加瘦肉率10%～20%）或加速动物生长，因此，为牟取暴利，国内一些养猪、牛、羊饲养业主，不是从提升科学技术、改良家畜品种、改进饲养方式上来提高家畜肉品质、降低饲养成本，而在利益驱动下违反国家规定，为使商品猪、牛、羊多长瘦肉少长脂肪，在饲料中任意滥施“瘦肉精”，在育肥的家畜生长的蛋白质合成、脂肪转换和分解过程中谋求瘦肉率的提高。盐酸克伦特罗用作生长调节时，其剂量是治疗剂量的5～10倍。因此，盐酸克伦特罗非常有可能残留在动物体内，从而给消费者带来危害，故针对“瘦肉精”问题进行严格监管势在必行。

[知识链接]

1. 酶联免疫法测定克伦特罗残留的原理

基于抗原抗体反应进行竞争性抑制测定。微孔板包被有针对克伦特罗 IgG 的包被抗体。克伦特罗抗体被加入，经过孵育及洗涤步骤后，加入竞争性酶标记物、标准或试样溶液。克伦特罗与竞争性酶标记物竞争克伦特罗抗体，没有与抗体连接的克伦特罗标记酶在洗涤步骤中被除去。将底物（过氧化尿素）和发色剂（四甲基联苯胺）加入孔中孵育，结合的标记酶将无色的发色剂转化为蓝色的产物。加入反应停止液后使颜色由蓝转变为黄色。在450 nm处测量吸光度值，吸光度比值与克伦特罗浓度的自然对数成反比。

2. 相关术语

(1)酶(enzyme)　是一类由活细胞产生的，对其特异底物具有高效催化作用的蛋白质，酶促反应具有高度的特异性。常用的酶如辣根过氧化物酶(HRP)、碱性磷酸酶(AP)。

(2)抗原(antigen, Ag)　能够刺激机体产生免疫应答，并且能与免疫应答产物（抗体或免疫效应细胞）特异性结合的物质。

思政花园

患生于所忽，祸起于细微。

——【汉】刘向《说苑》

(3)抗体(antibody,Ab)　机体免疫细胞被抗原激活后,由分化成熟的终末B细胞——浆细胞合成、分泌的一类能与相应抗原特异性结合的具有免疫功能的球蛋白。

(4)免疫(immunity)　机体识别和排除抗原性异物,维持机体正常生理平衡和稳定的功能。

(5)免疫酶技术(enzyme immunoassay)　是利用酶标记抗体或抗原,以检测相应抗原或抗体的一种免疫学标记技术。

(6)酶联免疫吸附试验(enzyme linked immunosorbent assay,ELISA)　是一类常用的免疫酶技术,是将已知的抗原或抗体吸附在固相载体表面,使抗原抗体反应在固相表面进行。

(7)竞争法原理　将待检抗原、酶标抗原与相应特异性抗体竞争结合,标本中抗原越多,与特异性抗体结合的酶标抗原越少,与底物反应生成的颜色越浅,因此根据颜色深浅可定量测定。

任务二　牛奶中喹诺酮类药物多残留的测定（高效液相色谱法）

【任务要求】

1. 掌握牛奶中喹诺酮类药物多残留的测定原理;
2. 学习和正确理解检验标准,并按标准要求制定实验流程;
3. 正确配制试剂、安全操作仪器设备,并准确判断试验结果。

【参考标准】

本任务主要参考《食品安全国家标准　牛奶中喹诺酮类药物多残留的测定　高效液相色谱法》(GB 29692—2013)的方法一进行。

【任务实施】

一、仪器设备

高效液相色谱仪(配荧光检测器);分析天平(感量0.000 01 g);天平(感量0.01 g);旋转蒸发仪;振荡器;离心机;聚四氟乙烯离心管(50 mL);鸡心瓶(25 mL);微孔滤膜(0.45 μm)。

二、试剂及配制

以下所用的试剂，除特别注明者外均为分析纯试剂；水为符合 GB/T 6682 规定的一级水。

1. 试剂

磷酸、氢氧化钠、乙腈（色谱纯）、三乙胺。

2. 试剂配制

(1)氢氧化钠饱和溶液　取氢氧化钠适量，加水振摇使成饱和溶液，冷却后，置聚乙烯塑料瓶中，静置，澄清。

(2)氢氧化钠溶液(5 mol/L)　取氢氧化钠饱和溶液 28 mL，用水溶解并稀释至 100 mL。

(3)氢氧化钠溶液(0.03 mol/L)　取 5 mol/L 氢氧化钠溶液 0.6 mL，用水溶解并稀释至 100 mL。

(4)磷酸三乙胺溶液(0.05 mol/L)　取磷酸 3.4 mL，用水溶解并稀释至 1 000 mL。用三乙胺调节 pH 至 2.4。

3. 标准品

达氟沙星、恩诺沙星、盐酸环丙沙星、盐酸沙拉沙星和盐酸二氟沙星对照品（含量≥99.0%）。

4. 标准溶液配制

(1)喹诺酮类药物混合标准贮备液　精确称取达氟沙星对照品 10 mg，恩诺沙星、环丙沙星、沙拉沙星和二氟沙星对照品各 50 mg 于 50 mL 容量瓶中，用 0.03 mol/L 氢氧化钠溶液溶解并稀释至刻度线，配制成达氟沙星浓度为 0.2 mg/mL，环丙沙星、恩诺沙星、沙拉沙星和二氟沙星浓度为 1 mg/mL 的喹诺酮类药物混合标准贮备液。2～8℃保存，有效期 3 个月。

(2)喹诺酮类药物混合标准工作液　精确量取喹诺酮类药物混合标准贮备液 1.0 mL 于 100 mL 量瓶中，用流动相稀释，配制成达氟沙星浓度为 2 μg/mL，环丙沙星、恩诺沙星、沙拉沙星和二氟沙星浓度为 10 μg/mL 的喹诺酮类药物混合标准工作液。2～8℃保存，有效期 1 周。

三、试验步骤

1. 试样制备

取适量新鲜或冷藏的空白或供试牛奶，混合均匀。取均质后的供试样品，作为供试试样；取均质后的空白样品，作为空白试样；取均质后的空白样品，添加适宜浓度的标准工作液，作为空白添加试样。

2. 提取

称取试样(2±0.05) g，于 50 mL 离心管中，加磷酸 100 μL，乙腈 4 mL，用旋涡混合器混匀，中速振荡 5 min，10 000 r/min 离心 10 min，取上清液于另一离心管中，加正己烷 5 mL，振荡 1 min，静置，取下层清液于 25 mL 鸡心瓶中。残渣中加乙腈 4 mL，重复提取一次，上清液经同一份正己烷分配，合并两次提取液于 50℃旋转蒸发至仅剩余不易蒸干的黄色油滴。用流动相 1.0 mL 溶解残余物，滤膜过滤，供高效液相色谱法测定。

3. 标准曲线制作

精密量取喹诺酮类药物混合标准工作液适量，用流动相稀释，配制成浓度环丙沙星、恩诺沙星、沙拉沙星和二氟沙星为 5、10、50、100、300 和 500 μg/L，达氟沙星浓度为 1、2、10、20、60 和 100 μg/L 的系列标准溶液，供高效液相色谱测定。以测得峰面积为纵坐标，对应的标准溶液浓度为横坐标，绘制标准曲线。求回归方程和相关系数。

4. 色谱条件

(1)色谱柱　C_{18}(250 mm×4.6 mm，粒径 5 μm)，或相当者；

(2)流动相　0.05 mol/L 磷酸溶液-三乙胺＋乙腈(90＋10，*v*/*v*)，滤膜过滤；

(3)流速　1.8 mL/min；

(4)检测波长　激发波长 280 nm；发射波长 450 nm；

(5)柱温　30℃；

(6)进样量　20 μL。

5. 测定方法

取试样溶液和相应的标准溶液，作单点或多点校准，按外标法，以峰面积计算。标准溶液及试样溶液中环丙沙星、达氟沙星、恩诺沙星、沙拉沙星和二氟沙星响应值应在仪器检测的线性范围之内。在上述色谱条件下，标准溶液的高效液相色谱图见图 5-2-1。

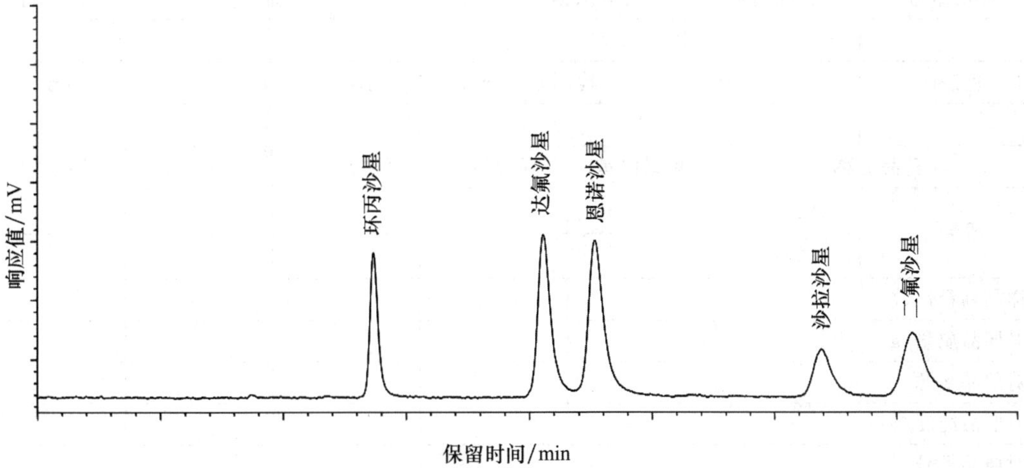

图 5-2-1　喹诺酮类药物对照溶液色谱图(20 μg/L)

6. 空白试验

除不加试样外，采用完全相同的测定步骤进行平行操作。

四、结果计算

试样中喹诺酮类药物残留量(μg/kg)，按下式计算：

$$x = \frac{c \times v}{m}$$

式中：

x——供试试样中相应的喹诺酮类药物残留量(μg/kg)；

c——试样溶液中相应的喹诺酮类药物浓度(ng/mL)；

v——溶解残渣所用流动相体积(mL)；

m——供试试料质量(g)。

五、精密度和检出限

本方法的批内相对标准偏差≤15%，批间相对标准偏差≤20%。

本方法环丙沙星、恩诺沙星、沙拉沙星和二氟沙星的检测限为 5 μg/kg，定量限为 10 μg/kg；达氟沙星的检测限为 1 μg/kg，定量限为 2 μg/kg；本方法在 10～100 μg/kg 添加浓度水平上的回收率为 60%～100%；

【记录与结果分析】

表 5-2-2 喹诺酮类药物测定记录

样品编号	样品名称	检验依据	仪器名称	室温/℃	检测日期

色谱柱	流动相	检测波长/nm	流速/(mL/min)	天平编号

药品名称		恩诺沙星	环丙沙星	沙拉沙星	二氟沙星	达氟沙星
质量/g	试样 1					
	试样 2					
样品稀释倍数						
对照品质量/g						
对照品来源						
对照品纯度/%						
对照品批号						

续表 5-2-2

对照品稀释倍数						
对照品浓度/(ng/mL)						
试样 1 峰面积						
试样 2 峰面积						
标准品峰面积平均值						
计算公式		$x=\frac{c\times v}{m}$				
药物含量 x /(μg/kg)	试样 1					
	试样 2					
	平均值					

检验人：　　　　校核人：　　　　审核人：

注：计算结果需扣除空白值，测定结果用平行测定的算术平均值表示，保留 3 位有效数字。

[师徒共研]

1. 该测定方法的注意事项有哪些？

(1)试样提取离心时应达到规定转速和时间，直到试样澄清为止，否则试样杂质过多影响结果准确度。

(2)荧光检测器对检测环境要求较高，组分色谱峰保留时间容易漂移，应使仪器调谐到最佳状态再进行检测。

(3)高效液相色谱法使用的甲醇、乙腈等溶剂是易燃并有毒的。所以安装仪器的房间应通风良好，房间内严禁烟火，附近应配备防护设备，避免有腐蚀性气体或大量的灰尘，以及湿度过大等不利因素。

(4) 确保高效液相色谱仪供电电压稳定，电流容量足以维持仪器系统正常运行，仪器应有良好接地，避免静电或感应电势的产生，防止由此引起的人身伤害及仪器损坏。

2. 配制流动相应注意哪些问题？

(1) 必须使用色谱级的有机溶剂、纯净的水、高纯度的酸及盐，配制好的流动相使用前需过滤、排气泡。

(2) 有机溶剂和水性溶液的混合、缓冲液的配制等如果操作不当，有时分析结果会产生很大差异。

(3) 缓冲液配制时应注意 pH 的大小及盐的溶解度，观察有没有析出结晶。

(4) 流动相中的水，不仅要求纯度，而且要注意防止长时间存放过程中微生物在其中生长。从而避免或减少基线的噪音及波动，防止异常峰等现象的出现。

3. 为什么高效液相色谱仪的流动相在使用前必须过滤、脱气？

高效液相色谱仪所用溶剂在放入贮液罐之前必须经过滤膜过滤，除去溶剂中的机械杂质，以防输液管道或进样阀产生阻塞现象。所有溶剂在上机使用前必须脱气；脱气不充分会有两种情况，一是液相色谱多采用注射泵，流动相不脱气，在泵吸液过程时，压力降低，易造成气体释放，形成气泡，在柱头形成气堵，造成泵压力不稳，信号波动。二是因为色谱柱是带压力操作的，而检测器是在常压下工作。若流动相中所含有的空气不除去，则流动相通过柱子时其中的气泡受到压力而压缩，流出柱子进入检测器时因常压而将气泡释放出来，造成检测器噪声增大，使基线不稳，仪器不能正常工作，这在梯度洗脱时尤其突出。

[知识链接]

1. 该测定方法的原理

供试料中残留的喹诺酮类药物，用乙腈提取，旋转蒸发至近干，流动相溶解。高效液相色谱一荧光测定，外标法定量。

2. 喹诺酮类药物介绍

喹诺酮类(4-quinolone)，又称吡啶酮酸类或吡酮酸类，是人工合成的含4-喹诺酮基本结构的抗菌药，是近20年来迅速发展起来的一类重要的广谱抗菌药物。喹诺酮类以细菌的脱氧核糖核酸(DNA)为靶(即为细菌DNA合成抑制剂)，妨碍DNA回旋酶(又称拓扑异构酶Ⅱ)，进一步造成细菌DNA的不可逆损害，达到抗菌效果。目前畜禽临床应用较多的为第三代，常用药物有氧氟沙星、诺氟沙星、环丙沙星、氟罗沙星等。其被大量用于治疗、预防动物感染和促生长，其残留问题已引起广泛的关注。关于该药物的残留限量可参考农业部235号公告——动物性食品中兽药最高残留限量。

任务三 动物性食品中β-内酰胺类药物残留检测（液相色谱-串联质谱法）

任务三　动物性食品中β-内酰胺类药物残留检测(液相色谱-串联质谱法)

任务四　猪肉中地西泮和安眠酮多残留的测定（气相色谱-质谱法）

任务四　猪肉中地西泮和安眠酮多残留的测定(气相色谱-质谱法)

项目三
重金属含量测定

知识目标

1. 能够说出重金属在食品中的危害及产生原因；

2. 能够正确表述常用重金属检验方法的原理及步骤。

技能目标

1. 根据不同检验项目选择相应的检验方法，并依据相应检验方法正确进行样品前期处理、试剂配制、试验操作等步骤，并能独立完成检验过程；

2. 正确和安全使用重金属检验的设备和仪器；

3. 根据试验数据正确应用公式进行计算和表述，依据结果正确判定重金属是否超标，并能对试验过程中出现的问题予以归纳、提出解决方案。

德育目标

1. 培养学生有效组织、合理分工、团结协作的能力；

2. 培养学生创新精神和实践能力；

3. 培养学生求真务实的爱岗敬业精神；

4. 培养学生安全和环保意识。

伴随着经济的快速发展，一些工厂违规排放化学污染物，重金属污染也随之出现。重金属能够在土壤中积累并在农作物之中残留，通过食物链而进入人体内蓄积，人体内重金属含量过量时，会导致各种疾病的发生。食品中的重金属污染物主要包括铅、汞、镉和砷等。为了有效控制重金属污染问题，要采取有效的检测方法加强对食品中重金属含量的检测，为人们的食品安全、生命安全保驾护航。

本项目主要对当今国内外常见重金属及检测方法予以讲述，包括火焰原子吸收光谱法、石墨炉原子吸收光谱法、原子荧光光谱分析法、电感耦合等离子体质谱法等。本项目的检测方法均为当今我国重金属检测的常用技术手段，具有实用性强、准确度高的特点。

任务一　食品中镉的测定（石墨炉法）

【任务要求】

1. 掌握食品中镉的测定（石墨炉原子吸收光谱法）原理；
2. 学习和正确理解检验标准，并按标准要求制定实验流程；
3. 正确配制试剂、安全操作仪器设备，并准确判断试验结果。

【参考标准】

本任务主要参考《食品安全国家标准　食品中镉的测定》（GB 5009.15—2014）中的石墨炉原子吸收光谱法进行。

【任务实施】

一、仪器设备

原子吸收分光光度计（附石墨炉）；镉空心阴极灯；电子天平（感量为 0.1 mg 和1 mg）；可调温式电热板或可调温式电炉；马弗炉；恒温干燥箱。

二、试剂及配制

1. 试剂

硝酸（HNO_3）：优级纯；盐酸（HCl）：优级纯；高氯酸（$HClO_4$）：优级纯；磷酸二氢

铵($NH_4H_2PO_4$)。

2. 试剂配制

(1)硝酸溶液(1%)　取 10.0 mL 硝酸加入 100 mL 水中,稀释至 1 000 mL。

(2)盐酸溶液(1+1)　取 50 mL 盐酸慢慢加入 50 mL 水中。

(3)硝酸-高氯酸混合溶液(9+1)　取 9 份硝酸与 1 份高氯酸混合。

(4)磷酸二氢铵溶液(10 g/L)　称取 10.0 g 磷酸二氢铵,用 100 mL 硝酸溶液(1%)溶解后定量移入 1 000 mL 容量瓶,用硝酸溶液(1%)定容至刻度线。

3. 标准品

金属镉(Cd)标准品　纯度为 99.99%或经国家认证并授予标准物质证书的标准物质。

4. 标准溶液配制

(1)镉标准储备液(1 000 mg/L)　准确称取 1 g 金属镉标准品(精确至 0.000 1 g)于小烧杯中,分次加 20 mL 盐酸溶液(1+1)溶解,加 2 滴硝酸,移入 1 000 mL 容量瓶中,用水定容至刻度线,混匀;或购买经国家认证并授予标准物质证书的标准物质。

(2)镉标准使用液(100 ng/mL)　吸取镉标准储备液 10.0 mL 于 100 mL 容量瓶中,用硝酸溶液(1%)定容至刻度线,如此经多次稀释成每毫升含 100.0 ng 镉的标准使用液。

(3)镉标准曲线工作液　准确吸取镉标准使用液 0 mL、0.50 mL、1.0 mL、1.5 mL、2.0 mL、3.0 mL 于 100 mL 容量瓶中,用硝酸溶液(1%)定容至刻度线,即得到含镉量分别为 0 ng/mL、0.50 ng/mL、1.0 ng/mL、1.5 ng/mL、2.0 ng/mL、3.0 ng/mL 的标准系列溶液。

三、试验步骤

1. 试样制备

(1)干试样　粮食、豆类,去除杂质;坚果类去杂质、去壳;磨碎成均匀的样品,颗粒度不大于 0.425 mm。储于洁净的塑料瓶中并标记,于室温下或按样品保存条件下保存备用。

(2) 鲜(湿)试样　蔬菜、水果、肉类、鱼类及蛋类等,用食品加工机打成匀浆或碾磨成匀浆,储于洁净的塑料瓶中并标记,于−18～−16℃冰箱中保存备用。

(3) 液态试样　按样品保存条件保存备用。含气样品使用前应除气。

2. 试样消解(干法灰化)

称取 0.3～0.5 g 干试样(精确至 0.000 1 g)、鲜(湿)试样 1～2 g(精确到 0.001 g)、液态试样 1～2 g(精确到 0.001 g)于瓷坩埚中,先小火在可调式电炉上碳化至无烟,移入马弗炉 500℃碳化 6～8 h,冷却。若个别试样灰化不彻底,加 1 mL 混合酸在可调式电炉上小火加热,将混合酸蒸干后,再转入马弗炉中 500℃继续灰化 1～2 h,直至试样消化完全,呈灰白色或浅灰色。放冷,用硝酸溶液(1%)将灰分溶解,将试样消化液移入10 mL 或 25 mL 容量瓶中,用少量硝酸溶液(1%)洗涤瓷坩埚 3 次,洗液合并于容量瓶中并用硝酸溶液(1%)定容至刻度线,混匀备用;同时做试剂空白试验。

3. 仪器参考条件

根据所用仪器型号将仪器调至最佳状态。原子吸收分光光度计(附石墨炉及镉空心阴极灯)测定参考条件如下：

①波长 228.8 nm，狭缝 0.2～1.0 nm，灯电流 2～10 mA，干燥温度 105℃，干燥时间 20 s；

②灰化温度 400～700℃，灰化时间 20～40 s；

③原子化温度 1 300～2 300℃，原子化时间 3～5 s；

④背景校正为氘灯或塞曼效应。

4. 标准曲线的制作

将标准曲线工作液按浓度由低到高的顺序各取 20 μL 注入石墨炉，测其吸光度值，以标准曲线工作液的浓度为横坐标，相应的吸光度值为纵坐标，绘制标准曲线并求出吸光度值与浓度关系的一元线性回归方程。标准系列溶液应为不少于 5 个点的不同浓度的镉标准溶液，相关系数不应小于 0.995。如果有自动进样装置，也可用程序稀释来配制标准系列。

5. 试样溶液的测定

于测定标准曲线工作液相同的实验条件下，吸取样品消化液 20 μL(可根据使用仪器选择最佳进样量)，注入石墨炉，测其吸光度值。代入标准系列的一元线性回归方程中求样品消化液中镉的含量，平行测定次数不少于两次。若测定结果超出标准曲线范围，用硝酸溶液(1%)稀释后再行测定。

6. 基体改进剂的使用

对有干扰的试样，将 5 μL 基体改进剂磷酸二氢铵溶液(10 g/L)和样品消化液一起注入石墨炉，绘制标准曲线时也要加入与试样测定时等量的基体改进剂。

四、结果计算

试样中镉含量按下式进行计算：

$$x=\frac{(c_1-c_0)\times v}{m\times 1\,000}$$

式中：

x——试样中镉含量(mg/kg 或 mg/L)；

c_1——试样消化液中镉含量(ng/mL)；

c_0——空白液中镉含量(ng/mL)；

v——试样消化液定容总体积(mL)；

m——试样质量或体积(g 或 mL)；

1 000 ——换算系数。

五、精密度和检出限

在重复性条件下获得的两次独立测定结果的绝对差值不得超过算术平均值的20%。方法检出限为0.001 mg/kg，定量限为0.003 mg/kg。

【记录与结果分析】

表 5-3-1　镉含量检验记录(石墨炉原子吸收光谱法)

<table>
<tr><td colspan="2">样品编号</td><td colspan="2">样品名称</td><td colspan="2">检测方法</td><td colspan="2">仪器名称</td><td colspan="2">检测地点</td><td>室温/℃</td><td>测试日期</td></tr>
<tr><td colspan="2"></td><td colspan="2"></td><td colspan="2"></td><td colspan="2"></td><td colspan="2"></td><td></td><td></td></tr>
<tr><td rowspan="2">称皿号</td><td rowspan="2">样品质量/g</td><td rowspan="2">定容体积/mL</td><td rowspan="2">稀释倍数</td><td colspan="2">吸光度值</td><td colspan="2">吸光度值相对应Cd量/(ng/mL)</td><td colspan="2">镉含量/(mg/L)</td><td rowspan="2">相对偏差</td><td rowspan="2">允许范围</td></tr>
<tr><td>试样</td><td>空白</td><td>试样</td><td>空白</td><td>测定值</td><td>平均值</td></tr>
<tr><td></td><td></td><td></td><td></td><td></td><td></td><td></td><td></td><td></td><td></td><td></td><td></td></tr>
<tr><td></td><td></td><td></td><td></td><td></td><td></td><td></td><td></td><td></td><td></td><td></td><td></td></tr>
<tr><td colspan="2">计算公式</td><td colspan="10">$x=\frac{(c_1-c_0)\times v}{m\times 1\,000}$</td></tr>
<tr><td rowspan="2">标准曲线</td><td colspan="2">Cd量/(ng/mL)</td><td colspan="2">0.00</td><td colspan="2">0.50</td><td colspan="2">1.00</td><td>1.50</td><td>2.00</td><td>3.00</td></tr>
<tr><td colspan="2">吸光度值</td><td colspan="2"></td><td colspan="2"></td><td colspan="2"></td><td></td><td></td><td></td></tr>
</table>

注：以重复性条件下获得的2次独立测定结果的算术平均值表示，结果保留2位有效数字。

[师徒共研]

1.该测定方法的注意事项有哪些？

(1)除非另有说明，本方法所用试剂均为分析纯，水为GB/T 6682规定的二级水。

(2)所用玻璃仪器均需以硝酸溶液(1+4)浸泡24 h以上，用水反复冲洗，最后用去离子水冲洗干净。

(3)实验要在通风良好的通风橱内进行。

(4)干法灰化易与坩埚结成难以溶解的耐熔物质，可能会导致待测元素的部分损失。所以，做样品时应同时做加标回收实验，做好质量控制。

(5)干法灰化首先将样品在可调式电炉上小火碳化至无烟，切勿加热太快、温度太高，以免样液飞溅，造成镉成分的损失。特别是对于含糖、淀粉、蛋白质较多的样品碳化时会迅速发泡溢出，这时应及时关闭电炉子，以样液不外溢的程度将电炉子调至恰当温度缓慢加热。

(6)石墨炉分析时，如遇到突然停水，应迅速切断主电源，以免烧坏石墨炉。

2. 为什么国家制定有害元素在食品中的最高允许限量？

所有食品都含有元素周期表中的金属和非金属元素，只是多与少的问题。这些元素分为两大类：一类是组成人体生命必要的和主要的、在食品中大量存在的常量元素，如氢、碳、氧等；另一类是营养必需的微量元素，目前有14种微量元素被确证是人和动物生理必需的物质，即铜、铁、碘、锰、锌、钴、钼、铬、硒、镍、锡、硅、氟和钒。而如铅、汞、镉、砷等，在正常情况下人体只能耐受极小的含量，剂量稍高即能呈现毒性作用。为了保障人们的饮食安全，维护人民健康，制定各种元素在食品中的最高允许限量是十分有必要的，同时国家制定了相应的检测方法，以有力地监管食品安全。

[知识链接]

1. 该测定方法的原理

试样经灰化或酸消解后，注入一定量样品消化液于原子吸收分光光度计石墨炉中，电热原子化后吸收228.8 nm共振线，在一定浓度范围内，其吸光度值与镉含量成正比，采用标准曲线法定量。

2. 镉的性质及来源

镉是一种具银白色光泽的金属，易溶于稀硝酸，缓慢溶于热盐酸，加热易挥发，不溶于水。在自然界中，镉主要以硫化镉和碳酸镉的形式存在于锌矿中。因此，锌矿的开采、锌及其他金属的冶炼是造成镉污染的主要来源。动物的肾脏和贝壳类含镉较高。镉对人体的危害主要是慢性毒害作用，可损伤肝、肾和骨骼。

3. 消解方法概述

样品消解直接影响重金属含量检测结果的准确性。常用的消解方法有干法灰化、湿法消解、微波消解、高压消解。应根据样品特点、元素性质等选用最优的方法进行实验。

4. 限量指标

详细数据可查询《食品安全国家标准　食品中污染物限量》(GB 2762—2017)中4.2.1食品中镉限量指标。

任务二 食品中总汞的测定（原子荧光光谱分析法）

【任务要求】

1. 掌握食品中总汞的测定(原子荧光光谱分析法)原理；

2. 学习和正确理解检验标准,并按标准要求制定实验流程；

3. 正确配制试剂、安全操作仪器设备,并准确判断试验结果。

【参考标准】

本任务主要参考《食品安全国家标准　食品中总汞及有机汞的测定》(GB 5009.17—2014)中的原子荧光光谱分析法进行。

【任务实施】

一、仪器设备

原子荧光光谱仪；天平(感量为 0.1 mg 和 1 mg)；微波消解系统；恒温干燥箱(50～300℃)；控温电热板(50～200℃)；超声水浴箱。

二、试剂及配制

1. 试剂

硝酸(HNO_3)。

2. 试剂配制

(1)硝酸溶液(1+9)　量取 50 mL 硝酸,缓缓加入 450 mL 水中。

(2)硝酸溶液(5+95)　量取 5 mL 硝酸,缓缓加入 95 mL 水中。

(3)重铬酸钾的硝酸溶液(0.5 g/L)　称取 0.05 g 重铬酸钾溶于 100 mL 硝酸溶液(5+95)中。

3. 标准品

氯化汞($HgCl_2$)：纯度≥99%。

4. 标准溶液配制

(1)汞标准储备液(1.00 mg/mL)　准确称取 0.135 4 g 经干燥过的氯化汞,用重铬酸钾的硝酸溶液(0.5 g/L)溶解并转移至 100 mL 容量瓶中,稀释至刻度线,混匀。此溶液汞浓度为 1.00 mg/mL。于 4℃冰箱中避光保存，可保存 2 年。或购买经国家认证并授予标准物质证书的标准溶液。

(2)汞标准中间液(10 μg/mL) 吸取 1.00 mL 汞标准储备液(1.00 mg/mL)于 100 mL 容量瓶中，用重铬酸钾的硝酸溶液(0.5 g/L)稀释至刻度线，混匀，此溶液汞浓度为 10 μg/mL。于 4℃冰箱中避光保存，可保存 2 年。

(3)汞标准使用液(50 ng/mL) 吸取 0.50 mL 汞标准中间液(10 μg/mL)于100 mL 容量瓶中，用0.5 g/L 重铬酸钾的硝酸溶液稀释至刻度线，混匀，此溶液汞浓度为 50 ng/mL，现用现配。

三、试验步骤

1. 试样预处理

在采样和制备过程中，应注意不使试样污染。粮食、豆类等样品去杂物后粉碎均匀，装入洁净聚乙烯瓶中，密封保存备用。蔬菜、水果、鱼类、肉类及蛋类等新鲜样品，洗净晾干，取可食部分匀浆，装入洁净聚乙烯瓶中，密封，于 4℃冰箱冷藏备用。

2. 试样消解(微波消解法)

称取固体试样 0.2～0.5 g(精确到 0.001 g)、新鲜样品 0.2～0.8 g 或液体试样 1～3 mL 于消解罐中，加入 5～8 mL 硝酸，加盖放置过夜，旋紧罐盖，按照微波消解仪的标准操作步骤进行消解(消解参考条件见表 5-3-2、表 5-3-3)。冷却后取出，缓慢打开罐盖排气，用少量水冲洗内盖，将消解罐放在控温电热板上或超声水浴箱中，于 80℃加热或超声脱气 2～5 min，赶去棕色气体，取出消解内罐，将消化液转移至 25 mL 塑料容量瓶中，用少量水分 3 次洗涤内罐，洗涤液合并于容量瓶中并定容至刻度线，混匀备用；同时做空白试验。

表 5-3-2 粮食、蔬菜、鱼肉类试样微波消解参考条件

步骤	功率(1 600 W)变化/%	温度/℃	升温时间/min	保温时间/min
1	50	80	30	5
2	80	120	30	7
3	100	160	30	5

表 5-3-3 油脂、糖类试样微波消解参考条件

步骤	功率(1 600 W)变化/%	温度/℃	升温时间/min	保温时间/min
1	50	50	30	5
2	70	75	30	5
3	80	100	30	5
4	100	140	30	7
5	100	180	30	5

3. 标准曲线制作

分别吸取 50 ng/mL 汞标准使用液 0.00 mL、0.20 mL、0.50 mL、1.00 mL、1.50 mL、2.00 mL、2.50 mL 于 50 mL 容量瓶中，用硝酸溶液(1+9)稀释至刻度线，混匀。各自相当于汞浓度为 0.00 ng/mL、0.20 ng/mL、0.50 ng/mL、1.00 ng/mL、1.50 ng/mL、2.00 ng/mL、2.50 ng/mL。

4. 试样溶液的测定

设定好仪器最佳条件，连续用硝酸溶液(1+9)进样，待读数稳定之后，转入标准系列测量，绘制标准曲线。转入试样测量，先用硝酸溶液(1+9)进样，使读数基本回零，再分别测定试样空白和试样消化液，每份不同的试样检测前都应清洗进样器。

5. 仪器参考条件

光电倍增管负高压：240 V；汞空心阴极灯电流：30 mA；原子化器温度：300℃；载气流速：500 mL/min；屏蔽气流速：1 000 mL/min。

四、结果计算

试样中汞含量按下式计算：

$$x=\frac{(c-c_0)\times v\times 1\,000}{m\times 1\,000\times 1\,000}$$

式中：

x——试样中汞的含量(mg/kg 或 mg/L)；

c——测定样液中汞含量(ng/mL)；

c_0——空白液中汞含量(ng/mL)；

v——试样消化液定容总体积(mL)；

1 000——换算系数；

m——试样质量或体积(g 或 mL)。

五、精密度和检出限

在重复性条件下获得的两次独立测定结果的绝对差值不得超过算术平均值的 20%。当样品称样量为 0.5 g，定容体积为 25 mL 时，方法检出限 0.003 mg/kg，方法定量限 0.010 mg/kg。

【记录与结果分析】

表 5-3-4 汞含量检验记录表(原子荧光光谱分析法)

样品编号	样品名称	检测方法	仪器名称	检测地点	室温/℃	测试日期

称皿号	样品质量/g	定容体积/mL	稀释倍数	荧光强度		荧光强度值对应浓度/(ng/mL)		汞含量/(mg/L)		相对偏差	允许范围
				试样	空白	试样	空白	测定值	平均值		
计算公式	$x=\dfrac{(c-c_0)\times v\times 1\,000}{m\times 1\,000\times 1\,000}$										

标准曲线							
标准曲线	汞含量/(ng/mL)	0.00	0.20	1.00	1.50	2.00	3.00
	吸光度值						

注:计算结果保留两位有效数字。

[师徒共研]

1. 该测定方法的注意事项有哪些?

(1) 玻璃器皿及聚四氟乙烯消解内罐均需以硝酸溶液(1+4)浸泡 24 h,用水反复冲洗,最后用去离子水冲洗干净。

(2) 本方法所用试剂均为优级纯,水为 GB/T 6682 规定的一级水。

(3)微波消解仪是微波加热,使用时要防止微波的泄露,根据样品的不同严格控制反应条件,防止消解罐因压力过大而变形,造成安全隐患。

(4) 在使用原子荧光分析仪测量前,一定要开启载气。

(5) 在进行原子荧光分析前,需要估算仪器载流液和还原剂的量是否满足样品分析的需要,并且检查仪器水封等是否正常,不能在分析过程中临时配置载流液和还原剂用于样品测试,因为这样仪器条件会发生变化导致分析结果误差。

(6) 原子荧光光谱仪分析汞元素时,配置好的用于上机的标准曲线(溶液)不可以重复多次使用。

2. 如果原子荧光光谱法测汞不稳定可以尝试哪些改善方法?

(1) 改变还原剂和酸浓度,测汞不需要浓度很高。

(2) 测定前预热足够时间。

(3) 保证仪器管路和原子化器干净。

(4) 保证载气纯度。

[知识链接]

1. 该测定方法的原理

试样经酸加热消解后，在酸性介质中，试样中汞被硼氢化钾或硼氢化钠还原成原子态汞，由载气(氩气)带入原子化器中，在汞空心阴极灯照射下，基态汞原子被激发至高能态，在由高能态回到基态时，发射出特征波长的荧光，其荧光强度与汞含量成正比，与标准系列溶液比较定量。

2. 汞的性质及来源

汞又叫水银，是一种银白色液态金属，常温下易挥发。汞污染主要是因为汞矿及其他矿产的开采冶炼和工农业生产。自然界中的汞大部分与硫结合成硫化汞，通过各种途径扩散到土壤和水源中，进而污染食品。元素状态的汞，除非被吸入，一般认为没有特殊的毒性。当转化为甲基汞时，对生物体多种器官损害极大。

3. 限量指标

详细数据可查询《食品安全国家标准　食品中污染物限量》(GB 2762—2017)中 4.3.1 食品中汞限量指标。

任务三　食品中总砷的测定(电感耦合等离子体质谱法)

【任务要求】

1. 掌握食品中总砷的测定(电感耦合等离子体质谱法)原理；
2. 学习和正确理解检验标准，并按标准要求制定实验流程；
3. 正确配制试剂、安全操作仪器设备，并准确判断试验结果。

【参考标准】

本任务主要参考《食品安全国家标准　食品中总砷及无机砷的测定》(GB 5009.11—2014)中的电感耦合等离子体质谱法进行。

【任务实施】

一、仪器设备

电感耦合等离子体质谱仪(ICP-MS);压力消解器;恒温干燥箱(50～300℃);控温电热板(50～200℃);超声水浴箱;天平(感量为 0.1 mg 和 1 mg)。

二、试剂及配制

1. 试剂

(1)硝酸(HNO_3)　MOS 级(电子工业专用高纯化学品)、BV(Ⅲ)级;

(2)质谱调谐液　Li、Y、Ce、Ti、Co,推荐使用浓度为 10 ng/mL;

(3)内标储备液　Ge,浓度为 100 μg/mL。

(4)氢氧化钠(NaOH)。

2. 试剂配制

(1)硝酸溶液(2＋98)　量取 20 mL 硝酸,缓缓倒入 980 mL 水中,混匀。

(2)内标溶液 Ge 或 Y(1.0 μg/mL)　取 1.0 mL 内标溶液,用硝酸溶液(2＋98)稀释并定容至 100 mL。

(3)氢氧化钠溶液(100 g/L)　称取 10.0 g 氢氧化钠,用水溶解并定容至 100 mL。

3. 标准品

三氧化二砷(As_2O_3)标准品　纯度≥99.5%。

4. 标准溶液配制

(1)砷标准储备液(100 mg/L,按 As 计)　准确称取于 100℃干燥 2 h 的三氧化二砷 0.013 2 g,加 1 mL 氢氧化钠溶液(100 g/L)和少量水溶解,转入 100 mL 容量瓶中,加入适量盐酸调整其酸度至近中性,用水稀释至刻度线。4℃避光保存,保存期一年。或购买经国家认证并授予标准物质证书的标准溶液物质。

(2)砷标准使用液(1.00 mg/L,按 As 计)　准确吸取 1.00 mL 砷标准储备液(100 mg/L)于 100 mL 容量瓶中,用硝酸溶液(2＋98)稀释定容至刻度线。现用现配。

三、试验步骤

1. 试样预处理

(1) 在采样和制备过程中,应注意不使试样污染。

(2) 粮食、豆类等样品去杂物后粉碎均匀,装入洁净聚乙烯瓶中,密封保存备用。

(3) 蔬菜、水果、鱼类、肉类及蛋类等新鲜样品,洗净晾干,取可食部分匀浆,装入洁净聚乙烯瓶中,密封,于4℃冰箱冷藏备用。

2. 试样消解(高压密闭消解法)

称取固体试样0.20～1.0 g(精确至0.001 g),湿样1.0～5.0 g(精确至0.001 g)或取液体试样2.00～5.00 mL于消解内罐中,加入5 mL硝酸浸泡过夜。盖好内盖,旋紧不锈钢外套,放入恒温干燥箱,140～160℃保持3～4 h,自然冷却至室温,然后缓慢旋松不锈钢外套,将消解内罐取出,用少量水冲洗内盖,放在控温电热板上于120℃赶去棕色气体。取出消解内罐,将消化液转移至25 mL容量瓶或比色管中,用少量水洗涤内罐3次,合并洗涤液并定容至刻度线,混匀。同时做空白试验。

3. 仪器参考条件

RF功率1 550 W;载气流速1.14 L/min;采样深度7 mm;雾化室温度2℃;Ni采样锥,Ni截取锥。

质谱干扰主要来源于同量异位素、多原子、双电荷离子等,可采用最优化仪器条件、干扰校正方程校正或采用碰撞池、动态反应池技术方法消除干扰。砷的干扰校正方程为:$^{75}As = {}^{75}As - {}^{77}M(3.127) + {}^{82}M(2.733) - {}^{83}M(2.757)$;采用内标校正、稀释样品等方法校正非质谱干扰。砷的m/z为75,选^{72}Ge为内标元素。推荐使用碰撞/反应池技术,在没有碰撞/反应池技术的情况下使用干扰方程消除干扰的影响。

4. 标准曲线的制作

吸取适量砷标准使用液(1.00 mg/L),用硝酸溶液(2+98)配制砷浓度分别为0.00 ng/mL、1.0 ng/mL、5.0 ng/mL、10 ng/mL、50 ng/mL和100 ng/mL的标准系列溶液。当仪器真空度达到要求时,用调谐液调整仪器灵敏度、氧化物、双电荷、分辨率等各项指标,当仪器各项指标达到测定要求,编辑测定方法、选择相关消除干扰方法,引内标,观测内标灵敏度、脉冲与模拟模式的线性拟合,符合要求后,将标准系列引入仪器。进行相关数据处理,绘制标准曲线、计算回归方程。

5. 试样溶液的测定

相同条件下,将试剂空白、样品溶液分别引入仪器进行测定。根据回归方程计算出样品中砷元素的浓度。

四、结果计算

试样中砷含量按下式计算：

$$x=\frac{(c-c_0)\times v\times 1\,000}{m\times 1\,000\times 1\,000}$$

式中：

x——试样中砷的含量(mg/kg 或 mg/L)；

c——试样消化液中砷的测定浓度(ng/mL)；

c_0——试样空白消化液中砷的测定浓度(ng/mL)；

v——试样消化液总体积(mL)；

1 000——换算系数；

m——试样质量或体积(g 或 mL)。

五、检出限和精密度

称样量为 1 g,定容体积为 25 mL 时,方法检出限 0.003 mg/kg,方法定量限 0.010 mg/kg。在重复性条件下获得的两次独立测定结果的绝对差值不得超过算术平均值的 20%。

【记录与结果分析】

表 5-3-5　食品中总砷的测定(电感耦合等离子体质谱法)记录表

样品编号	样品名称	检验依据	室温/℃	检测日期
RF 功率/W	载气	载气流速/(L/min)	采样深度/mm	雾化室温度/℃

天平编号		仪器名称/编号	

元素名称					
质量/g	试样 1				
	试样 2				
试样消化液中砷的测定浓度/(ng/mL)					
试样空白消化液中砷的测定浓度/(ng/mL)					

续表 5-3-7

试样消化液总体积/mL					
换算系数					
计算公式		$x=\frac{(c-c_0)\times v\times 1\,000}{m\times 1\,000\times 1\,000}$			
含量/(mg/kg)	试样 1				
	试样 2				
	平均值				
检验人：		校核人：		审核人：	

注：计算结果保留两位有效数字。

[师徒共研]

1. 高压密闭消解法的注意事项有哪些？

(1) 玻璃器皿及聚四氟乙烯消解内罐均须以硝酸溶液(1+4)浸泡 24 h，用水反复冲洗，最后用去离子水冲洗干净。

(2) 消解结束后，不要立即把罐拧开，待冷却到室温后一般可轻松打开。实验结束后彻底清洗罐各部件，且各部件不要混淆，干燥后分别保存。

(3) 恒温箱应为检定合格并在有效期内使用，控温达到±2℃，不要选用有温度过冲的老式恒温箱。实验人员在使用恒温箱时应注意防护措施，防止烫伤等事故的发生。

(4) 加入消解内罐的试剂不要过多，防止溅出，一般为内罐的 1/5～1/3。

2. 应用电感耦合等离子体质谱法的注意事项有哪些？

(1) 因其灵敏度高应用该方法测量样品一定要选用优级纯试剂，水为 GB/T6682 规定的一级水。

(2) 防止颗粒物堵塞雾化器和样品管，应及时、定期清洗。不要用过滤的方式处理样液，防止被测金属流失，降低检测结果的准确度。

(3) 严格按照方法标准和仪器设备使用规程进行操作。

3. 什么是内标法？其有哪些优缺点？

当只需测定试样中某几个组分或试样中所有组分不可能全部出峰时，可采用内标法。具体做法是：准确称取样品，加入一定量某种纯物质作为内标物，然后进行色谱分析。根据被测物和内标物在色谱图上相应的峰面积(或峰高)和相对校正因子求出某组分的含量，可在一定程度上消除操作条件等变化所引起的误差。

内标法的优点：①在色谱柱不超载的范围内，定量结果与进样量重复性无关。②只要被测物质和内标物出峰且能完全分离就可定量，与其他组分无关。③适用于测定药物中微量组分或杂质的含量。④能避免实验前处理操作中的目标成分丢失而造成的定量不准确。

内标法的缺点：①内标物质不易寻找、价格昂贵且样品配制比较麻烦。②每次制备样品均需要加入内标，且要求内标物与样本成分互不干扰、互不反应，但要有相同或相似的理化性质。

[知识链接]

1. 该测定方法的原理

样品经酸消解处理为样品溶液，样品溶液经雾化由载气送入ICP炬管中，经过蒸发、解离、原子化和离子化等过程，转化为带电荷的离子，经离子采集系统进入质谱仪，质谱仪根据质荷比进行分离。对于一定的质荷比，质谱的信号强度与进入质谱仪的离子数成正比，即样品浓度与质谱信号强度成正比。通过测量质谱的信号强度对试样溶液中的砷元素进行测定。

2. 砷的性质及来源

砷是广泛存在于自然界中的一种化学元素，有黄色、灰色和黑色3种同分异构体，不溶于水和稀酸，能溶于浓硫酸、硝酸和王水中。三氧化二砷（又叫砒霜）为白色粉末，微溶于水，毒性最强。食品污染中砷的来源主要是含砷农药如亚砷酸钠、砷酸铅等。另外，对氨基苯砷酸等在动物饲养中作为生长促进剂的应用和工业上砷的排放也是重要来源。一般认为，摄入微量的砷，对生物体危害不大，但达到一定含量可对神经系统、消化系统等造成严重损害。

3. 电感耦合等离子体质谱仪的定义

电感耦合等离子体质谱仪（ICP-MS）是一种将ICP技术和质谱技术结合在一起的分析仪器。ICP利用在电感线圈上施加强大功率的射频信号在线圈包围区域形成高温等离子体，并通过气体的推动，保证了等离子体的平衡和持续电离，在ICP-MS中，ICP起到离子源的作用，高温的等离子体使大多数样品中的元素都电离出一个电子而形成了一价正离子。质谱是一个质量筛选器，通过选择不同质核比（m/z）的离子通过并到达检测器，来检测某个离子的强度，进而分析计算出某种元素的强度。

4. 限量指标

详细数据可查询《食品安全国家标准　食品中污染物限量》（GB 2762—2017）中4.4.1食品中砷限量指标。

任务四 食品中铅的测定（火焰原子吸收光谱法）

任务四　食品中铅的测定(火焰原子吸收光谱法)

项目四
乳的掺假检验

知识目标

1. 能够说出乳品中常见掺假物质的种类和作用；
2. 能够正确表述检验掺假乳品的原理及方法。

技能目标

1. 根据不同检验项目选择相应的检验方法，并依据相应检验方法正确进行试剂配制、试验操作等步骤，并能独立完成检验过程；

2. 正确和安全使用乳的掺假检验设备和仪器；

3. 根据试验结果正确判定乳品中是否含有掺假物，正确应用公式对数据进行计算和表述，并能对试验过程中出现的问题予以归纳、提出解决方案。

德育目标

1. 培养学生团结协作、凝心聚力的思想意识；
2. 培养学生求真创新的工作态度；
3. 培养学生严谨务实的职业操守；
4. 培养学生诚信意识。

近年来，我国乳品行业发展迅速，致使一些不法人员为了获取非法利润，在原料乳或乳制品中加入各种掺假物质，包括水、电解质、物理性质与乳相近的物质、防腐剂以及其他类调节性物质等。掺入这些物质的目的主要是增加乳品体积、提高乳品密度、提升乳品蛋白质含量、降低乳品酸度、防止乳品腐败，以达到以次充好、以假乱真的目的。本项目主要对当今国内外原料乳及乳制品常见掺假物质检验方法予以讲述，包括物理法、化学法、碘量法、离子色谱法、高效液相色谱法、分光光度法等。以上方法具有简单、适用、应用广泛、定性定量准确的特点。

任务一 乳中常见掺假物的检验（物理、化学法）

【任务要求】

1. 掌握乳中常见掺假物检验的原理；
2. 学习和正确理解检验标准，并按标准要求制定实验流程；
3. 正确配制试剂、操作仪器设备，并准确判断试验结果。

【参考标准】

1. 乳中加碱的检验

此部分参考中国农业科学院北京畜牧兽医研究所奶产品质量与风险评估创新团队制定的规范《生乳中碱类物质的测定》(MRT/B 7—2016)进行。

2. 乳中掺淀粉(米汁)的检验

此部分参考行业标准《生鲜牛乳质量管理规范》(NY/T 1172—2006)中 8.7.2 淀粉的检出方法以及《动物性食品安全生产与检验技术》(张彦明等，中国农业出版社，2009)进行。

3. 乳中掺豆浆的检验

此部分参考《动物性食品安全生产与检验技术》(张彦明等，中国农业出版社，2009)进行。

4. 乳中掺蔗糖的检验

此部分参考《生鲜牛乳质量管理规范》(NY/T 1172—2006)中 8.7.4 蔗糖的检出方法(方法二)进行。

5. 乳中掺尿素的检验

此部分参考《动物性食品安全生产与检验技术》(张彦明等，中国农业出版社，2009)进行。

6. 乳中掺食盐的检验

此部分参考《动物性食品安全生产与检验技术》(张彦明等,中国农业出版社,2009)进行。

7. 乳中掺水的检验

此部分参考《食品安全国家标准 食品相对密度的测定》(GB 5009.2—2016)中的第三法——比重计法进行。

【任务实施】

一、仪器和设备

1. 乳中加碱的检验

移液器:1.00 mL;试管:全透明玻璃或塑料试管。

2. 乳中掺淀粉(米汁)的检验

吸管:1 mL、5 mL;试管:全透明玻璃试管。

3. 乳中掺豆浆的检验

刻度吸管:2 mL、5 mL;试管:全透明玻璃试管。

4. 乳中掺蔗糖的检验

分析天平:感量 0.01 g;水浴锅:可控温至 100℃;刻度吸管:2 mL;量筒:50 mL;锥形瓶:100 mL;玻璃漏斗:直径 6 cm;定性滤纸:快速或中速,7～9 cm。

5. 乳中掺尿素的检验

分析天平(感量 0.01 g);移液器:1.00 mL;试管:全透明玻璃试管。

6. 乳中掺食盐的检验

分析天平:感量 0.1 mg;刻度吸管:5 mL;容量瓶:100 mL、1 000 mL(棕色);一次性吸管;移液器:1.00 mL;试管:全透明玻璃试管;棕色试剂瓶:1 000 mL。

7. 乳中掺水的检验

比重计:上部细管中有刻度标签,表示密度读数。

二、试剂及配制

1. 乳中加碱的检验

溴麝香草酚蓝指示剂(0.4 g/L) 称取溴麝香草酚蓝 0.04 g,溶于 100 mL 无水乙醇中。

2. 乳中掺淀粉(米汁)的检验

(1) 碘溶液　将 2 g 碘和 4 g 碘化钾溶解并定容至 100 mL 即可。

(2) 20%醋酸　按照醋酸与水的质量比 1:4配制。

3. 乳中掺豆浆的检验

(1) 醇醚混合液　乙醇和乙醚等量混合。

(2) 氢氧化钠(钾)溶液(250 g/L)　称取 250 g 氢氧化钠(钾)溶于 1 000 mL 水中。

4. 乳中掺蔗糖的检验

浓盐酸:优级纯;间苯二酚。

5. 乳中掺尿素的检验

(1) 浓硫酸　优级纯。

(2) 亚硝酸钠溶液(10 g/L)　称取 10 g 亚硝酸钠溶于 1 000 mL 水中。

(3) 格里斯(Griess)试剂　称取 89 g 酒石酸、10 g 对氨基苯磺酸、1 g α-萘胺,混合,研成粉末,贮于棕色瓶中,暗处保存。

6. 乳中掺食盐的检验

(1)铬酸钾溶液(10%)　称取 10 g 铬酸钾,加水溶解,并定容到 100 mL。

(2)硝酸银溶液(0.01 mol/L):称取 1.70 g 硝酸银(硝酸银在 100℃条件下烘 1～2 h 后使用)于小烧杯中,用少量硝酸溶解,转移到 1 000 mL 棕色容量瓶中,用水定容至刻度线,摇匀,转移到棕色试剂瓶中避光贮存。

三、试验步骤

1. 乳中加碱的检验

测试样品应保存在 4～10℃的冰箱或保温箱中,恢复室温后立即测定。

量取 5 mL 试样,置于试管中,将试管保持倾斜位置,沿管壁小心加入 5 滴溴麝香草酚蓝-乙醇溶液。试管轻轻倾斜转动 2～3 回,使其更好地相互接触,切勿使液体相互混合,然后将试管垂直放置,2 min 后根据环层指示剂颜色的特征确定结果,同时用未掺碱的鲜乳做空白对照试验。

2. 乳中掺淀粉(米汁)的检验

适用于加入淀粉、米汁较多的情况:吸取 5 mL 乳样注入试管中,稍稍煮沸,待冷却后,加入 3～5 滴碘溶液,观察试管内颜色变化。

适用于加入淀粉、米汁较少的情况:吸取 5 mL 乳样注入试管中,再加入 20%醋酸 0.5 mL,充分混合后过滤于另一试管中,适当加热煮沸,待冷却后,加入 3～5 滴碘溶液,观察试管内颜色变化。同时做空白对照试验。

3. 乳中掺豆浆的检验

取 2 mL 乳样于试管中，加入 3 mL 醇醚混合液，充分混匀，加入 25%氢氧化钠（钾）溶液 5 mL，混匀，在 5～10 min 内观察颜色变化。同时做空白对照试验。

4. 乳中掺蔗糖的检验

取 30 mL 乳样于锥形瓶中，加入 2 mL 浓盐酸混合，过滤。取滤液 15 mL，加入 1 g 间苯二酚，置于沸水浴或小火焰加热煮沸 5 min 后，观察颜色变化。同时做空白对照实验。

5. 乳中掺尿素的检验

取 3 mL 乳样于试管中，加 1 mL 亚硝酸钠溶液（10 g/L）、1 mL 浓硫酸，摇匀放置 5 min。待泡沫消失后，加 0.5 g 格里斯试剂，摇匀，观察试管中液体颜色的变化。同时做空白对照试验。

6. 乳中掺食盐的检验

吸取 5 mL 硝酸银溶液（0.01 mol/L）于试管中，加 2 滴铬酸钾溶液（10%），混匀，加乳样 1 mL，充分混匀，观察试管中液体颜色变化。同时做空白对照实验。

7. 乳中掺水的检验

将比重计洗净擦干，缓缓放入盛有待测液体试样的适当量筒中，勿使其碰及容器四周及底部，保持试样温度在 20℃，待其静置后，再轻轻按下少许，然后待其自然上升，静置至无气泡冒出后，从水平位置观察与液面相交处的刻度，即为试样的密度。分别测试试样和水的密度，两者比值即为试样相对密度。同时做空白对照实验。

四、结果及判断

1. 乳中加碱的检验

结果按表 5-4-1 进行判断。

表 5-4-1　溴麝香草酚蓝法掺碱试验判定标准

结果	定性描述	表示符号	显色情况
检出	强阳性	+++	靛青色或深蓝色
	阳性	++	绿色或蓝色
	弱阳性	+	黄绿色
未检出	阴性	−	黄色

2. 乳中掺淀粉（米汁）的检验

正常乳煮沸后无凝集或沉淀，呈均匀乳浊状，变质乳、陈旧乳、高酸度乳，则出现细小凝集至大片凝集或絮状。

正常乳加碘溶液后呈黄色，掺有淀粉、米汁，则出现蓝色或蓝青色；掺入糊精类，则出现紫色或红色。

3. 乳中掺豆浆的检验

如掺入10%以上豆浆，则试管中液体呈微黄色；纯牛乳呈乳白色。

4. 乳中掺蔗糖的检验

正常乳淡棕黄色(橘黄色)，有红色出现则证明有蔗糖存在。

5. 乳中掺尿素的检验

如乳样中掺有尿素，则试管中颜色呈黄色；正常乳样试管中颜色为紫红色。

6. 乳中掺食盐的检验

乳样中氯离子的含量大于0.14%，则试管中液体颜色为黄色，判为有盐；正常乳中氯离子含量为0.09%～0.12%，则试管中液体颜色为砖红色，判为无盐。

7. 乳中掺水的检验

结果判定参见实验步骤，在重复性条件下获得的两次独立测定结果的绝对差值不得超过算术平均值的5%。

【记录与结果分析】

表 5-4-2　乳中常见掺假物检验记录表

相对密度、碱类物质、淀粉、食盐、蔗糖、豆浆、尿素的测定原始记录					
样品编号	样品名称	检验依据	检测地点	室温/℃	检测日期

检验项目	样品体积 v/mL	检验方法	结果
相对密度			
碱类物质			
淀粉			
食盐			
蔗糖			
豆浆			
尿素			

检验人：　　　　校核人：　　　　审核人：

[师徒共研]

1. 在乳中加碱检验的实验中有哪些注意事项?

(1)溴麝香草酚蓝—乙醇溶液不易溶解,应提前一天溶解,并用棕色密封良好的试剂瓶保存。

(2)试管应采用不带刻度的试管,以免影响视线观察结果。

(3)加入指示剂时应将试管45°倾斜,沿壁滴下,轻轻倾斜旋转试管2～3回,充分接触,切勿使液体混合,然后垂直放置试管。

(4)比色背景应以白色为主,最好在白炽灯下进行。

(5)观察时间应在2～5 min。

2. 在乳中掺淀粉(米汁)检验的实验中有哪些注意事项?

(1)当乳中淀粉、米汁较多时,样品中沉渣物明显。

(2)加热过程中,操作者应注意安全,预防烫伤发生,并把握煮沸时间,乳样沸腾即可。

3. 在乳中掺豆浆检验的实验中有哪些注意事项?

(1)醇醚混合液因其易挥发应放置于棕色、密封良好的试剂瓶中保存。

(2)25%氢氧化钠(钾)溶液配制时产生发热现象,应注意防止烫伤,提前配制该溶液。

(3)进行该实验时,必须试样与空白对照样品同时进行,有利于结果观察,从而准确分辨出微黄色与乳白色两种颜色。

4. 在乳中掺蔗糖检验的实验中有哪些注意事项?

(1)所配试剂不能被污染,若被糖类污染变为红色则不能使用,应重新正确配制。

(2)浓盐酸浓度应准确,否则影响显色反应。

(3)加热时间过长,其他醛类糖也可以产生浅红色的反应,所以与空白对照样品进行显色反应对比十分必要。

5. 在乳中掺尿素检验的实验中有哪些注意事项?

(1)格里斯(Griess)试剂配制时各组分应称量准确,并充分溶解,保存在棕色、密封良好的试剂瓶中,暗处存放。

(2)取用浓硫酸时应谨慎小心,有条件的应佩戴防护面具等。

6. 在乳中掺食盐检验的实验中有哪些注意事项?

(1)硝酸银使用前应在95～105℃避光条件下烘干1～2 h后使用,否则会影响检测结果。

(2)实验过程试剂添加顺序不能混乱,应按照硝酸银溶液—铬酸钾溶液指示剂—乳样的顺序进行。

7. 在乳中掺水检验的实验中有哪些注意事项?

(1)比重计轻薄易碎,应轻拿轻放。每次使用前后都应清洗干净,防止表面污浊影响读数和准确度。

(2)切记读数时实验者眼睛从水平位置观察与液面相交处的刻度,否则将加大误差。

(3)盛装乳样的量筒应大小适中,不可过大或过小,一般 250 mL 左右即可,否则不利于实验操作。

8. 如果乳中掺入了防腐剂怎么检验?

详见鲜乳中掺防腐剂检验动画。

[知识链接]

1. 乳中加碱的检验原理及掺假原因

溴麝香草酚蓝指示剂的变色范围为 pH 6.0(黄)~7.6(蓝),在酸性溶液中呈黄色,在碱性溶液中呈蓝色。在生乳中加入溴麝香草酚蓝指示剂,可根据颜色变化情况判断生乳中是否掺有碱类物质。

为了掩蔽乳酸败,降低酸度,在乳中常加入的碱类物质有碳酸钠或碳酸氢钠,加碱后的乳不仅口感不好,还使维生素破坏,而且在腐败菌生长的同时还会产生其他有害物质,对饮用者身体健康危害极大。特别是在炎热的夏季,应检测碱类物质项目。

2. 乳中掺淀粉(米汁)检验的原理及掺假原因

淀粉中存在着直链淀粉和支链淀粉两种结构,其中碘与直链淀粉可生成稳定的络合物,呈现深蓝色,依据其颜色变化可对乳中淀粉(米汁)进行定性检测。

乳掺水后变得稀薄,感官就可辨认掺假现象,而掺入淀粉(米汁)等胶体物质可使乳品相对密度接近正常、变得浓厚黏稠而掩盖掺水行为。当发现有沉渣物的乳时,应检测淀粉项目。

3. 乳中掺豆浆检验的原理及掺假原因

豆浆中含有皂角素,可溶于热水、酒精中,然后与氢氧化钠(钾)生成黄色化合物,依据其颜色变化可对乳中豆浆进行定性检测。与掺淀粉(米汁)作用相同。

4. 乳中掺蔗糖检验的原理及掺假原因

蔗糖在酸性溶液中水解产生果糖然后与溶于强酸内的溶液加热后发生红色沉淀反应。

正常乳中不含蔗糖,若乳中掺水则相对密度降低,掺入蔗糖能够增加非脂固形物含量,从而达到提高乳相对密度的作用。

5. 乳中掺尿素检验的原理及掺假原因

在酸性条件下,乳样中的尿素与亚硝酸钠反应,生成黄色物质。当乳样中无尿素时,亚硝酸钠与对氨基苯硝酸发生重氮反应，其产物与α-萘胺起偶氮作用，生成紫红色。

乳中掺入尿素能够提高乳蛋白质含量，同时也能起到提高乳相对密度的作用。

6. 乳中掺食盐检验的原理及掺假原因

乳样中的氯离子含量较多时，可与硝酸银反应，生成氯化银沉淀，并与铬酸钾指示剂反应显色。

乳中加入食盐能够中和乳的酸度和提高乳的相对密度，达到掩盖乳酸败和掺水的目的。

7. 乳中掺水的检验及掺假原因

比重计利用了阿基米德原理，将待测液体倒入一个较高的容器，再将比重计放入液体中。比重计下沉到一定高度后呈漂浮状态。此时液面的位置在玻璃管上所对应的刻度就是该液体的密度。测得试样和水的密度的比值即为相对密度。

乳中掺水是最常见的掺假手段，成本低廉，可以提高利润，但严重降低产品质量。

8. 生乳的理化指标

依据食品安全国家标准《生乳》(GB 19301—2010)中规定，生乳的定义是从符合国家有关要求的健康奶畜乳房中挤出的无任何成分改变的常乳。其相对密度(20℃/4℃)≥1.027。如果乳样相对密度小于1.027则可能掺水。

任务二　乳中过氧化氢残留量的测定（碘量法）

【任务要求】

1. 掌握乳中过氧化氢的测定原理；
2. 学习和正确理解检验标准，并按标准要求制定实验流程；
3. 正确配制试剂、操作分析器具，并正确运用公式计算结果、准确处理数字修约。

【参考标准】

本任务主要参考《食品安全国家标准　食品中过氧化氢残留量的测定》(GB 5009.226—2016)其中的第一法——碘量法进行。

【任务实施】

一、仪器设备

电子天平(感量为0.01 g)；回流反应装置；滴定管；碘量瓶(250 mL)；容量瓶(100 mL、

1 000 mL)；刻度吸管(1 mL、5 mL、25 mL)；量筒(50 mL、1 000 mL)；一次性吸管；水浴锅(可控温至 100℃)；定量滤纸(快速或中速，7～9 cm)；玻璃漏斗(直径 6 cm)。

二、试剂及配制

1. 试剂

硫代硫酸钠($Na_2S_2O_3$)、可溶性淀粉[$(C_6H_{10}O_5)_n$]、碘化钾(KI)、硫酸(H_2SO_4)、钼酸铵[$(NH_4)_6Mo_7O_{24}\cdot 4H_2O$]、过氧化氢酶(单位活力大于 200 000 U/mL，置于－20℃保存)、亚铁氰化钾{$K_4[Fe(CN)_6]\cdot 3H_2O$}、乙酸锌($C_4H_6O_4Zn\cdot 2H_2O$)、乙酸($C_2H_4O_2$)。

2. 试剂配制

(1)乙酸锌溶液　称取 220.0 g 乙酸锌，加 30 mL 乙酸，用水溶解，稀释至 1 000 mL。

(2)亚铁氰化钾溶液　称取 106.0 g 亚铁氰化钾，用水溶解，并稀释至 1 000 mL。

(3)0.1%过氧化氢酶溶液　称 0.10 g 过氧化氢酶，用 100 mL 蒸馏水分多次将其溶解，冷藏可保存两个月。

(4)10%硫酸溶液(质量分数)　量取 60 mL 硫酸，缓缓注入约 700 mL 水中，冷却，稀释至 1 000 mL。

(5)碘化钾溶液(100 g/L)　称取 10.00 g 碘化钾，加水溶解，定容至 100 mL，贮于棕色瓶中。临用时现配。

(6)3%钼酸铵溶液　称取 3.00 g 钼酸铵，加 100 mL 水溶解。

(7)活性炭　将 100 g 活性炭加至 750 mL 1 mol/L 盐酸中，回流 1～2 h，过滤，用水洗数次，至滤液中无铁离子(Fe^{3+})为止，然后置于 110℃烘箱中烘干。检验铁离子方法：利用普鲁士蓝反应，将 20 g/L 亚铁氰化钾与 1%盐酸等量混合，将洗出的滤液滴入，如有铁离子则产生蓝色沉淀。

(8)淀粉指示剂(10 g/L)　称取可溶性淀粉 0.50 g，加少许水，调成糊状，倒入50 mL沸水中调匀，煮沸。临用时现配。

3. 标准溶液配制

(1)硫代硫酸钠标准储备液(0.1 mol/L)　按 GB/T 601 规定的方法配制和标定。

(2)硫代硫酸钠标准使用液(0.002 0 mol/L)　临用时用标准储备液稀释。

除非另有说明，本方法所用试剂均为分析纯，水为 GB/T 6682 规定的三级水。

三、试验步骤

1. 样品处理

固体试样均匀粉碎可食部分，称取 10 g(精确到 0.01 g)；液体试样则称取 25 g(精确到

0.01 g)试样于 100 mL 容量瓶中，加入乙酸锌溶液 5 mL、亚铁氰化钾溶液 5 mL，加水定容至刻度线，摇匀，用滤纸过滤，滤液作为试样液备用。如样品滤液有颜色，加入 1 g 活性炭，振摇 1 min，用干燥滤纸过滤，弃去初滤液，之后收集滤液待用。

2. 测定

分别吸取滤液 25.0 mL，置于 A、B 两个 250 mL 碘量瓶中，A 瓶中加入 0.1%过氧化氢酶溶液 0.5 mL，加盖混匀，放置 10 min(放置过程中摇动数次)。在 A、B 两瓶中各加入 10%硫酸溶液 5.0 mL、碘化钾溶液 5.0 mL、3%钼酸铵溶液 3 滴，混匀，置暗处放置 10 min，各加水 50 mL，分别用硫代硫酸钠标准溶液滴定，待滴至微黄色时，加淀粉指示剂 0.5 mL，继续滴至蓝色消失，分别记录 A、B 两瓶消耗硫代硫酸钠标准溶液的体积。

四、结果计算

试样中过氧化氢的含量，按下式计算：

$$x=\frac{(v_B-v_A)\times c\times v_1\times 17.01}{m\times v_2}\times 1\,000$$

式中：

x——样品中过氧化氢的含量(mg/kg)；

v_B——B 瓶中消耗硫代硫酸钠标准滴定溶液的体积(mL)；

v_A——A 瓶中消耗硫代硫酸钠标准滴定溶液的体积(mL)；

c——硫代硫酸钠标准滴定溶液的浓度(mol/L)；

v_1——试样处理液总体积(mL)；

17.01——与 1.00 mL 硫代硫酸钠标准溶液[$c(Na_2S_2O_3)=1.000$ mol/L]相当的过氧化氢的质量(mg)；

m——试样质量(g)；

v_2——测定用样液体积(mL)；

1 000—换算系数。

五、定量限和精密度

本方法定量限为 3 mg/kg。在重复性条件下获得的两次独立测定结果的绝对差值不得超过算术平均值的 10%。

【记录与结果分析】

表 5-4-3　乳中过氧化氢残留量测定记录表

样品编号	样品名称	仪器名称	检测地点	检验依据	室温/℃	检测日期

试样质量	测定用样液体积/mL	试样处理液总体积/mL	消耗体积/mL		标准滴定液浓度/(mol/L)	含量/(mg/kg)	
			A 瓶	B 瓶		测定值	平均值

计算公式

$$x=\frac{(v_B-v_A)\times c\times v_1\times 17.01}{m\times v_2}\times 1\,000$$

检验人：　　　校核人：　　　审核人：

注：计算结果以重复性条件下获得的 2 次独立测定结果的算术平均值表示，结果保留 3 位有效数字。

[师徒共研]

该实验的注意事项有哪些？

碘量法较其他方法能真实地测定出过氧化氢的含量，但此法对实验条件要求严格。在实验过程中，每一步骤应严格按照标准要求进行操作，特别是应注意如下几点：

(1) 因碘具有挥发性，所以碘量瓶一定要密封严实，并加入足够量的碘化钾溶液。

(2)加入碘化钾溶液后，混匀，且置于暗处，温度不能过高，在室温条件下进行操作并严格控制反应时间。

(3)酸性溶液中碘离子容易被空气中的 O_2 氧化，为防止碘离子被氧化，滴定速度可适当快些，但也不要太快。

(4)淀粉指示剂溶液应在硫代硫酸钠标准溶液滴定近终点时加入，不要加入过早，以免淀粉吸附过多的碘。

[知识链接]

1. 碘量法的测定原理

乳中的强氧化物在稀硫酸中使碘化钾氧化，产生定量的碘，生成的碘以淀粉作指示剂，用硫代硫酸钠标准溶液滴定得到强氧化物总量。加入过氧化氢酶分解去除试样中的过氧化氢，用硫代硫酸钠标准溶液滴定去除过氧化氢后的其他氧化物含量。两次滴定结果之差可计算得到样品中过氧化氢的含量。

2. 乳中加过氧化氢的原因

为防止乳的酸败，常在乳中加入起抑菌或杀菌作用的防腐剂。

3. 乳掺杂作伪概念

不法商贩为了牟取利益，往往对乳掺杂作伪。主要包括如下三种：

(1)掺假　向乳中掺入非本身成分，以达到增加乳体积的目的获取非法利益。

(2)掺杂　掺入像豆浆之类的物质以代替乳中的一部分。

(3)伪造　向乳中掺入某种物质，掩盖乳不符合商品所规定的规范和标准的行为。如在酸败的乳中加碱类物质。

4. 乳中掺假物的特点

(1)掺假物廉价且容易获得，常见的是乳中掺水。

(2)掺假物与乳的感官性质相似，肉眼很难分辨，如添加豆浆、米汤白色涂料等。

(3)一般为多种掺假物混合添加，以遮掩掺假的事实。如掺水后，为了提高相对密度加入蔗糖、食盐等以提高乳的相对密度；为了提高乳的蛋白质含量掺入三聚氰胺、革皮水解物等非蛋白氮；为了防止酸败加入防腐剂和抗生素。

(4)掺假物大多具有毒性、对人体有害，更有甚者掺入人尿、污水以及各种防腐剂，为了追逐利益不顾消费者的健康。

任务三　原料乳与乳制品中三聚氰胺检验（高效液相色谱法）

【任务要求】

1. 掌握乳中三聚氰胺的测定原理；
2. 学习和正确理解检验标准，并按标准要求制定实验流程；
3. 正确配制试剂、操作仪器设备，并准确运用公式计算结果。

【参考标准】

本任务主要参考《原料乳与乳制品中三聚氰胺检验方法》(GB/T 22388—2008)中的第一法——高效液相色谱法进行。

【任务实施】

一、仪器设备

高效液相色谱(HPLC)仪:配有紫外检测器或二极管阵列检测器;分析天平:感量为0.000 1 g和0.01 g;离心机:转速不低于4 000 r/min;超声波清洗器;固相萃取装置;氮气吹干仪;旋涡混合器;具塞塑料离心管:50 mL。

二、试剂及配制

除非另有说明,所有试剂均为分析纯,水为GB/T 6682规定的一级水。

1. 试剂

甲醇:色谱纯;乙腈:色谱纯;氨水:含量为25%~28%;三氯乙酸;柠檬酸;辛烷磺酸钠:色谱纯。

2. 试剂配制

(1)甲醇水溶液　准确量取50 mL甲醇和50 mL水,混匀后备用。

(2)三氯乙酸溶液(1%)　准确称取10 g三氯乙酸于1 L容量瓶中,用水溶解并定容至刻度,混匀后备用。

(3)氨化甲醇溶液(5%)　准确量取5 mL氨水和95 mL甲醇,混匀后备用。

(4)离子对试剂缓冲液　准确称取2.10 g柠檬酸和2.16 g辛烷磺酸钠,加入约980 mL水溶解,调节pH至3.0后,定容至1 L备用。

3. 标准品

三聚氰胺标准品　CAS 108-78-01,纯度大于99.0%。

4. 标准溶液配制

(1)三聚氰胺标准储备液　准确称取100 mg(精确到0.1 mg)三聚氰胺标准品于100 mL容量瓶中,用甲醇水溶液溶解并定容至刻度线,配制成浓度为1 mg/mL的标准储备液,于4℃避光保存。

(2)阳离子交换固相萃取柱　混合型阳离子交换固相萃取柱,基质为苯磺酸化的聚苯乙烯-二乙烯基苯高聚物,60 mg/3 mL,或相当者。使用前依次用3 mL甲醇、5 mL水活化。

5. 其他材料

定性滤纸;微孔滤膜:0.2 μm,有机相;氮气:纯度大于等于99.999%。

三、试验步骤

1. 提取

称取 2 g(精确至 0.01 g)试样于 50 mL 具塞塑料离心管中,加入 15 mL 三氯乙酸溶液和 5 mL 乙腈,超声提取 10 min,再振荡提取 10 min 后,以不低于 4 000 r/min 离心10 min。上清液经三氯乙酸溶液润湿的滤纸过滤后,用三氯乙酸溶液定容至 25 mL,移取 5 mL 滤液,加入 5 mL 水混匀后做待净化液。

2. 净化

将待净化液转移至固相萃取柱中。依次用 3 mL 水和 3 mL 甲醇洗涤,抽至近干后,用 6 mL 氨化甲醇溶液洗脱。整个固相萃取过程流速不超过 1 mL/min。洗脱液于 50℃下用氮气吹干,残留物(相当于 0.4 g 样品)用 1 mL 流动相定容,涡旋混合 1 min,过微孔滤膜后,供 HPLC 测定。

3. 高效液相色谱测定参考条件

(1) 色谱柱　C_8柱,250 mm×4.6 mm,5 μm,或相当者;C_{18}柱,250 mm×4.6 mm,5 μm,或相当者。

(2) 流动相　C_8柱,离子对试剂缓冲液-乙腈(85+15,体积比),混匀。C_{18}柱,离子对试剂缓冲液-乙腈(90+10,体积比),混匀。

(3)流速　1.0 mL/min。

(4)柱温　40℃。

(5)波长　240 nm。

(6)进样量　20 μL。

四、结果计算

1. 标准曲线的绘制

用流动相将三聚氰胺标准储备液逐级稀释得到的浓度为 0.8、2、20、40、80 μg/mL 的标准工作液,浓度由低到高进样检测,以峰面积-浓度作图,得到标准曲线回归方程。基质匹配加标三聚氰胺的样品 HPLC 色谱图如图 5-4-1 所示。

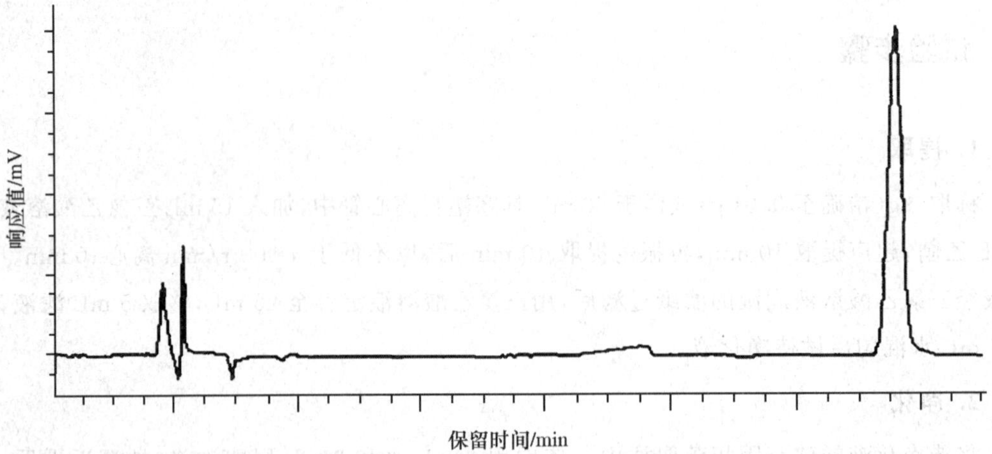

图 5-4-1　基质匹配加标三聚氰胺的样品 HPLC 色谱图

（检测波长 240 nm，保留时间 13.6 min，C_8 色谱柱）

2. 定量测定

待测样液中三聚氰胺的响应值应在标准曲线线性范围内，超过线性范围则应稀释后再进样分析。

3. 计算公式

试样中三聚氰胺的含量由色谱数据处理软件或按下式计算获得：

$$x=\frac{A\times c\times v\times 1\,000}{A_s\times m\times 1\,000}\times f$$

式中：

x——试样中三聚氰胺的含量（mg/kg）；

A——样液中三聚氰胺的峰面积；

c——标准溶液中三聚氰胺的浓度（μg/mL）；

v——样液最终定容体积（mL）；

A_s——标准溶液中三聚氰胺的峰面积；

m——试样的质量（g）；

f——稀释倍数。

五、精密度和检出限

在重复性条件下获得的 2 次独立测定结果的绝对差值不得超过算术平均值的 10%。

本方法的定量限为 2 mg/kg；在添加浓度 2～10 mg/kg 浓度范围内，回收率在 80%～110%，相对标准偏差小于 10%。

【记录与结果分析】

表 5-4-4 原料乳与乳制品中三聚氰胺检验方法(高效液相色谱法)记录表

样品编号	样品名称	检验依据	仪器名称	室温/℃	检测日期
色谱柱	流动相	检测波长/nm	流速/(mL/min)	天平编号	
药品名称					
质量/g	试样 1				
	试样 2				
样品稀释倍数					
对照品质量/g					
对照品来源					
对照品纯度/%					
对照品批号					
对照品稀释倍数					
对照品浓度/(μg/mL)					
试样 1 峰面积					
试样 2 峰面积					
标准品峰面积平均值					
计算公式	$x=\frac{A\times c\times v\times 1\,000}{A_s\times m\times 1\,000}\times f$				
含量 x/(mg/kg)	试样 1				
	试样 2				
	平均值				
检验人:		校核人:		审核人:	

[师徒共研]

1. 该实验在操作时应注意哪些问题?

(1)三氯乙酸溶液,保存时间为 1 周。

(2)氨化甲醇溶液,现用现配。

(3)甲醇水溶液应混匀。

(4)可用空白乳溶液作为溶剂,加入适当三聚氰胺标准储备液,配制成标准工作液,减少溶剂差别误差。

(5)阳离子交换固相萃取柱,活化后不要吹,尽量不要抽干。

(6)氮吹时注意气流不要过大,针头不要离液面过近,防止液体溅出。

(7)色谱条件应合理调整,将杂峰和待测组分完全分离,提高定性、定量的准确性。

2. 从色谱曲线上,可以得到哪些信息?

(1)根据色谱峰的个数,可以判断样品中所含组分的最少个数。

(2)根据色谱峰的保留值(或位置),可以进行定性分析。

(3)根据色谱峰的面积或峰高,可以进行定量分析。

(4)色谱峰的保留值及其区域宽度,是评价色谱柱分离效能的依据。

(5)色谱峰两峰间的距离,是评价固定相和流动相选择是否合适的依据。

3. 应如何选择、使用色谱柱?

(1)注意各种色谱柱使用的 pH 范围是不同的,应引起重视。

(2)注意各种色谱柱使用的压力是有限制的,压力过高会降低柱的使用寿命。

(3)样品必须用不大于 0.45 μm 孔径的滤膜过滤。

(4)色谱柱使用后必须冲洗干净,谨防色谱柱受到污染。

(5)色谱柱须轻拿轻放。

(6)色谱柱长时间不用应先冲洗,然后从仪器上将其取下,封紧其两头并妥善存放,防止柱填料变干。注意不同色谱柱需用不同的试剂来保存。

(7)对不同的样品尽可能使用不同的色谱柱,这样既能取得较好的分离效果又能延长色谱柱的寿命。

4. 色谱柱如何清洗?

(1)一般来讲,实验结束后为了保护仪器及色谱柱都应进行必要的冲洗。

(2)对有机溶剂和水的体系,在实验结束后,用甲醇加水或乙腈加水来冲洗即可。

(3)使用缓冲溶液的时候,必须先用含水的溶剂来置换以防盐的析出,然后可再用 100% 的甲醇冲洗。

(4)关于使用缓冲溶液作流动相时密封圈与柱塞杆的冲洗。当使用缓冲溶液作为流动相时,有必要用蒸馏水冲洗密封圈的内表面与柱塞杆的表面,通常使用手动冲洗的方法。

[知识链接]

1. 该测定方法的原理

试样用三氯乙酸溶液-乙腈提取,经阳离子交换固相萃取柱净化后,用高效液相色谱测定,外标法定量。

2. 测定乳中三聚氰胺的意义

三聚氰胺是一种重要的氮杂环有机化工原料，为白色结晶粉末，无毒，无味。长期食用会产生结石，对人体的肾脏造成危害，特别是对婴幼儿危害更大。一些不法商家为牟取更高的利润，在婴幼儿的奶粉及乳制品中添加三聚氰胺，从而提高蛋白质含量。三鹿婴幼儿奶粉事件后，国家标准化管理委员会紧急召集会议，开展了乳与乳制品中三聚氰胺的检测方法研究，第一时间制定并颁布了《原料乳与乳制品中三聚氰胺检验方法》(GB/T 22388—2008)。

任务四　原料乳与乳制品中亚硝酸盐与硝酸盐的测定（离子色谱法）

任务四　原料乳与乳制品中亚硝酸盐与硝酸盐的测定(离子色谱法)

任务五　生乳中*L*-羟脯氨酸含量的测定方法（分光光度法）

任务五　生乳中*L*-羟脯氨酸含量的测定方法(分光光度法)

学习笔记

6

模块六

食品添加剂测定

项目一　防腐剂测定

项目二　食品中甜味剂环己基氨基磺酸钠测定

项目三　食品中合成着色剂测定

食品添加剂，生活躲不开，正确来理解，莫把它错怪。
安全先评估，品种需批准，生产要许可，使用有规则。
能不加不加，能少加少加，如果必需加，标准规范它。
不能超范围，不能超限量，若有谁违抗，可能进牢房。
非法滥添加，殃民祸国家，坚决要打击，绝不能姑息。
那三聚氰胺，食品不准加，有人非法加，法律制裁他。
声称无添加，王婆在卖瓜，到底加没加，谁来监管它？
合法添加剂，从未出问题，安全又合理，无须去质疑。
椒桂能调味，黄帝就知道，桂皮和花椒，都是香辛料。
桂油花椒油，食品用香料，使用更方便，如今很常见。
桂油主成分，名叫肉桂醛，源于大自然，合成也不难。
天然帮合成，结构都相同，安全性一样，差在心理上。
卤水点豆腐，营养价值高，吃了两千年，美食少不了。
学名氯化镁，加水变卤水，不但豆腐好，还有豆腐脑。
豆腐虽好吃，卤水不能喝，要是不知道，想想杨白劳。
婴幼儿奶粉，营养要强化，加点氯化镁，为了好娃娃。
当年诸葛亮，七次擒孟获，壮士牺牲多，泸水难渡过。
英灵要祭奠，得用蛮人头，岂可杀生人，发明大馒头。
家里蒸馒头，饼屋烤面包，复合泡打粉，如今很畅销。
柑橘要保鲜，打蜡来实现，蜡是被膜剂，隋朝已实现。
祖先好发明，后人未光大，美国人学走，蛇果销全球。
南宋卖国贼，学名叫秦桧，诡计害岳飞，人民很气愤。
路边小吃摊，气愤油炸桧，咬着牙吃掉，从此有油条。
油条很膨松，明矾立头功，距今八非年，美味世代传。
金华金火腿，宣威银火腿，技术很独到，色好味更好。
为防腐护色，先人费琢磨，用亚硝酸盐，问题全解决。
本是高技术，当年未保护，马可波罗游，偷偷学到手。
趁人不注意，传回意大利。洋人很好奇，生的就去吃。
皮蛋松花蛋，好吃又好看，松花蛋要好，石灰不能少。
调味品鸡精，家家都在用，原料是肉鸡，也有“I+G”。
可乐能提神，功在咖啡因，可乐变零度，要加蔗糖素。
糖醇口香糖，护齿又无糖，各种冰激凌，色香味宜人。
外国巧克力，国内难匹敌，差别有技术，也有添加剂。
干红葡萄酒，营养挺丰富，要想长期存，首先要防腐。
啤酒很畅销，防腐不可少，加二氧化碳，问题解决了。
酸度调节剂，应用很普遍，汽水苏打水，馒头和饼干。
以前食用油，哈味很常见，添加抗氧剂，酸败不易现。
食品添加剂，一点不可怕，食品要美好，根本少不了。
许可名单中，品种常变化，旧的需淘汰，新的要增加。
中国品种少，问题就来了，人有我没有，监管很犯愁。
国外好食品，进口不进口？进口不合规，不进没理由。
食品品质好，添加免不了，国外添加多，咱们添加少。
人加咱不加，竞争不过他，人加咱也加，公平你我他。
最近几十年，一直在跟跑，如果不努力，落后免不了。
思想先解放，行动紧跟上，安全有保障，国人定无恙。

（注：“I+G”为两种增味剂）

——中国工程院院士，北京工商大学校长，国内食品添加剂方向领头人孙宝国院士谈食品添加剂。

项目一

防腐剂测定

知识目标

1. 能够说出防腐剂的重要性；
2. 能够正确表述防腐剂的种类。

技能目标

1. 根据不同防腐剂选择相应的检验方法，并依据相应标准正确进行试样制备、称量、处理提取、测定等操作；
2. 正确使用防腐剂检验的设备和工具；
3. 根据检测结果正确计算防腐剂的含量，并正确对检测结果进行取舍和评价。

德育目标

1. 培养学生团结协作能力；
2. 培养学生辩证分析思想；
3. 培养学生诚信意识。

防腐剂(Preservative)是指天然或合成的化学成分，用于加入食品、药品、颜料、生物标本等，以延迟微生物生长或化学变化引起的腐败。

谈到防腐剂，人们往往认为有害，其实在安全使用范围内，其对人体是无毒副作用的。我国食品中防腐剂的使用有严格的规定，使用防腐剂应符合《食品安全国家标准　食品添加剂使用标准》(GB 2760—2014)。我国到目前为止已批准了 26 种食用的食物防腐剂，其中最常用的有苯甲酸钠、山梨酸钾等。苯甲酸钠的毒性比山梨酸钾强，而且在相同的酸度值下抑菌效力仅为山梨酸钾的 1/3，因此许多国家逐渐转为用山梨酸钾。山梨酸钾抗菌力强，毒性小，可参与人体的正常代谢，转化为 CO_2 和水。但因苯甲酸钠价格低廉，在我国仍普遍使用。从防腐剂的发展趋势上看，以生物发酵而成的生物防腐剂，将成为未来的发展趋势。

以下简单介绍我国常用防腐剂的产品性能、防腐机理和使用范围。

(1)苯甲酸及其钠盐　白色颗粒或结晶粉末，无臭或略带安息香的气味。其防腐最佳 pH 为 2.5～4.0，在 pH 5.0 以上的产品杀菌效果不是很理想。因为其安全性只相当于山梨酸钾的 1/40，日本已全面取缔其在食品中的应用。

(2)山梨酸及其钾盐　白色结晶粉末或微黄色结晶粉末或鳞片状。山梨酸钾为酸性防腐剂，具有较高的抗菌性能，抑制霉菌的生长繁殖，其主要是通过抑制微生物体内的脱氢酶系统，从而达到抑制微生物和起到防腐的作用。对细菌、霉菌、酵母菌均有抑制作用。防腐效果明显高于苯甲酸类，是苯甲酸盐的 5～10 倍，产品毒性低。其防腐效果随 pH 的升高而减弱，pH＝3 时防腐效果最佳。pH 达到 6 时仍有抑菌能力，但最低浓度不能低于 0.2%。毒性比尼泊金酯还要小。在我国可用于酱油、醋、面酱类饮料、果酱类等食品中。

(3)脱氢乙酸及其钠盐　白色或浅黄色结晶状粉末，对光和热稳定，在水溶液中降解为醋酸，对人体无毒。是一种广谱型防腐剂，对食品中的细菌、霉菌、酵母菌有着较强抑制作用。广泛用于肉类、鱼类、蔬菜、水果、饮料类、糕点类等的防腐保鲜。

目前，用于食品中防腐剂检测的方法主要有液相色谱法和气相色谱法，不仅能够准确定性和定量检测某一种防腐剂，还能同时测定多种防腐剂。

任务　苯甲酸和山梨酸测定（液相色谱法）

【任务要求】

1. 掌握液相色谱法的原理；
2. 学习和正确理解国标，并按国标要求制定工作流程；
3. 正确进行试样制备、称量、提取、测定、计算，并正确对数据取舍和评价。

【参考标准】

本任务主要参考《食品安全国家标准　食品中苯甲酸、山梨酸和糖精钠的测定》(GB 5009.28—2016)的第一法——液相色谱法,适用于食品苯甲酸、山梨酸和糖精钠的测定。

【任务实施】

样品经水提取,高脂肪样品经正己烷脱脂、高蛋白样品经蛋白沉淀剂沉淀蛋白,采用液相色谱分离、紫外检测器检测,外标法定量。

一、实验设备、材料准备

水相微孔滤膜:0.22 μm;塑料离心管:50 mL;高效液相色谱仪:配紫外检测器(或二极管阵列检测器);分析天平:感量为 0.001 g 和 0.000 1 g;旋涡振荡器;离心机:转速>8 000 r/min;匀浆机;恒温水浴锅;超声波发生器。

二、试剂及配制

1. 试剂

氨水($NH_3 \cdot H_2O$):分析纯;亚铁氰化钾[$K_4Fe(CN)_6 \cdot 3H_2O$]:分析纯;乙酸锌[$Zn(CH_3COO)_2 \cdot 2H_2O$]:分析纯;无水乙醇($CH_3CH_2OH$):分析纯;正己烷($C_6H_{14}$):分析纯;甲醇($CH_3OH$):色谱纯;乙酸铵($CH_3COONH_4$):色谱纯;甲酸(HCOOH):色谱纯。

2. 试剂配制

(1)氨水溶液(1+99)　取氨水 1 mL,加到 99 mL 水中,混匀。

(2)亚铁氰化钾溶液(92 g/L)　称取 106 g 亚铁氰化钾,加入适量水溶解,用水定容至 1 000 mL。

(3)乙酸锌溶液(183 g/L)　称取 220 g 乙酸锌溶于少量水中,加入 30 mL 冰乙酸,用水定容至 1 000 mL。

(4)乙酸铵溶液(20 mmol/L)　称取 1.54 g 乙酸铵,加入适量水溶解,用水定容至 1 000 mL,经 0.22 μm 水相微孔滤膜过滤后备用。

(5)甲酸-乙酸铵溶液(2 mmol/L 甲酸+20 mmol/L 乙酸铵)　称取 1.54 g 乙酸铵,加入适量水溶解,再加入 75.2 μL 甲酸,用水定容至 1 000 mL,经 0.22 μm 水相微孔滤膜过滤后备用。

3. 标准品

(1)苯甲酸钠(C_6H_5COONa,CAS 号 532-32-1)　纯度≥99.0%;或苯甲酸(C_6H_5COOH,CAS 号 65-85-0),纯度≥99.0%,或经国家认证并授予标准物质证书的标准物质。

(2)山梨酸钾($C_6H_7KO_2$,CAS 号 590-00-1)　纯度≥99.0%;或山梨酸($C_6H_8O_2$,CAS 号

110-44-1)，纯度≥99.0%，或经国家认证并授予标准物质证书的标准物质。

4. 标准溶液配制

(1)苯甲酸和山梨酸标准储备溶液(1 000 mg/L)　分别准确称取苯甲酸钠和山梨酸钾0.118 g和0.134 g(精确到0.000 1 g)，用水溶解并分别定容至100 mL。

(2)苯甲酸和山梨酸混合标准中间溶液(200 mg/L)　分别准确吸取苯甲酸和山梨酸标准储备溶液各10.0 mL于50 mL容量瓶中，用水定容。4℃保存，保存期3个月。

(3)苯甲酸和山梨酸混合标准系列工作溶液　分别准确吸取苯甲酸和山梨酸混合标准中间液0 mL、0.05 mL、0.25 mL、0.50 mL、1.00 mL、2.50 mL、5.00 mL和10.0 mL，用水定容至10 mL，配制成质量浓度分别0 mg/L、1.00 mg/L、5.00 mg/L、10.0 mg/L、20.0 mg/L、50.0 mg/L、100 mg/L和200 mg/L的混合标准系列工作溶液。

三、试样制备、称量、提取及测定

1. 试样制备

取多个预包装的饮料、液态奶等均匀样品直接混合；非均匀的液态、半固态样品用组织匀浆机匀浆；固体样品用研磨机充分粉碎并搅拌均匀；奶酪、黄油、巧克力等采用50～60℃加热熔融，并趁热充分搅拌均匀。取其中的200 g装入玻璃容器中，密封，液体试样于4℃保存，其他试样于－18℃保存。

2. 称量及提取

(1)一般性试样称量及提取　准确称取约2 g(精确到0.001 g)试样于50 mL具塞离心管中，加水约25 mL，旋涡混匀，于50℃水浴超声20 min，冷却至室温后加亚铁氰化钾2 mL和乙酸锌溶液2 mL，混匀，于8 000 r/min离心5 min，将水相转移至50 mL容量瓶中，于残渣中加水20 mL，旋涡混匀后超声5 min，于8 000 r/min离心5 min，将水相转移到同一50 mL容量瓶中，并用水定容至刻度，混匀。取适量上清液过0.22 μm滤膜，待液相色谱测定。

(2)含胶基的果冻、糖果等试样称量及提取　准确称取约2 g(精确到0.001 g)试样于50 mL具塞离心管中，加水约25 mL，旋涡混匀，于70℃水浴加热溶解试样，于50℃水浴超声20 min，之后的操作同(1)。

(3)油脂、巧克力、奶油、油炸食品等高油脂试样称量及提取　准确称取2 g(精确到0.001 g)试样于50 mL具塞离心管中，加正己烷10 mL，于60℃水浴加热约5 min，并不时轻摇以溶解脂肪，然后加氨水溶液(1＋99)25 mL，乙醇1 mL，旋涡混匀，于50℃水浴超声20 min，冷却至室温后，加亚铁氰化钾溶液2 mL和乙酸锌溶液2 mL，混匀，于8 000 r/min离心5 min，弃去有机相，水相转移至50 mL容量瓶中，残渣同(1)再提取一次后测定。

3. 测定

(1)仪器参考条件　色谱柱(C_{18}柱，柱长250 mm，内径4.6 mm，粒度5 μm，或等效色谱柱)、流动相(甲醇＋乙酸铵溶液＝5＋95)、流速(1 mL/min)、检测波长(230 nm)、进样量(10 μL)。

(2)标准曲线的制作　将混合标准系列工作溶液分别注入液相色谱仪中，测定相应的峰面积，以混合标准系列工作溶液的质量浓度为横坐标，以峰面积为纵坐标，绘制标准曲线。

(3)试样溶液的测定　将试样溶液注入液相色谱仪中，得到峰面积，根据标准曲线得到待测液中苯甲酸和山梨酸的质量浓度。

四、结果计算

试样中苯甲酸、山梨酸的含量计算公式：

$$x=\frac{\rho\times v}{m\times 1\,000}$$

式中：

x——试样中待测组分含量(g/kg)；

ρ——由标准曲线得出的试样中待测物的质量浓度(mg/L)；

v——试样定容体积(mL)；

m——试样质量(g)；

1 000——由 mg/kg 转换为 g/kg 的换算因子。

五、精密度

在重复性条件下获得的两次独立测定结果的绝对差值不得超过算术平均值的 10%。

【记录与结果分析】

表 6-1-1　防腐剂检验原始记录

样品名称			样品编号	
项目名称			检验方法标准	
仪器设备	型号	编号	精度	状态
天平				□正常　　□不正常
液相色谱仪				□正常　　□不正常
试验环境	温度 ____℃　湿度 ____%　气压 ____MPa			
测定参数			平行样 1	平行样 2

续表 6-1-1

由标准曲线得出的试样中待测物的质量浓度 ρ/(mg/L)		
试样定容体积 v/mL		
试样质量 m/g		
计算公式	$x=\frac{\rho\times v}{m\times 1\,000}$	
测定值 x/(g/kg)		
平均值 x/(g/kg)		
报出值 x/(g/kg)		
精密度公式	精密度 Y=|测定值 x(平行样 1)－测定值 x(平行样 2)|/平均值 $x\times 100\%$	
备注	结果保留 3 位有效数字。	

校核：　　　　检验员：　　　　年　月　日

[师徒共研]

1. 在配制苯甲酸和山梨酸标准储备溶液(1 000 mg/L)时，如采用的是苯甲酸和山梨酸的有证标准物质，应怎样配制？

准确称取苯甲酸和山梨酸各 0.100 g(精确到 0.000 1 g)，用甲醇溶解并分别定容至 100 mL。

2. 哪些食品不必进行沉淀蛋白质的操作？

碳酸饮料、果酒、果汁、蒸馏酒等测定时可以不加蛋白沉淀剂。

3. 高油脂食品在提取过程会加入有机溶剂正己烷和乙醇，那么待测溶液过滤时最好选用哪种滤膜？

在提取过程中加入有机溶剂正己烷和乙醇，虽要求弃去有机相后进行转移定容，但为防止弃除不干净的有机相引起水相过滤膜在过滤过程中溶解而进入待测液，故最好选用水相和有机相均能使用的有机系滤膜和尼龙材质滤膜。

4. 苯甲酸和山梨酸标准储备溶液的贮存方法和保存期限

于 4℃贮存，保存期为 6 个月。

5. 苯甲酸和山梨酸标准中间溶液的贮存方法和保存期限

于4℃贮存，保存期为3个月。

6. 苯甲酸和山梨酸混合标准系列工作溶液配制有什么要求？

临用时现配。

7. 本实验用水有哪些要求？

本实验用水为GB/T 6682标准中规定的一级水。

[知识链接]

1. 怎样正确理解食品中添加防腐剂而不刻意追捧不含防腐剂的食品？

消费者在市场上能看到很多标注“不含防腐剂”的食品，比如果汁、茶饮料、罐头制品、蜜饯干果制品、方便面等，多数品牌会在外包装上标注“本品不含防腐剂”“本产品不添加任何食品防腐剂”等字样。多数消费者也认为标有这样字样的食品更安全，都优先购买。实际上，很多食品安全问题在一定程度上是生产企业没有按标准规定添加防腐剂造成的。如果按照国家标准来使用防腐剂是对食品安全的一种保证，对人的身体是没有危害的。人类进步的核心是健康、和谐。随着人们对健康要求的提高，食品的安全标准也越来越严。我国政府不断修订食品安全标准，目的就不断提高食品安全水平和国民健康水平。

2. 我国规定的食品添加剂的使用原则是什么？

(1)不应对人体产生任何健康危害；

(2)不应掩盖食品腐败变质；

(3)不应掩盖食品本身或加工过程中的质量缺陷或以掺杂、掺假、伪造为目的而使用食品添加剂；

(4)不应降低食品本身的营养价值；

(5)在达到预期效果的前提下尽可能降低在食品中的使用量；

(6)在保持或提高食品本身的营养价值情况下使用；

(7)作为某些特殊膳食用食品的必要配料或成分的情况下使用；

(8)提高食品的质量和稳定性，改进其感官特性的情况下使用；

(9)便于食品的生产、加工、包装、运输或者贮藏的情况下使用。

项目二 食品中甜味剂环己基氨基磺酸钠测定

知识目标

1. 能够说出甜味剂的重要性；
2. 能够正确表述甜味剂的种类。

技能目标

1. 根据不同食品中甜味剂选择相应的检验方法，并依据相应标准正确进行试样制备、称量、衍生化、测定等操作；
2. 正确使用甜味剂检验的设备和工具；
3. 根据检验结果正确计算甜味剂的含量，并正确对检测结果进行取舍和评价。

德育目标

1. 培养学生团结协作能力；
2. 培养学生辩证认识分析事物的思想；
3. 培养学生诚信意识。

甜味剂是指能赋予食物甜味的食品添加剂。甜味剂按营养价值可分为营养性甜味剂和非营养性甜味剂两类；按其甜度可分为低甜度甜味剂和高甜度甜味剂；按其来源可分为天然甜味剂和合成甜味剂。

目前，我国允许使用的食品添加剂甜味剂有环己基氨基磺酸钠（俗称甜蜜素）、糖精钠、乙酰磺胺酸钾（俗称安赛蜜）、阿力甜、纽甜、阿斯巴甜、三氯蔗糖等十几个品种。日常生活中，甜味剂广泛应用于饮料、酱腌菜、糕点、饼干、蜜饯、糖果等食品中，随之而来的食品安全问题不容小觑。以甜蜜素为例，甜蜜素的甜度是蔗糖的30～40倍。人体如果经常食用甜蜜素含量超标的饮料或其他食品，就会因摄入过量而对人体的肝脏和神经系统造成危害，特别是对代谢排毒能力较弱的老人、孕妇、儿童危害更明显。

综上所述，对甜味剂的检测尤为重要，常用的检测方法有气相色谱法、高效液相色谱法和高效液相质谱法。

任务一　气相色谱法

【任务要求】

1. 掌握气相色谱法的原理；
2. 学习和正确理解国标，并按国标要求制定工作流程；
3. 正确进行试样制备及称量、衍生化、测定、计算，并正确对数据进行取舍和评价。

【参考标准】

本任务主要参考《食品安全国家标准　食品中环己基氨基磺酸钠的测定》（GB 5009.97—2016）的第一法——气相色谱法，适用于饮料类、蜜饯凉果、果丹类、话化类、带壳及脱壳熟制坚果与籽类、水果罐头、果酱、糕点、面包、饼干、冷冻饮品、果冻、复合调味料、腌渍的蔬菜、腐乳食品中环己基氨基磺酸钠的测定。本法不适用于白酒中该物质的测定。

【任务实施】

食品中的环己基氨基磺酸钠用水提取，在硫酸介质中环己基氨基磺酸钠与亚硝酸反应，生成环己醇亚硝酸酯，利用气相色谱氢火焰离子化检测器进行分离及分析，根据保留时间定性，外标法定量。

一、实验设备、材料准备

气相色谱仪：配有氢火焰离子化检测器(FID)；旋涡混合器；离心机：转速≥4 000 r/min；超声波振荡器；样品粉碎机；10 μL 微量注射器；恒温水浴锅；天平：感量 1 mg、0.1 mg。

二、试剂及配制

1. 试剂

正庚烷[$CH_3(CH_2)_5CH_3$]：分析纯；氯化钠(NaCl)：分析纯；石油醚(沸程 30～60℃)：分析纯；氢氧化钠(NaOH)：分析纯；硫酸(H_2SO_4)：分析纯；亚铁氰化钾{$K_4[Fe(CN)_6]\cdot 3H_2O$}：分析纯；硫酸锌($ZnSO_4\cdot 7H_2O$)：分析纯；亚硝酸钠($NaNO_2$)：分析纯。

2. 试剂配制

(1)氢氧化钠溶液(40 g/L)　称取 20 g 氢氧化钠，溶于水并稀释至 500 mL，混匀。

(2)硫酸溶液(200 g/L)　量取 54 mL 硫酸小心缓缓加入 400 mL 水中，后加水至 500 mL，混匀。

(3)亚铁氰化钾溶液(150 g/L)　称取折合 15 g 亚铁氰化钾，溶于水稀释至 100 mL，混匀。

(4)硫酸锌溶液(300 g/L)　称取折合 30 g 硫酸锌的试剂，溶于水并稀释至 100 mL，混匀。

(5)亚硝酸钠溶液(50 g/L)　称取 25 g 亚硝酸钠，溶于水并稀释至 500 mL，混匀。

3. 标准品

环己基氨基磺酸钠标准品($C_6H_{12}NSO_3Na$)：纯度≥99%。

4. 标准溶液配制

(1)环己基氨基磺酸标准储备液(5.00 mg/mL)　精确称取 0.5612 g 环己基氨基磺酸钠标准品，用水溶解并定容至 100 mL，混匀，此溶液 1.00 mL 相当于环己基氨基磺酸 5.00 mg。

(2)环己基氨基磺酸标准使用液(1.00 mg/mL)　准确移取 20.0 mL 环己基氨基磺酸标准储备液用水稀释并定容至 100 mL，混匀。

三、试样制备及称量、衍生化、测定

1. 试样制备

(1)普通液体试样　摇匀后称取 25.0 g 试样(如需要可过滤)，用水定容至 50 mL 备用。

(2)含二氧化碳的试样　称取 25.0 g 试样于烧杯中，60℃水浴加热 30 min 以除二氧化碳，放冷，用水定容至 50 mL 备用。

(3)含酒精的试样　称取 25.0 g 试样于烧杯中，用氢氧化钠溶液调至弱碱性 pH 7～8，

60℃水浴加热 30 min 以除去酒精，放冷，用水定容至 50 mL 备用。

(4)低脂、低蛋白样品　称取打碎、混匀的样品 3.00～5.00 g 于 50 mL 离心管中，加 30 mL 水，振摇，超声提取 20 min，混匀，3 000 r/min 离心 10 min，过滤，用水分次洗涤残渣，收集滤液并定容至 50 mL，混匀备用。

(5)高蛋白样品　冰棒、雪糕、冰激凌等分别放置于 250 mL 烧杯中，待融化后搅匀称取；称取样品 3.00～5.00 g 于 50 mL 离心管中，加 30 mL 水，超声提取 20 min，加 2 mL 亚铁氰化钾溶液，混匀，再加入 2 mL 硫酸锌溶液，混匀，3 000 r/min 离心 10 min，过滤，用水分次洗涤残渣，收集滤液并定容至 50 mL，混匀备用。

(6)高脂样品　称取打碎、混匀的样品 3.00～5.00 g 于 50 mL 离心管中，加入 25 mL 石油醚，振摇，超声提取 3 min，再混匀，1 000 r/min 以上离心 10 min，弃石油醚，再用 25 mL 石油醚提取 1 次，弃石油醚，60℃水浴挥发去除石油醚，残渣加 30 mL 水，混匀，超声提取 20 min，加 2 mL 亚铁氰化钾溶液，混匀，再加入 2 mL 硫酸锌溶液，混匀，3 000 r/min 离心 10 min，过滤，用水洗涤残渣，收集滤液并定容至 50 mL，混匀备用。

2. 衍生化

(1)试样衍生化　准确移取液体试样溶液或固体、半固体试样溶液 10.0 mL 于 50 mL 带盖离心管中。离心管置试管架上冰浴 5 min 后，准确加入 5.00 mL 正庚烷，加入 2.5 mL 亚硝酸钠溶液，2.5 mL 硫酸溶液，盖紧离心管盖，摇匀，在冰浴中放置 30 min，其间振摇 3～5 次；加入 2.5 g 氯化钠，盖上盖后置旋涡混合器上振动 1 min，3 000 r/min 低温离心 10 min 分层或低温静置 20 min 至澄清分层后取上清液放置于 1～4℃冰箱冷藏保存以备进样用。

(2)标准溶液系列的制备及衍生化　准确移取 1.00 mg/mL 环己基氨基磺酸标准溶液 0.50 mL、1.00 mL、2.50 mL、5.00 mL、10.0 mL、25.0 mL 于 50 mL 容量瓶中，加水定容。配成标准溶液系列浓度为：0.01 mg/mL、0.02 mg/mL、0.05 mg/mL、0.10 mg/mL、0.20 mg/mL、0.50 mg/mL。临用时配制以备衍生化用。准确移取标准系列溶液 10.0 mL，同上方法进行衍生化。

3. 参考色谱条件

色谱柱：弱极性石英毛细管柱(内涂 5%苯基甲基聚硅氧烷，30 m×0.53 mm×1.0 μm)或等效柱。

柱温升温程序：初温 55℃保持 3 min，10℃/min 升温至 90℃保持 0.5 min，20℃/min 升温至 200℃保持 3 min。

进样口：温度 230℃；进样量 1 μL，不分流/分流进样，分流比 1∶5(分流比及方式可根据色谱仪器条件调整)。

检测器：氢火焰离子化检测器(FID)，温度 260℃。

载气：高纯氮气，流量 12.0 mL/min，尾吹 20 mL/min。氢气：30 mL/min；空气 330 mL/min(载气、氢气、空气流量大小可根据仪器条件进行调整)。

4. 色谱分析、测定

分别吸取 1 μL 经衍生化处理的标准系列各浓度溶液上清液，注入气相色谱仪中，可测得不同浓度被测物的响应值峰面积，以浓度为横坐标，以环己醇亚硝酸酯和环己醇两峰面积之和为纵坐标，绘制标准曲线。

在完全相同的条件下进样 1 μL 经衍生化处理的试样待测液上清液，根据保留时间定性，测得峰面积，根据标准曲线得到样液中的组分浓度；试样上清液响应值若超出线性范围，应用正庚烷稀释后再进样分析。平行测定次数不少于 2 次。

四、结果计算

试样中环己基氨基磺酸的含量计算公式：

$$x=\frac{c}{m}\times v$$

式中：

x——试样中环己基氨基磺酸的含量(g/kg)；

c——由标准曲线计算出定容样液中环己基氨基磺酸的浓度(mg/mL)；

v——试样的最后定容体积(mL)；

m——试样质量(g)。

五、精密度和检出限

在重复性条件下获得的两次独立测定结果的绝对差值不得超过算术平均值的 10%。取样量 5 g 时，本方法检出限为 0.010 g/kg，定量限 0.030 g/kg。

【记录与结果分析】

表 6-2-1 环己基氨基磺酸钠检验原始记录

样品名称			样品编号	
项目名称			检验方法标准	
仪器设备	型号	编号	精度	状态
天平				□正常　□不正常
气相色谱仪				□正常　□不正常
试验环境	温度 ______ ℃	湿度 ______ %	气压 ______ MPa	

续表 6-2-1

测定参数	平行样 1	平行样 2
由标准曲线计算出定容样液中环己基氨基磺酸的浓度 c/(mg/mL)		
试样的最后定容体积 v/mL		
试样质量 m/g		
试样中待测组分含量 x(g/kg)	$x=\frac{c}{m}\times v$	
测定值 x/(g/kg)		
平均值 x/(g/kg)		
报出值 x/(g/kg)		
精密度公式	精密度 Y=|测定值 x(平行样 1)－测定值 x(平行样 2)|/平均值 x×100％	
备注	计算结果以重复性条件下获得的两次独立测定结果的算术平均值表示，结果保留三位有效数字。	

校核：　　　　　　　　　　检验员：　　　　　　　　　　年　月　日

[师徒共研]

1. 环己基氨基磺酸钠与环己基氨基磺酸的换算系数怎样计算？

已知环己基氨基磺酸钠分子量为 201.22，环己基氨基磺酸分子量为 179.23，则换算系数为 201.22÷179.23＝1.122 69。

2. 环己基氨基磺酸标准贮备液和标准使用液怎样保存，有效期是多长时间？

置于 1～4℃冰箱保存，贮备液有效期 12 个月，标准使用液有效期 6 个月。

3. 用什么方法可以代替实验中旋涡混合器振动 1 min 的操作？

可手动振摇 60～80 次。

4. 本方法中低脂、低蛋白样品、高蛋白样品和高脂样品分别指哪些食品？

(1)低脂、低蛋白样品　果酱、果冻、水果罐头、果丹类、蜜饯凉果、浓缩果汁、面包、糕点、饼干、复合调味料、带壳熟制坚果和籽类、腌渍的蔬菜等。

(2)高蛋白样品　酸乳、雪糕、冰激凌等奶制品及豆制品、腐乳等。

(3)高脂样品　奶油制品、海鱼罐头、熟肉制品等。

5. 衍生化过程中为什么将装有试样溶液的离心管置于试管架上冰浴 5 min 以后，才可进行下个步骤的操作？

因为试样溶液的温度是随放置时间而变化的，尤其在夏季温度比较高的情况下，在加入亚硝酸钠溶液和硫酸溶液后，会有棕褐色氮氧化物产生，弥漫在离心管内空气中，这是亚硝酸钠和硫酸之间发生了反应。然而提前在冰浴中放置一会儿之后，再加入这两种溶液则不会出现这样的现象。从整个反应机理来看，这一操作步骤必须严格按照方法要求去做。

6. 衍生化过程中加入的试剂溶液顺序能不能调换？

加入试剂溶液顺序须严格按照方法要求去操作，先加入亚硝酸钠溶液，加完后需先摇匀，否则可能影响局部反应的正常进行。衍生反应一般对条件比较敏感，要尽量避免出现局部试剂浓度过高的情况，加试剂时也应该边摇边加入。

7. 为什么放在冰浴中完成衍生化，而后待测液又要放置于1～4℃冰箱中保存？

温度对环己基氨基磺酸钠的反应影响很大。一定要在冰浴中处理标液与试样液，且待测液也要放置冰箱1～4℃保存待上机测定。否则，随温度的升高，会出现杂峰面积升高，而样品峰降低的现象。低温有利于反应进行且能降低副产物的生成。从试样处理开始到进样针将试样液注入色谱仪进样口这段时间，其实反应是一直在进行的。因此，整个过程中的温度和时间都要严格控制好。

8. 色谱分析、测定时，本方法为什么是以环己醇亚硝酸酯和环己醇两峰面积之和为纵坐标绘制标准曲线？

环己基氨基磺酸钠也就是甜蜜素的测定，不管中间样品处理得多细心，时间控制得多么精准，到上机检测出峰的时候，后面或多或少总有一个小峰出现。只是随着时间的推移，前面的峰逐渐变小，后面的峰逐渐变大。两个峰面积变化的原因是环己醇亚硝酸酯转化为环己醇造成的。故本方法用两个峰面积之和进行定量，结果更准确。

[知识链接]

我国现行标准GB 2760—2014《食品安全国家标准　食品添加剂食用标准》中允许使用的甜味剂有哪些？

纽甜、甘草酸铵、甘草酸一钾、甘草酸三钾、*D*-甘露[糖]醇、环己基氨基磺酸钠、环己基氨基磺酸钙、麦芽糖醇、三氯蔗糖、山梨糖醇、索马甜、糖精钠、阿力甜、阿斯巴甜、天门冬酰苯丙氨酸甲酯乙酰磺胺酸、甜菊糖苷、乙酰磺胺酸钾、异麦芽酮糖。

思政花园

纸上得来终觉浅，绝知此事要躬行

——【宋】陆游《冬夜读书示子聿》

任务二 液相色谱-质谱/质谱法

任务二　液相色谱-质谱/质谱法

项目三
食品中合成着色剂测定

知识目标

1. 能够说出着色剂的重要性；
2. 能够正确表述着色剂的种类。

技能目标

1. 根据着色剂选择相应的检验方法，并依据相应标准正确进行试样制备、称量、色素提取、测定等操作；
2. 正确使用着色剂检验的设备和工具；
3. 根据检验结果正确计算着色剂的含量，并正确对检验结果进行取舍和评价。

德育目标

1. 培养学生团结协作能力；
2. 培养学生求实认真的工作态度；
3. 培养学生实事求是的职业操守。

食品着色剂是以给食品着色为主要目的的食品添加剂，使食品具有悦目的色泽，对增加食品的嗜好性及刺激食欲有着重要意义。

食品着色剂按来源可分为人工合成着色剂和天然着色剂。常用的天然着色剂有辣椒红、甜菜红、红曲红、胭脂虫红、高粱红、叶绿素铜钠、姜黄、栀子黄、胡萝卜素、藻蓝素、可可色素、焦糖色素等。天然着色剂色彩易受金属离子、水质、pH、氧化、光照、温度的影响，一般较难分散，染着性和各着色剂间的相溶性较差，且价格较高。食用天然着色剂主要是由动、植物组织中提取的色素，多为植物色素，包括微生物色素、动物色素及无机色素。现我国GB 2760—2014《食品安全国家标准　食品添加剂使用标准》中明确规定的可应用于食品的着色剂有64种，其中合成着色剂有12种。这些合成着色剂多数是从煤焦油中分离出来的苯胺染料作为原料而制成的。常用的合成着色剂有胭脂红、苋菜红、日落黄、赤藓红、柠檬黄、新红、靛蓝、亮蓝、诱惑红。与天然色素相比，合成色素颜色更加鲜艳，不易褪色，且价格较低。

按着色剂的结构，人工合成着色剂又可分类偶氮类、氧蒽类和二苯甲烷类等；天然着色剂又可分为吡咯类、多烯类、酮类、醌类和多酚类等。

按着色剂的溶解性可分为脂溶性和水溶性着色剂。

从食品安全角度来说，合成着色剂只要控制在国家标准允许使用范围内和标准限定值内，就不会对人体健康造成危害。但随着合成着色剂在食品中的广泛使用，人们日常生活中大量食用多种含有同种合成着色剂的食品，仍然有可能导致无意间累积摄入合成着色剂的总量超标，从而给人体健康带来危害。

目前我国食品中合成着色剂的测定采用的是液相色谱-反相色谱分离法、纸色谱分离法。

任务一　食品中诱惑红的含量测定（分光光度法）

【任务要求】

1. 掌握纸色谱分离法定性、分光光度计定量的原理；
2. 学习和正确理解国标，并按国标要求制定工作流程；
3. 正确进行试样制备及称量、提取、定性及定量测定、计算，并正确对数据取舍和评价。

【参考标准】

本任务主要参考 GB 5009.141—2016《食品安全国家标准　食品中诱惑红的测定》。该法适用于汽水、硬糖、糕点、冰激凌中诱惑红的测定。

【任务实施】

诱惑红在酸性条件下被聚酰胺粉吸附，而在碱性条件下解吸附，再用纸色谱法进行分离后，与标准曲线比较定性、定量。

一、实验设备、材料准备

可见分光光度计；电子天平：感量为 0.001 g 和 0.000 1 g；微量注射器：10 μL、50 μL；展开槽；电吹风机；离心机；恒温水浴锅。

二、试剂及配制

1. 试剂

甲醇(CH_3OH)；石油醚：沸程 30～60℃；硫酸(H_2SO_4)：优级纯；乙醇(CH_3CH_2OH)；氨水($NH_3 \cdot H_2O$)：含量 20%～25%；柠檬酸($C_6H_8O_7 \cdot H_2O$)；钨酸钠($Na_2WO_4 \cdot 2H_2O$)；丁酮(C_4H_8O)；柠檬酸钠($C_6H_5Na_3O_7$)；正丁醇($C_4H_{10}O$)；海沙；甲酸(HCOOH)。

2. 试剂配制

(1)硫酸溶液(10%，体积分数)　将 1 mL 硫酸缓慢加入至 8 mL 水中，混匀，冷却，用水定容至 10 mL，混匀。

(2)乙醇-氨溶液　取 2 mL 的氨水，加 70%(体积分数)乙醇至 100 mL。

(3)乙醇溶液(50%，体积分数)　量取 50 mL 无水乙醇与 50 mL 水混匀。

(4)柠檬酸溶液(200 g/L)　称取 20 g 柠檬酸，加水至 100 mL，溶解混匀。

(5)钨酸钠溶液(100 g/L)　称取 10 g 钨酸钠，加水至 100 mL，溶解混匀。

(6)氨水溶液(1%，体积分数)　量取 1 mL 氨水，加水至 100 mL，混匀。

(7)柠檬酸钠溶液(2.5%，体积分数)　称取 2.5 g 柠檬酸，加水至 100 mL，溶解混匀。

(8)甲醇-甲酸溶液(6:4，体积分数)　量取甲醇 60 mL，甲酸 40 mL，混匀。

(9)展开剂 1　丁酮＋丙醇＋水＋氨水(7＋3＋3＋0.5)。

(10)展开剂 2　正丁醇＋无水乙醇＋1%氨水溶液(6＋2＋3)。

(11)展开剂 3　2.5%柠檬酸钠＋氨水＋乙醇(8＋1＋2)。

3. 标准品

诱惑红(CAS:25956-17-6)。

4. 标准溶液配制

(1)诱惑红标准贮备液配制　准确称取诱惑红 0.025 g,用水溶解并定容至 25 mL,诱惑红浓度为 1.0 mg/mL。

(2)诱惑红标准使用液(0.1 mg/mL)　吸取诱惑红的标准贮备液 5.0 mL 于 50 mL 容量瓶中,加水稀释到 50 mL。

三、试样制备及测定

1. 试样制备

(1)汽水　将样品加热去二氧化碳后,称取 10 g(精确到 0.001 g)样品于烧杯中,然后用 20%柠檬酸调节 pH 至酸性,加入 0.5～1.0 g 聚酰胺粉吸附色素,将吸附色素的聚酰胺粉全部转到漏斗中过滤,用 pH=4 的酸性热水洗涤多次(约 200 mL),以洗去糖等物质。若有天然色素,用甲醇-甲酸溶液洗涤 1～3 次,每次 20 mL,至洗液无色为止。再用 70℃的水多次洗涤至流出液中性。洗涤过程中应充分搅拌然后用乙醇-氨水溶液分次解吸色素,收集全部解吸液,于水浴上驱除氨,蒸发至 2 mL 左右,转入 5 mL 的容量瓶中,用 50%的乙醇分次洗涤蒸发皿,洗涤液并入 5 mL 的容量瓶中,用 50%的乙醇定容至刻度线。此液留作纸色谱用。

(2)硬糖　称取 10 g(精确到 0.001 g)的已粉碎的样品,加 30 mL 的水,温热溶解,若样品溶液的 pH 较高,用柠檬酸溶液调节至 pH=4 左右。其余操作与汽水试样的制备方法相同。

(3)糕点　称取 10 g(精确到 0.001 g)已粉碎的样品,加入 30 mL 石油醚提取脂肪,共取 3 次,然后用电吹风吹干,倒入漏斗中,用乙醇-氨解吸色素,解吸液于水浴上蒸发至 20 mL,加入 1 mL 的钨酸钠溶液沉淀蛋白,真空抽滤,用乙醇-氨解吸滤纸上的诱惑红,然后将滤液于水浴上挥去氨,调节 pH 至酸性,加入 0.5～1.0 g 聚酰胺粉吸附色素,将吸附色素的聚酰胺粉全部转到漏斗中过滤,用 pH=4 的酸性热水洗涤多次,以洗去糖等物质。其余操作与汽水试样的制备方法相同。

(4)冰激凌　称取 10 g(精确到 0.001 g)已均匀的试样于烧杯中,加入 20 g 海沙、15 mL 石油醚提取脂肪,提取 2 次,倾去石油醚,然后在 50℃的水浴上挥去石油醚,再加入乙醇-氨解吸液解吸诱惑红,解吸液倒入 100 mL 的蒸发皿中,直至解吸液无色。将解吸液在水浴上挥去乙醇,使体积约为 20 mL 时,加入 1 mL 硫酸(1+10)、1 mL 钨酸钠溶液沉淀蛋白,放置 2 min,然后用乙醇-氨调至溶液呈碱性,将溶液转入离心管中,5 000 r/min 离心 15 min,倾出上清液,于水浴挥去乙醇,然后用柠檬酸溶液调节 pH 至酸性,加入 0.5～1.0 g 聚酰胺粉吸附色素,将吸附色素的聚酰胺粉全部转到漏斗中过滤,用 pH=4 的酸性热水洗涤多次,以洗去糖等物质。其余操作与汽水试样的制备方法相同。

2. 测定

(1)定性测定　取层析纸，在距底边 2 cm 起始线上分别点 3～10 μL 的样品处理液、1 μL 诱惑红标准使用液，分别挂于盛有展开剂 1、展开剂 2、展开剂 3 的展开槽中，用上行法展开，待溶剂前沿展至 15 cm 处，将滤纸取出，在空气中晾干，与标准斑比较定性。

(2)定量测定

①标准曲线的制备：吸取 0.0 mL、0.2 mL、0.4 mL、0.6 mL、0.8 mL、1.0 mL 诱惑红标准使用液，分别置于 10 mL 比色管中，各加水稀释到刻度线，浓度分别为0 μg/mL、2 μg/mL、4 μg/mL、6 μg/mL、8 μg/mL、10 μg/mL。用 1 mL 比色杯，以零管调零点，于波长 500 nm 处测定吸光度，绘制标准曲线。

②样品的测定：取色谱用纸，在距离底边 2 cm 的起始线上，点 0.20 mL 样品处理液，从左到右点成条状。纸的右边点诱惑红的标准溶液 1 μL，依法展开，取出晾干。将样品的色带剪下，用少量热水洗涤数次，洗液移入 10 mL 的比色管中，加水稀释至刻度线，混匀后，与标准管同时在 500 nm 处测定吸光度。

四、结果计算

试样中诱惑红的含量计算公式：

$$x=\frac{A\times 1\,000}{m\times\dfrac{v_2}{v_1}\times 1\,000}$$

式中：

x——试样中诱惑红的含量(g/kg)；

A——测定用样品中诱惑红的含量(mg)；

v_1——样品解吸后总体积(mL)；

v_2——样品纸层析用体积(mL)；

m——试样质量(g)；

1 000——换算系数。

五、精密度

在重复性条件下获得的两次独立测定结果的绝对差值不得超过算术平均值的 10%。

【记录与结果分析】

表 6-3-1　诱惑红检验原始记录

样品名称			样品编号	
项目名称			检验方法标准	
仪器设备	型号	编号	精度	状态
天平				□正常　□不正常
天平				□正常　□不正常
分光光度计				□正常　□不正常
试验环境	温度 ______℃　湿度 ______%　气压 ______MPa			

测定参数	平行样 1	平行样 2
测定用样品中诱惑红的含量 A/mg		
样品解吸后总体积 v_1/mL		
样品纸层析用体积 v_2/mL		
试样质量 m/g		
试样中诱惑红的含量 x/(g/kg)	$x=\dfrac{A\times 1\,000}{m\times\dfrac{v_2}{v_1}\times 1\,000}$	
测定值 x/(g/kg)		
平均值 x/(mg/kg)		
报出值 x/(mg/kg)		

精密度公式	精密度 Y=|测定值 x(平行样 1)－测定值 x(平行样 2)|/平均值 x×100%
备注	计算结果以重复性条件下获得的两次独立测定结果的算术平均值表示，结果保留两位有效数字。

校核：　　　　　　检验员：　　　　　　年　月　日

[师徒共研]

1. 如何正确配制诱惑红标准贮备液？

按诱惑红实际纯度折算为纯品后的质量，准确称取并精确到 0.000 1 g。

2. 本实验要求用 pH＝4 的酸性热水洗涤多次，大约需要多少毫升洗涤热水？

大约 200 mL pH＝4 的洗涤热水，分数次洗涤。

3. 纸色谱法的原理是什么?

纸色谱法是以纸作为载体的色谱法。按分离原理属于分配色谱法的范畴。固定相一般为滤纸纤维上吸附的水分,流动相(展开剂)为有机溶剂。除水以外,滤纸也可以吸留其他物质,如甲酰胺或缓冲溶液等作为固定相。

纸色谱法基本原理:纸色谱法的一般操作与薄层色谱法相似,即在层析滤纸条的一端(约 2 cm 处),点加样品溶液适量,待干后,将滤纸悬挂于密闭的层析缸内,使滤纸被展开剂蒸气所饱和,然后使展开剂从点有样品的一端,借毛细管的作用缓缓流向另一端,在此过程中各组分随着展开剂地向前移动在两相间进行分配。经过适当时间后,取出滤纸条,画出溶剂前沿,干燥。若待测组分为有色物质则可以观察到有色斑点;若待测组分为无色物质,可用适当的方法进行显色,以观察斑点。

4. 纸色谱法应如何进行纸层析操作?

(1)滤纸　剪层析滤纸,点样等过程中要注意尽量不用手接触样品要经过的地方;因为纸层析比较灵敏,手上的一些物质也可能会显示,干扰结果。

(2)点样　不要损伤点样处的滤纸,不要让原点直径大于 5 mm,样品含量不能超过滤纸承载量;否则会出现层析点太大不能分开或拖尾严重。

(3)层析液不能没过原线,滤纸要放平,不能和层析缸壁及其他滤纸(如果有)贴在一起,注意保持溶剂前沿,不要让层析液超过了滤纸最上方边缘。

(4)注意用铅笔在滤纸上角做记号,标示左右方向;完成显色后,铅笔标记前沿和层析点。

[知识链接]

被不法分子添加到食品中的非食用颜料

(1)苏丹红　是一种化学染色剂,并非食品添加剂。它的化学成分中含有一种叫萘的化合物,该物质具有偶氮结构,由于这种化学结构的性质决定了它具有致癌性,对人体的肝肾器官具有明显的毒性作用。苏丹红属于化工染色剂,主要是用于石油、机油和其他的一些工业溶剂中,目的是使其增色,也用于鞋、地板等的增光。由于用苏丹红染色后的食品颜色非常鲜艳且不易褪色,能引起人们强烈的食欲,一些不法食品企业把苏丹红添加到食品中。常见的添加苏丹红的食品有辣椒粉、辣椒油、红豆腐、红心禽蛋等。

(2)碱性橙　闪光棕红色结晶块或沙状。红褐色结晶性粉末或带绿色光泽的黑色块状晶体。遇浓硫酸呈黄色,稀释后呈橙色。遇硝酸呈橙色;由于碱性橙Ⅱ易于在豆腐以及鲜海鱼上染色且不易褪色,因此一些不法商贩用碱性橙Ⅱ对豆腐皮、黄鱼进行染色,以次充好,以假冒真,欺骗消费者。过量摄取、吸入以及皮肤接触该物质均会造成急性和慢性的中毒伤害。碱性橙Ⅱ和苏丹红一样,对人体有致癌作用,对人体的神经系统和膀胱等会有致癌作用,是绝对不允许添加在食品中的。

(3)罗丹明B 鲜桃红色的人工合成的染料。易溶于水、乙醇,微溶于丙酮、氯仿、盐酸和氢氧化钠溶液。水溶液为蓝红色,稀释后有强烈荧光,醇溶液为红色荧光。经老鼠试验发现,罗丹明B会引致皮下组织生肉瘤,被怀疑是致癌物质。罗丹明B在溶液中有强烈的荧光,用作实验室中细胞荧光染色剂及有色玻璃、特色烟花爆竹等行业。曾经用作食品添加剂,但后来实验证明罗丹明B会致癌,现在已不允许用作食品染色剂。

因为非法添加到食品中而被广为熟悉的工业染料,除上述颜料外还有对位红、金黄粉、酸性金黄、铅铬绿、碱性嫩黄等。

任务二 着色剂含量测定(液相色谱-反相色谱分离法)

任务二 着色剂含量测定(液相色谱-反相色谱分离法)

学习笔记

附 录

附录1 酒精度与温度校正

附表1 酒精度与温度校正表

温度/℃	酒精计示数										
	0	0.5	1.0	1.5	2.0	2.5	3.0	3.5	4.0	4.5	5.0
	温度20℃时用体积分数表示的酒精浓度/%										
0				2.3	2.8	3.3	3.9	4.4	4.9	5.5	6.0
1			1.8	2.4	2.9	3.4	3.9	4.4	5.0	5.5	6.1
2			1.8	2.4	2.9	3.4	4.0	4.5	5.0	5.6	6.1
3		1.3	1.9	2.4	3.0	3.5	4.0	4.5	5.0	5.6	6.1
4		1.3	1.9	2.4	3.0	3.5	4.0	4.5	5.1	5.6	6.2
5	0.8	1.4	1.9	2.5	3.0	3.5	4.0	4.6	5.1	5.6	6.2
6	0.8	1.4	2.0	2.5	3.0	3.5	4.0	4.6	5.1	5.6	6.2
7	0.8	1.4	2.0	2.4	3.0	3.5	4.0	4.5	5.1	5.6	6.1
8	0.9	1.4	1.9	2.4	2.9	3.4	4.0	4.5	5.0	5.6	6.1
9	0.9	1.4	1.9	2.4	2.9	3.4	4.0	4.5	5.0	5.5	6.0
10	0.9	1.4	1.9	2.4	2.9	3.4	3.9	4.4	5.0	5.5	6.0
11	0.9	1.4	1.8	2.3	2.8	3.3	3.9	4.4	4.9	5.4	6.0
12	0.9	1.4	1.8	2.2	2.8	3.3	3.8	4.3	4.8	5.4	5.9
13	0.9	1.3	1.7	2.2	2.7	3.2	3.7	4.2	4.8	5.3	5.8
14	0.9	1.3	1.7	2.1	2.6	3.1	3.6	4.2	4.7	5.2	5.7
15	0.8	1.2	1.6	2.0	2.5	3.0	3.6	4.1	4.6	5.1	5.6
16	0.8	1.2	1.5	1.9	2.4	2.9	3.4	4.0	4.5	5.0	5.5
17	0.7	1.1	1.4	1.8	2.3	2.8	3.4	3.9	4.4	4.9	5.4
18	0.7	1.0	1.3	1.7	2.2	2.7	3.2	3.7	4.2	4.8	5.3
19	0.6	0.9	1.2	1.6	2.1	2.6	3.1	3.6	4.1	4.6	5.1
20	0.5	0.8	1.1	1.5	2.0	2.5	3.0	3.5	4.0	4.5	5.0
21	0.4	0.7	1.0	1.4	1.9	2.4	2.9	3.4	3.9	4.4	4.8
22	0.3	0.6	0.9	1.2	1.7	2.2	2.7	3.2	3.7	4.2	4.7
23	0.2	0.5	0.7	1.1	1.6	2.1	2.6	3.1	3.6	4.1	4.6
24	0.1	0.4	0.6	0.9	1.4	1.9	2.4	2.9	3.4	3.9	4.4
25	0.0	0.2	0.4	0.8	1.3	1.8	2.3	2.8	3.2	3.7	4.2
26		0.1	0.3	0.6	1.1	1.6	2.1	2.6	3.1	3.6	4.0
27		0.0	0.1	0.4	1.0	1.4	1.9	2.4	2.9	3.4	3.9
28			0.0	0.3	0.8	1.3	1.8	2.2	2.7	3.2	3.7
29				0.2	0.6	1.1	1.6	2.1	2.5	3.0	3.6
30				0.1	0.4	0.9	1.4	1.9	2.4	2.8	3.3

续附表 1

温度/℃	酒精计示数									
	5.5	6.0	6.5	7.0	7.5	8.0	8.5	9.0	9.5	10.0
	温度 20℃时用体积分数表示的酒精浓度/%									
0	6.6	7.2	7.8	8.4	9.0	9.6	10.2	10.8	11.4	12.0
1	6.6	7.2	7.8	8.4	9.0	9.6	10.2	10.8	11.4	12.0
2	6.7	7.2	7.8	8.4	9.0	9.6	10.2	10.8	11.4	12.0
3	6.7	7.3	7.8	8.4	9.0	9.6	10.2	10.8	11.4	12.0
4	6.7	7.3	7.8	8.4	9.0	9.6	10.2	10.7	11.3	11.9
5	6.7	7.3	7.8	8.4	9.0	9.6	10.1	10.7	11.3	11.8
6	6.7	7.3	7.8	8.4	8.9	9.5	10.1	10.6	11.2	11.8
7	6.7	7.2	7.8	8.4	8.9	9.5	10.0	10.6	11.2	11.7
8	6.6	7.2	7.7	8.3	8.8	9.4	10.0	10.5	11.1	11.6
9	6.6	7.1	7.7	8.2	8.8	9.3	9.9	10.4	11.0	11.5
10	6.5	7.1	7.6	8.2	8.7	9.3	9.8	10.3	10.9	11.4
11	6.5	7.0	7.6	8.1	8.6	9.2	9.7	10.2	10.8	11.3
12	6.4	6.9	7.5	8.0	8.5	9.1	9.6	10.1	10.7	11.2
13	6.3	6.8	7.4	7.9	8.4	9.0	9.5	10.0	10.6	11.1
14	6.2	6.7	7.3	7.8	8.3	8.9	9.4	9.9	10.4	11.0
15	6.1	6.6	7.2	7.7	8.2	8.9	9.3	9.8	10.3	10.8
16	6.0	6.5	7.0	7.6	8.1	8.6	9.1	9.6	10.2	10.7
17	5.9	6.4	6.9	7.4	8.0	8.5	9.0	9.5	10.0	10.5
18	5.8	6.3	6.8	7.3	7.8	8.3	8.8	9.3	9.8	10.4
19	5.6	6.1	6.6	7.2	7.6	8.2	8.7	9.2	9.7	10.2
20	5.5	6.0	6.5	7.0	7.5	8.0	8.5	9.0	9.5	10.0
21	5.4	5.8	6.3	6.8	7.3	7.8	8.3	8.8	9.3	9.8
22	5.2	5.7	6.2	6.7	7.2	7.7	8.2	8.6	9.2	9.6
23	5.0	5.5	6.0	6.5	7.0	7.5	8.0	8.4	8.9	9.4
24	4.9	5.4	5.8	6.3	6.8	7.3	7.8	8.3	8.8	9.2
25	4.7	5.2	5.7	6.2	6.6	7.1	7.6	8.1	8.6	9.0
26	4.5	5.0	5.5	6.0	6.4	6.9	7.4	7.9	8.3	8.8
27	4.3	4.8	5.3	5.8	6.3	6.7	7.2	7.7	8.1	8.6
28	4.2	4.6	5.1	5.6	6.1	6.5	7.0	7.5	7.9	8.4
29	4.0	4.4	4.9	5.4	5.8	6.3	6.8	7.2	7.7	8.2
30	3.8	4.2	4.7	5.2	5.6	6.1	6.6	7.0	7.5	7.9

续附表 1

温度/℃	酒精计示数									
	10.5	11.0	11.5	12.0	12.5	13.0	13.5	14.0	14.5	15.0
	温度 20℃时用体积分数表示的酒精浓度/%									
0	12.7	13.3	14.0	14.6	15.3	16.0	16.7	17.5	18.2	19.0
1	12.6	13.3	13.9	14.6	15.3	15.9	16.6	17.3	18.1	18.8
2	12.6	13.2	13.9	14.5	15.2	15.9	16.6	17.2	17.9	18.6
3	12.6	13.2	13.8	14.5	15.1	15.8	16.4	17.1	17.8	18.5
4	12.5	13.1	13.8	14.4	15.0	15.7	16.3	17.0	17.7	18.3
5	12.4	13.0	13.7	14.3	14.9	15.6	16.2	16.8	17.5	18.2
6	12.4	13.0	13.6	14.2	14.8	15.4	16.1	16.7	17.3	18.0
7	12.3	12.9	13.5	14.1	14.7	15.3	15.9	16.5	17.2	17.8
8	12.2	12.8	13.4	14.0	14.6	15.2	15.8	16.4	17.0	17.6
9	12.1	12.7	13.2	13.8	14.4	15.0	15.6	16.2	16.8	17.4
10	12.0	12.6	13.1	13.7	14.3	14.9	15.4	16.0	16.6	17.2
11	11.9	12.4	13.0	13.6	14.1	14.7	15.3	15.8	16.4	17.0
12	11.8	12.3	12.8	13.4	14.0	14.5	15.1	15.7	16.2	16.8
13	11.6	12.2	12.7	13.2	13.8	14.4	14.9	15.5	16.0	16.6
14	11.5	12.0	12.5	13.1	13.6	14.2	14.7	15.3	15.8	16.4
15	11.3	11.9	12.4	12.9	13.5	14.0	14.5	15.1	15.6	16.2
16	11.2	11.7	12.2	12.8	13.3	13.8	14.3	14.9	15.4	15.9
17	11.0	11.5	12.1	12.6	13.1	13.6	14.1	14.7	15.2	15.7
18	10.9	11.4	11.9	12.4	12.9	13.4	13.9	14.4	15.0	15.5
19	10.7	11.2	11.7	12.2	12.7	13.2	13.7	14.2	14.7	15.2
20	10.5	11.0	11.5	12.0	12.5	13.0	13.5	14.0	14.5	15.0
21	10.3	10.8	11.3	11.8	12.3	12.8	13.3	13.8	14.3	14.8
22	10.1	10.6	11.1	11.6	12.1	12.6	13.1	13.6	14.0	14.5
23	9.9	10.4	10.9	11.4	11.8	12.3	12.8	13.3	13.8	14.3
24	9.7	10.2	10.7	11.2	11.6	12.1	12.6	13.1	13.5	14.0
25	9.5	10.0	10.4	10.9	11.4	11.9	12.4	12.8	13.3	13.8
26	9.3	9.8	10.2	10.7	11.2	11.7	12.1	12.6	13.0	13.5
27	9.1	9.5	10.0	10.5	10.9	11.4	11.9	12.3	12.8	13.2
28	8.9	9.3	9.8	10.3	10.7	11.2	11.6	12.1	12.6	13.0
29	8.6	9.1	9.5	10.0	10.5	10.9	11.4	11.8	12.3	12.7
30	8.4	8.9	9.3	9.8	10.2	10.7	11.1	11.6	12.0	12.5

附录2 波美度与温度补正

附表2 波美度与温度补正表

温度/℃	补正度数	温度/℃	补正度数
3	−0.75	30	0.57
4	−0.71	31	0.63
5	−0.67	32	0.69
6	−0.63	33	0.75
7	−0.59	34	0.81
8	−0.55	35	0.87
9	−0.51	36	0.94
10	−0.47	37	1.01
11	−0.43	38	1.08
12	−0.39	39	1.15
13	−0.35	40	1.22
14	−0.30	41	1.29
15	−0.25	42	1.36
16	−0.20	43	1.43
17	−0.15	44	1.50
18	−0.10	45	1.57
19	−0.05	46	1.64
20	0.00	47	1.71
21	0.05	48	1.78
22	0.10	49	1.85
23	0.15	50	1.92
24	0.21	51	1.99
25	0.27	52	2.06
26	0.33	53	2.13
27	0.39	54	2.20
28	0.45	55	2.27
29	0.51	56	2.34

附录3 糖锤度温度更正

附表3 糖锤度温度更正表(20℃)

温度/℃	糖锤度											
	1	2	3	4	5	6	7	8	9	10	11	12
0	0.34	0.38	0.41	0.45	0.49	0.52	0.55	0.59	0.62	0.65	0.67	0.70
5	0.38	0.40	0.43	0.45	0.47	0.49	0.51	0.52	0.54	0.56	0.58	0.60
10	0.33	0.34	0.36	0.37	0.38	0.39	0.40	0.41	0.42	0.43	0.44	0.45
11	0.32	0.33	0.33	0.34	0.35	0.36	0.37	0.38	0.39	0.40	0.41	0.42
12	0.30	0.30	0.31	0.31	0.32	0.33	0.34	0.34	0.35	0.36	0.37	0.38
13	0.27	0.27	0.28	0.28	0.29	0.30	0.30	0.31	0.31	0.32	0.33	0.33
14	0.24	0.24	0.24	0.25	0.26	0.27	0.27	0.28	0.28	0.29	0.29	0.30
15	0.20	0.20	0.20	0.21	0.22	0.22	0.23	0.23	0.24	0.24	0.24	0.25
16	0.17	0.17	0.18	0.18	0.18	0.18	0.19	0.19	0.20	0.20	0.20	0.21
17	0.13	0.13	0.14	0.14	0.14	0.14	0.14	0.15	0.15	0.15	0.15	0.16
18	0.09	0.09	0.10	0.10	0.10	0.10	0.10	0.10	0.10	0.10	0.10	0.10
19	0.05	0.05	0.05	0.05	0.05	0.05	0.05	0.05	0.05	0.05	0.05	0.05
	—	—	—	—	—	—	—	—	—	—	—	—
20	0.00	0.00	0.00	0.00	0.00	0.00	0.00	0.00	0.00	0.00	0.00	0.00
	+	+	+	+	+	+	+	+	+	+	+	+
21	0.04	0.04	0.05	0.05	0.05	0.05	0.05	0.06	0.06	0.06	0.06	0.06
22	0.10	0.10	0.10	0.10	0.10	0.10	0.10	0.11	0.11	0.11	0.11	0.11
23	0.16	0.16	0.16	0.16	0.16	0.16	0.16	0.17	0.17	0.17	0.17	0.17
24	0.21	0.21	0.22	0.22	0.22	0.22	0.22	0.23	0.23	0.23	0.23	0.23
25	0.27	0.27	0.28	0.28	0.28	0.28	0.29	0.29	0.30	0.30	0.30	0.30
26	0.33	0.38	0.34	0.34	0.34	0.34	0.35	0.35	0.36	0.36	0.36	0.36
27	0.40	0.40	0.41	0.41	0.41	0.41	0.41	0.42	0.42	0.42	0.42	0.43
28	0.46	0.46	0.47	0.47	0.47	0.47	0.48	0.48	0.49	0.49	0.49	0.50
29	0.54	0.54	0.55	0.55	0.55	0.55	0.55	0.56	0.56	0.56	0.57	0.57
30	0.61	0.61	0.62	0.62	0.62	0.62	0.62	0.63	0.63	0.63	0.64	0.64
31	0.69	0.69	0.70	0.70	0.70	0.70	0.70	0.71	0.71	0.71	0.72	0.72
32	0.76	0.77	0.77	0.78	0.78	0.78	0.78	0.79	0.79	0.79	0.80	0.80
33	0.84	0.85	0.85	0.85	0.85	0.85	0.86	0.86	0.86	0.87	0.87	0.88
34	0.91	0.92	0.92	0.93	0.93	0.93	0.93	0.94	0.94	0.95	0.95	0.96
35	0.99	1.00	1.00	1.01	1.01	1.01	1.01	1.02	1.02	1.02	1.03	1.04
36	1.07	1.08	1.08	1.09	1.09	1.09	1.09	1.10	1.10	1.11	1.11	1.12
37	1.15	1.16	1.16	1.17	1.17	1.17	1.17	1.18	1.18	1.19	1.19	1.20
38	1.25	1.25	1.26	1.26	1.26	1.27	1.28	1.29	1.29	1.29	1.31	1.32
39	1.34	1.34	1.35	1.35	1.35	1.36	1.37	1.38	1.38	1.38	1.39	1.40
40	1.43	1.43	1.44	1.44	1.45	1.45	1.46	1.46	1.47	1.47	1.48	1.49

续附表 3

温度/℃	糖锤度											
	13	14	15	16	17	18	19	20	21	22	23	24
0	0.72	0.75	0.77	0.79	0.82	0.84	0.87	0.89	0.91	0.93	0.95	0.97
5	0.61	0.63	0.65	0.67	0.68	0.70	0.71	0.73	0.74	0.75	0.76	0.77
10	0.46	0.47	0.48	0.49	0.50	0.50	0.51	0.52	0.53	0.54	0.55	0.57
11	0.42	0.43	0.44	0.45	0.46	0.46	0.47	0.48	0.49	0.49	0.50	0.50
12	0.38	0.39	0.40	0.41	0.41	0.42	0.42	0.43	0.44	0.44	0.45	0.45
13	0.34	0.34	0.35	0.36	0.36	0.37	0.37	0.38	0.39	0.39	0.40	0.40
14	0.30	0.31	0.31	0.32	0.32	0.33	0.33	0.34	0.34	0.35	0.36	0.36
15	0.25	0.26	0.26	0.26	0.27	0.27	0.28	0.28	0.28	0.29	0.29	0.30
16	0.21	0.22	0.22	0.22	0.22	0.23	0.23	0.23	0.23	0.24	0.24	0.25
17	0.16	0.16	0.16	0.16	0.16	0.17	0.17	0.18	0.18	0.18	0.19	0.19
18	0.11	0.11	0.11	0.11	0.11	0.12	0.12	0.12	0.12	0.12	0.13	0.13
19	0.06	0.06	0.06	0.06	0.06	0.06	0.06	0.06	0.06	0.06	0.06	0.06
	—	—	—	—	—	—	—	—	—	—	—	—
20	0.00	0.00	0.00	0.00	0.00	0.00	0.00	0.00	0.00	0.00	0.00	0.00
	+	+	+	+	+	+	+	+	+	+	+	+
21	0.06	0.06	0.06	0.06	0.06	0.06	0.06	0.06	0.06	0.06	0.07	0.07
22	0.12	0.12	0.12	0.12	0.12	0.12	0.12	0.12	0.12	0.12	0.13	0.13
23	0.17	0.17	0.17	0.17	0.18	0.18	0.19	0.19	0.19	0.19	0.20	0.20
24	0.24	0.24	0.24	0.24	0.25	0.25	0.26	0.26	0.26	0.26	0.27	0.27
25	0.31	0.31	0.31	0.31	0.31	0.32	0.32	0.32	0.32	0.33	0.33	0.34
26	0.37	0.37	0.37	0.38	0.38	0.39	0.39	0.40	0.40	0.40	0.40	0.40
27	0.43	0.44	0.44	0.44	0.45	0.45	0.46	0.46	0.46	0.47	0.47	0.48
28	0.50	0.51	0.51	0.52	0.52	0.53	0.53	0.54	0.54	0.55	0.55	0.56
29	0.58	0.58	0.59	0.59	0.60	0.60	0.61	0.61	0.61	0.62	0.62	0.63
30	0.65	0.65	0.66	0.66	0.67	0.67	0.68	0.68	0.68	0.69	0.69	0.70
31	0.73	0.73	0.74	0.74	0.75	0.75	0.76	0.76	0.77	0.77	0.78	0.78
32	0.81	0.81	0.82	0.83	0.83	0.84	0.84	0.85	0.85	0.86	0.86	0.87
33	0.88	0.89	0.90	0.91	0.91	0.92	0.92	0.93	0.94	0.94	0.95	0.95
34	0.96	0.97	0.98	0.99	1.00	1.00	1.01	1.02	1.02	1.03	1.03	1.04
35	1.05	1.05	1.06	1.07	1.08	1.08	1.09	1.10	1.11	1.11	1.12	1.12
36	1.13	1.13	1.14	1.15	1.16	1.16	1.17	1.18	1.19	1.19	1.20	1.20
37	1.21	1.21	1.22	1.23	1.24	1.24	1.25	1.26	1.27	1.27	1.28	1.28
38	1.32	1.33	1.33	1.34	1.35	1.35	1.36	1.36	1.37	1.37	1.38	1.38
39	1.41	1.41	1.42	1.43	1.44	1.44	1.45	1.45	1.46	1.46	1.47	1.47
40	1.50	1.50	1.51	1.52	1.53	1.53	1.54	1.54	1.55	1.55	1.56	1.56

续附表 3

温度/℃	糖锤度											
	25	30	35	40	45	50	55	60				
0	0.99	1.08	1.16	1.24	1.31	1.37	1.41	1.44				
5	0.80	0.86	0.91	0.97	1.01	1.05	1.08	1.10				
10	0.57	0.60	0.64	0.67	0.70	0.72	0.74	0.75				
11	0.51	0.55	0.58	0.60	0.63	0.65	0.66	0.68				
12	0.46	0.50	0.52	0.54	0.56	0.58	0.59	0.60				
13	0.41	0.44	0.46	0.48	0.49	0.51	0.52	0.53				
14	0.36	0.38	0.40	0.41	0.42	0.44	0.45	0.46				
15	0.30	0.32	0.33	0.34	0.36	0.36	0.37	0.38				
16	0.25	0.26	0.27	0.28	0.28	0.29	0.30	0.31				
17	0.19	0.20	0.20	0.21	0.21	0.22	0.23	0.23				
18	0.13	0.13	0.14	0.14	0.14	0.15	0.15	0.15				
19	0.06	0.07	0.07	0.07	0.07	0.08	0.08	0.08				
	—	—	—	—	—	—	—	—				
20	0.00	0.00	0.00	0.00	0.00	0.00	0.00	0.00				
	+	+	+	+	+	+	+	+				
21	0.07	0.07	0.07	0.07	0.08	0.08	0.08	0.08				
22	0.13	0.14	0.14	0.15	0.15	0.16	0.16	0.16				
23	0.20	0.21	0.21	0.22	0.23	0.24	0.24	0.24				
24	0.27	0.28	0.29	0.30	0.31	0.32	0.32	0.32				
25	0.34	0.35	0.36	0.38	0.38	0.39	0.39	0.40				
26	0.40	0.42	0.44	0.46	0.47	0.47	0.48	0.48				
27	0.48	0.50	0.52	0.54	0.54	0.55	0.56	0.56				
28	0.56	0.58	0.60	0.61	0.62	0.63	0.64	0.64				
29	0.63	0.66	0.68	0.70	0.70	0.71	0.72	0.72				
30	0.71	0.73	0.76	0.78	0.78	0.79	0.80	0.80				
31	0.79	0.82	0.83	0.85								
32	0.87	0.90	0.92	0.94								
33	0.93	0.99	1.00	1.02								
34	1.04	1.07	1.09	1.11								
35	1.13	1.16	1.18	1.20	1.22	1.22	1.23	1.23				
36	1.21	1.24	1.26	1.28								
37	1.29	1.31	1.33	1.35								
38	1.39	1.42	1.44	1.46								
39	1.48	1.53	1.53	1.55								
40	1.57	1.60	1.62	1.64	1.65	1.65	1.65	1.66				

附录 4　维生素 B_2 标准溶液的浓度校正方法

1. 标准校正溶液的配制

准确吸取 1.00 mL 维生素 B_2 标准储备液，加 1.30 mL 0.1 mol/L 的乙酸钠溶液，用水定容到 10 mL，作为标准测试液。

2. 对照溶液的配制

准确吸取 1.00mL 0.012 mol/L 的盐酸溶液，加 1.30 mL 0.1 mol/L 的乙酸钠溶液，用水定容到 10 mL，作为对照溶液。

3. 吸收值的测定

用 1 cm 比色杯于 444 nm 波长下，以对照溶液为空白，测定标准校正溶液的吸收值。

4. 标准溶液的浓度计算

标准储备液的质量浓度按下式计算：

$$\rho=\frac{A_{444}\times 10^{4}\times 10}{328}$$

式中：

ρ——标准储备液的质量浓度，单位为微克每毫升（μg/mL）；

A_{444}——标准测试液在 444 nm 波长下的吸光度值；

10^4——将 1%的标准溶液浓度单位换算为测定溶液浓度单位（μg/mL）的换算系数；

10——标准储备液的稀释因子；

328——维生素 B_2 在 444 nm 波长下的百分吸光系数，即在 444 nm 波长下，液层厚度为 1 cm 时，浓度为 1%的维生素 B_2 溶液（盐酸-乙酸钠溶液，pH＝3.8）的吸光度。

附录 5　无水乙醇中醛类物质检查方法

1. 试剂

硝酸银、氢氧化钠、氨水。

2. 试剂配制

5%硝酸银溶液：称取 5.00 g 硝酸银，加入 100 mL 水溶解，储存于棕色试剂瓶中。

10%氢氧化钠溶液：称取 10.00 g 氢氧化钠，加入 100 mL 水溶解，储存于聚乙烯瓶中。

银氨溶液：加氨水至 5%硝酸银中，直至生成的沉淀重新溶解，加入数滴 10%氢氧化钠溶液，如发生沉淀，再加入氨水至沉淀溶解。

3. 操作方法

取 2 mL 银氨溶液于试管中，加入少量乙醇，摇匀，再加入氢氧化钠溶液，加热，放置冷却后，若有银镜反应，则表示乙醇中有醛。

4. 结果处理

换用色谱纯的无水乙醇或对现有乙醇进行脱醛处理：取 2 g 硝酸银溶于少量水中，取 4 g 氢氧化钠溶于温乙醇中，将两者倾入 1 L 乙醇中，振摇后，放置暗处 2 d，其间不时振摇，经过滤，置蒸馏瓶中蒸馏，弃去 150 mL 初馏液。

附录 6　乙醚中过氧化物检查方法

1. 试剂

碘化钾、淀粉。

2. 试剂配制

10％碘化钾溶液：称取 10.00 g 碘化钾，加入 100 mL 水溶解，储存于棕色试剂瓶中。

0.5％淀粉溶液：称取 0.50 g 可溶性淀粉，加入 100 mL 水溶解，储存于试剂瓶中。

3. 操作方法

用 5 mL 乙醚加 1 mL 10％碘化钾溶液，振摇 1 min，如水层呈黄色，或加 4 滴 0.5％淀粉溶液后水层呈蓝色，表明含过氧化物。

4. 结果处理

换用色谱纯的无水乙醚或对现有试剂进行重蒸，重蒸乙醚时需在蒸馏瓶中放入纯铁丝或纯铁粉，弃去 10％初馏液和 10％残留液。

附录 7　维生素 A、维生素 E 标准溶液浓度校正方法

维生素 A、维生素 E 标准溶液配制后，在使用前需要对其浓度进行校正，具体操作如下：

(1)取维生素 A 标准储备溶液 50 μL 于 10 mL 的棕色容量瓶中，用无水乙醇定容至刻度，混匀，用 1 cm 石英比色杯，以无水乙醇为空白参比，按表 B.1 的测定波长测定其吸光度。

(2)分别取 α-生育酚、β-生育酚、γ-生育酚和 δ-生育酚标准储备溶液 500 μL 于各10 mL 棕色容量瓶中，用无水乙醇定容至刻度，混匀，分别用 1 cm 石英比色杯，以无水乙醇为空白参比，测定其吸光度。

试液中维生素 A 或维生素 E 的浓度按下式计算：

$$x = \frac{A \times 10^4}{E}$$

式中：

x——维生素标准稀释液浓度，单位为 μg/mL；

A——维生素稀释液的平紫外吸光值；

10^4——换算系数；

E——维生素 1%比色光系数。

参考文献

[1] 周西林,韩宗才,叶建平．原子光谱仪器操作入门．北京:国防工业出版社,2015
[2] 贾长英,张晓娟,李辉,等．精细化学品分析与检验．北京:中国石化出版社,2015
[3] 杨玉红,田艳花．食品分析与检测．武汉,武汉理工大学出版社,2015
[4] 刘杰．食品分析检验．北京:化学工业出版社,2009
[5] 朱克永．食品检测技术．北京:科学出版社,2004
[6] 王永华．食品分析．2版．北京:中国轻工业出版社,2010
[7] 王喜波,张英华．食品分析．北京:科学出版社,2016
[8] 刘丹赤．食品理化检验技术．大连:大连理工大学出版社,2010
[9] 尹凯丹,张奇志．食品理化分析．北京:化学工业出版社,2008
[10] 陆叙元,陆俐勤．食品分析检验．杭州:浙江大学出版社,2012
[11] 张金彩．食品分析与检测技术．北京:中国轻工业出版社,2012
[12] 周光理．食品分析与检验技术．北京:化学工业出版社,2015
[13] 吴存荣,唐道五,虞泓,等．小麦硬度指数测定技术研究进展．粮食与饲料工业,2008(1):55